建设工程造价管理
（第2版）

主　编　赵春红　秦继英

副主编　刘　璐　郭红侠　贾松林

参　编　袁国栋　赵庆辉　王　君

　　　　郭艳红

主　审　许　光　李金妹

北京理工大学出版社

BEIJING INSTITUTE OF TECHNOLOGY PRESS

内 容 提 要

本教材根据《高等职业学校工程造价专业教学标准》要求，结合一级造价工程师和二级造价工程师考试大纲内容，配合工程造价管理的课程教学而编写。依据造价工程师职业标准"建设项目全过程造价管理咨询工作规程"，基于工作过程把工程造价管理内容分为五个模块，涵盖了建设项目全过程五个阶段的造价管理内容及相关知识。主要内容有工程造价管理概述、工程决策和设计阶段造价的管理与控制、工程招投标阶段造价的管理与控制、工程施工和竣工阶段造价的管理与控制、信息技术在工程造价管理与控制中的应用等。全书结构清晰，专业性和实践性强，并配有丰富的教学资源（系列情景剧、直通执考、微课、难题讲解等），扫描相关二维码即可获取。

本书既可作为高等院校工程造价、建设工程监理、建设工程管理等专业的教学用书，也可供从事项目管理、工程造价咨询等相关工作的技术及管理人员使用。

图书在版编目（CIP）数据

建设工程造价管理／赵春红，秦继英主编.--2版
.--北京：北京理工大学出版社，2021.7
ISBN 978-7-5763-0129-8

Ⅰ.①建… Ⅱ.①赵… ②秦… Ⅲ.①建筑造价管理
—高等职业教育—教材 Ⅳ.①TU723.3

中国版本图书馆CIP数据核字（2021）第154793号

出版发行／北京理工大学出版社有限责任公司

社　　址／北京市海淀区中关村南大街5号	
邮　　编／100081	
电　　话／（010）68914775（总编室）	
（010）82562903（教材售后服务热线）	
（010）68944723（其他图书服务热线）	
网　　址／http://www.bitpress.com.cn	
经　　销／全国各地新华书店	
印　　刷／河北鑫彩博图印刷有限公司	
开　　本／787毫米×1092毫米　1/16	
印　　张／13	责任编辑／封　雪
字　　数／329千字	文案编辑／封　雪
版　　次／2021年7月第2版　2021年7月第1次印刷	责任校对／刘亚男
定　　价／65.00元	责任印制／边心超

近年来国家相继出台了一批与职业教育和工程造价相关的法规文件，如《高等职业学校工程造价专业教学标准》（2019）、《高等学校课程思政建设指导纲要》（教高〔2020〕3号）、《造价工程师职业资格考试实施办法》（建人〔2018〕67号）等；其次，随着BIM、大数据等信息技术集成应用能力快速发展，在工程咨询技术方面也从传统的咨询手段发展到应用BIM等数字技术进行咨询的新思维、新概念、新方法，促使造价管理流程再造；第三，随着建筑业转型升级和"走出去"战略推进，需要改造更新原有建筑工程专业，增加与新技术相适应的造价管理内容，与国际接轨。鉴于此，对教材第一版进行了修订，旨在结合当前工程造价领域发展的最新动态，通过信息化技术形成完整的课程教材资源库，满足"互联网＋职业教育"发展需求。本书在编写过程中力求体现以下特点：

1．设置"直通职考"栏目，促进课证融通，践行精准育人

与一级、二级造价师职业资格考试对接，每个项目后设置"直通职考"栏目，汇集历年考试真题和答案解析，通过扫描二维码进行在线答题训练，并根据造价师职业资格考试情况，每年动态调整，旨在帮助学习者取得造价师职业资格。

2．设置"思政育人"栏目，达到润物无声的育人效果

通过深度挖掘专业知识体系所蕴含的思想价值和精神内涵，提炼思政元素有机融入教材，在每个项目后设置"思政育人"栏目，达到润物无声的育人效果。例如，项目10"工程施工合同价款约定"中，告诉学生：工程施工合同的订立、履行，应当遵守法律、行政法规，尊重社会公德，不损害社会公共利益，古往今来，我们都生活在一个有规则有制度的社会环境中，国家有制度，社会有规章，家庭有家规，正是这些看似无形的规则，保障了人们生活的稳定有序，我们也须遵守这些规则，做一个知法、守法、懂法的好公民。

3．配备系列情景剧，模拟真实岗位工作环境和工作流程

工程建设周期长，课时有限，学生无法在施工现场跟踪完成建设全过程的造价管理，为此教材以天宇大厦的建设为主线，在每个项目前设置"案例引入"，配备30集系列情景剧，真人实景演出，将知识与能力融入系列小故事中。一方面帮助学生理解完成一个建设项目全过程的造价管理工作，另一方面也为学生模拟出真实的岗位工作环境和工作流程。

4．"项目任务驱动"模式，便于以典型工作任务为载体组织教学单元

教材体例设为"项目任务驱动"模式，以天宇大厦的建设全过程造价管理为主线，基于工作过程将教材内容分为5个模块16个项目，突出对造价师实操能力的培养。每个模块前设有知识架构思维导图，项目前设置"学习目标""重点难点""案例引入与分析"，项目后设置"思政元素""课后训练""直通职考"等专栏，并根据项目内容配备真人实景的系列情景剧、微课、难题讲解、在线答题等资源。同时建立教材微信公众号、开设在线课程《建设工程造价管理》，形成能听、能视、能练、能互动的新形态教材，便于以典型工作任务为载体组织教学单元。

5．对接技术前沿，把握行业动态

与信息技术发展和建筑行业产业升级情况对接，增加模块五"信息技术在工程造价管理与控制中的应用"，介绍如何应用BIM、大数据等智能化数字技术进行工程造价咨询。

本书建议学时64，详见下表：

模块	项目名称		建议学时
模块1 工程造价 管理概述	项目1	工程项目组成	2
	项目2	工程造价构成与计算	4
	项目3	工程造价控制概述及相关制度	2
	小计		8
模块2 工程决策和设 计阶段造价管 理与控制	项目4	投资估算编制	6
	项目5	工程项目财务评价	2
	项目6	设计方案的优化与评价	6
	项目7	设计概算编制	4
	小计		18
模块3 工程招投标阶 段造价的管理 与控制	项目8	工程量清单与最高投标限价的编制	2
	项目9	投标报价的编制	4
	项目10	工程施工合同价款的约定	4
	小计		10

模块		项目名称	建议学时
模块4 工程施工和竣工阶段造价的管理与控制	项目11	工程施工合同价款的调整	8
	项目12	合同价款期中支付与工程费用动态监控	6
	项目13	工程施工成本管理	4
	项目14	竣工验收与工程结（决）算	4
		小计	22
模块5 信息技术在工程造价管理与控制中的应用	项目15	BIM技术在工程造价管理中应用	4
	项目16	大数据在工程造价控制中的应用	2
		小计	6
合计			64

　　本书除扫描书中二维码的相关资源外，还有更多配套资源和专业前沿知识（包括课后训练答案、造价师执业资格考试信息、教学计划、学习指南、教学课件、企业案例、经验交流、行业动态）等，各院校老师如有需求，可与编者沟通交流，联系方式E-mail：230401846@qq.com。

　　本书由山东城市建设职业学院赵春红、河南建筑职业技术学院秦继英担任主编，由山东城市建设职业学院刘璐、郭红侠，广西科技大学贾松林担任副主编，山东城市建设职业学院赵庆辉、王君，恒大地产集团济南置业有限公司袁国栋，山东恒信建设监理有限公司郭艳红参与编写。全书由河北科技工程职业技术大学许光教授和山东华衡工程咨询有限公司李金妹高级工程师主审。本书编写过程中，参考和引用了国内外大量文献资料，在此谨向文献资料作者表示诚挚的谢意！

　　由于编写时间仓促，书中难免有错误和疏漏之处，敬请读者指正。

编　者

近二十年来，中国建筑业的快速发展态势有力地促进了工程造价行业的发展，工程造价行业的发展呼唤高职高专院校培养更加优秀的造价人才。2013年以来，国家修订完善了包括《建设工程工程量清单计价规范》（GB 50500—2013）、《建筑安装工程费用项目组成》（建标〔2013〕44号）、《建筑工程施工发包与承包计价管理办法》（住房和城乡建设部令第16号）、《建设工程施工合同（示范文本）》（GF—2017—0201）等在内的一大批与工程造价相关的法律规范，在这一背景下，当前建设工程造价类课程体系和教材内容的调整已经刻不容缓。为了及时将国家最新颁布实施的法规引入教材，编者在总结多年的企业工作、教学实践及以往教材编写经验的基础上，根据工程造价专业人才培养目标对本课程的教学要求，并结合当前工程造价领域发展的最新动态，充分利用信息化技术，编写了《建设工程造价管理》数字化教材，旨在通过信息化技术形成课程教学资源共享，辅助教师教学，满足新形势下我国对造价类相关专业人才培养的迫切需求。

教材编写组邀请了多年来一直在工程造价一线的专家加盟指导编写团队，以建设项目的全过程建设为主线，以实际应用为目的，结合来自现场一线的典型案例，将教学置身于真实的工程造价管理环境中，强调理论与实践的高度结合，加强对工程造价管理能力的培养，形成了本教材的独特风格。

1. 课程内容符合职业标准和岗位要求。本教材基于建设工程造价管理的实际工作，采用最新国家标准，充分吸收了全国造价工程师职业资格要求，将职业资格标准融入了教材中。

2. 知识结构力求与人才培养方案协调统一，避免与其他课程内容冲突。在知识结构上以工程建设基本程序为主线，做到知识内容全面、主线明确、层次分明、结构合理。但弱化其他课程中已有内容，如招投标的流程、招标策划、工程量清单、招标控制价、施工图预算的编制等。

3. 教学设计力求创新。每章前均有本章核心知识架构，便于学生理清脉络；每个知识点后紧跟教学案例、企业案例和课后巩固练习任务，并在相应位置配备讲解视频和答案解析视频。这样不仅便于学生理解和教师教学，还有助于学生将知识向职业能力转化。

4. 本教材数字化资源分为五类：

（1）A类，■■系列情景剧。本教材学习目的是让学生具备"建设全过程造价管理"的职业能力，以适应造价员岗位需求，为此本课程以主人公王岳负责天宇大楼的建设为主线，通过多个系列小故事，将造价人员主要职业技能及知识点以情景系列剧形式呈现。这样不仅形象直观地展现了建设全过程中建设方、设计、施工、造价咨询、监理等各方的造价管理工作，使学生真正理解不同单位造价员岗位典型工作任务内涵，而且将知识与能力融入情景剧中边看边学，寓教于乐，有助于提高学习者兴趣。

（2）B类，知识小课堂。为帮助学生理解与全过程造价管理相关的其他内容，提升职业拓展能力，本教材针对与职业拓展能力相关的主要知识点，配以讲解视频，形成知识小课堂。

（3）C类，企业案例。以强化学生职业核心能力为目的，在编写过程中遵循重在应用能力培养的原则，借鉴了大量生动、翔实的企业典型案例，具有应用性和实践性，如第二章和第三章中加入不同类型工程的可行性研究报告、投资估算书、设计概算书等；第四章和第五章中摘录大量法院已判决的施工合同与工程造价纠纷案例。

（4）D类，课后巩固练习任务。对每一个练习任务，都配以答案解析，帮助学生巩固所学知识。

（5）E类，难度较高例题的讲解。对每一知识点本教材基本都配有例题，对于计算难度和理解难度较大的例题均配以讲解视频，帮助学生理解。

本教材由山东城市建设职业学院赵春红和广西科技大学贾松林担任主编，山东城市建设职业学院刘璐和济南鑫龙建设工程质量检测有限公司郭丽丽担任副主编，山东城市建设职业学院赵庆辉和张帅、山东省建设监理咨询有限公司蔡婉玉、山东中喜信诺工程造价咨询有限公司于光君参加了本教材编写。具体分工为：第一章、第五章由赵春红编写；第二章由刘璐、赵庆辉编写；第三章由刘璐编写；第四章由赵春红、张帅编写；第六章由贾松林和郭丽丽编写；蔡婉玉、于光君提供了案例材料。数字化资源由赵春红、刘璐制作。全书由赵春红、刘璐、郭丽丽统稿和定稿。编写中参考和引用了国内外大量文献资料，在此谨向文献资料作者表示诚挚的谢意！

本教材由河南建筑职业技术学院秦继英和山东省建设监理咨询有限公司李金妹主审，并提出了许多宝贵的修改意见，在此表示衷心感谢！

由于时间仓促，书中难免有错误和疏漏之处，敬请读者指正。

编者于2017年10月

CONTENTS 目录

CONTENTS

CONTENTS

CONTENTS

4

模块 1　工程造价管理概述

建设工程造价
管理课程简介

　　我国是一个资源相对不足的发展中国家，为了保持适当的发展速度，需要投入更多的建设资金，而资金筹措不易且有限。因此，从这一基本国情出发，如何有效地利用投入建设工程的人力、物力、财力，以尽量少的劳动和物质消耗，取得较高的经济效益和社会效益，保持我国国民经济持续、稳定、协调发展，就成为十分重要的问题。由此可见，工程造价管理工作对促进国民经济发展十分重要。

　　本模块主要介绍了工程造价管理的基本知识，既是从业人员开展工程造价管理与控制工作必备的前提，也为后续模块的学习奠定基础。本模块知识架构如下所示。

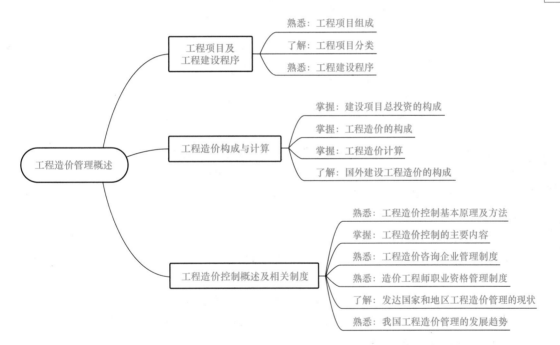

项目 1　工程项目及工程建设程序

　　1. 能正确划分建设项目的各组成部分。

　　2. 了解基本建设程序及各阶段主要工作内容。

案例引入

某学院新校区占地 1 000 亩①，包括办公楼、图书馆、实训中心、1～5 号教学楼、1～15 号宿舍楼、体育馆、学生餐厅、学术报告中心等多个单体工程。请分析：

(1)新校区需要建设多少单项工程？是否必须招标确定施工单位？办公楼和实训中心一般包括多少单位工程？

(2)新校区的建设需经过哪几个阶段？

分析：

(1)依据工程项目组成的规定，将组成新校区的各个单体工程分解后，统计共有多少个单项工程；再结合办公楼和实训中心的功能属性，分析包括多少单位工程。依据工程项目分类标准，结合《中华人民共和国招标投标法》中必须招标项目的相关规定，判断新校区是否属于必须招标项目。

(2)依据工程建设程序要求，分析新校区建设需经过几个阶段。

1.1 工程项目组成

情景剧视频

建设项目划分

工程项目是指为完成依法立项的新建、扩建、改建工程而进行的，有起止日期、达到规定要求的一组相互关联的受控活动。其包括策划、勘察、设计、采购、施工、试运行、竣工验收和考核评价等阶段。其可分为单项工程、单位(子单位)工程、分部(子分部)工程和分项工程。

1.1.1 单项工程

单项工程是指具有独立的设计文件，竣工后可以独立发挥生产能力或投资效益的一组配套齐全的工程项目。单项工程是工程项目的组成部分，一个工程项目可以仅包括一个单项工程，也可以包括多个单项工程。例如，某学校是由教学楼、实验楼、图书馆、体育馆、学生宿舍楼等多个单项工程组成的工程项目；某影剧院是只有一个单项工程的工程项目。

1.1.2 单位(子单位)工程

单位(子单位)工程是指具备独立施工条件并能形成独立使用功能的工程。对于建筑规模较大的单位工程，可将其能形成独立使用功能的部分作为一个子单位工程。单位工程是单项工程的组成部分，也可能是整个工程项目的组成部分。按照单项工程的构成，又可将其分解为建筑工程和设备安装工程。例如，工业厂房中的土建工程、设备安装工程、工业管道工程等，都是厂房单项工程中所包含的不同性质的单位工程。

1.1.3 分部(子分部)工程

分部(子分部)工程是指将单位工程按专业性质、建筑部位等划分的工程。根据《建筑工

---

① 1 亩≈667 m²。

程施工质量验收统一标准》（GB 50300—2013）的规定，建筑工程包括地基与基础、主体结构、装饰装修、屋面、给水排水及采暖、通风与空调、建筑电气、智能建筑、建筑节能、电梯等分部工程。

当分部工程较大或较复杂时，可按材料种类、工艺特点、施工程序、专业系统及类别等划分为若干子分部工程。例如，地基与基础分部工程又可细分为地基、基础、基坑支护、地下水控制、土方、边坡、地下防水等子分部工程；主体结构工程又可细分为混凝土结构、砌体结构、钢结构、木结构、钢管混凝土结构、型钢－混凝土结构、铝合金结构等子分部工程；装饰装修分部工程又可细分为地面、抹灰、门窗、吊顶、（金属、石材、玻璃）幕墙、轻质隔墙、（板、砖）饰面、涂饰、裱糊与软包、外墙防水等子分部工程。

1.1.4　分项工程

分项工程是指将分部工程按主要工种、材料、施工工艺、设备类别等划分的工程。例如，土方开挖、土方回填、钢筋、模板、混凝土、砖砌体、木门窗制作与安装、钢结构基础等工程均属于分项工程。分项工程是工程项目施工生产活动的基础，也是计量工程用工、用料和机械台班消耗的基本单元；同时，又是工程质量形成的直接过程。分项工程既有其作业活动的独立性，又有相互联系、相互制约的整体性。

1.2　工程项目分类

为了适应科学管理需要，可以从不同角度对工程项目进行分类。

1.2.1　按投资效益和市场需求划分

（1）竞争性项目。竞争性项目是指投资回报率比较高、竞争性比较强的工程项目，如商务办公楼、酒店、度假村、高档公寓等。投资主体一般为企业，由企业自主决策、自担投资风险。

（2）基础性项目。基础性项目是指具有自然垄断性、建设周期长、投资额大而收益低的基础设施和需要政府重点扶持的一部分基础工业项目，以及直接增强国力的符合经济规模的支柱产业项目，如交通、能源、水利、城市公用设施等。投资主体一般为政府，政府应集中必要的财力、物力通过经济实体投资建设这些工程项目，同时，还应广泛吸收企业参与投资，有时还可吸收外商直接投资。

（3）公益性项目。公益性项目是指为社会发展服务、难以产生直接经济回报的工程项目。其包括科技、文教、卫生、体育和环保等设施，公、检、法等政权机关，以及政府机关、社会团体办公设施，国防建设等。公益性项目的投资主要由政府用财政资金安排。

1.2.2　按投资来源划分

（1）政府投资项目。政府投资项目在国外也称为公共工程，是指为适应和推动国民经济或区域经济发展，满足社会文化、生活需要，以及出于政治、国防等方面考虑，由政府通过财政投资、发行国债或地方财政债券、利用外国政府赠款及国家财政担保的国内外金融组织贷款等方式独资或合资兴建的工程项目。

按照其盈利性不同，政府投资项目又可分为经营性政府投资项目和非经营性政府投资项目。经营性项目实行项目法人责任制，由项目法人实行全过程负责，使项目建设与建成后运营实现一条龙管理，如政府投资的水利、电力、铁路等基本都属于经营性项目；学校、医院及各行政、司法机关的办公楼等都属于非经营性项目，可实施"代建制"，即通过招标等方式选择专业化的项目管理单位负责建设实施，待竣工验收后再移交给使用单位，从而使项目的"投资、建设、监管、使用"实现四分离。

(2)非政府投资项目。非政府投资项目是指企业、集体单位、外商和私人投资兴建的工程项目。这类项目一般均实行项目法人责任制，使项目建设与建成后运营实现一条龙管理。

1.2.3 按投资作用划分

(1)生产性项目。生产性项目是指直接用于物质资料生产或直接为物质资料生产服务的工程项目。其主要包括工业建设项目、农业建设项目、基础设施建设项目、商业建设项目等。生产性项目的单项工程，一般是指能独立生产的车间，包括厂房建筑、设备安装等工程，如某食品厂是由原料预处理车间、生产车间、成品包装车间等多个单项工程组成的工程项目。

(2)非生产性项目。非生产性项目是指用于满足人民物质、文化、福利需要及非物质资料生产部门的建设项目。其主要包括办公建筑、居住建筑、公共建筑及其他非生产性项目。

1.3 工程建设程序

工程建设程序是指工程项目从策划、评估、决策、设计、施工到竣工验收、投入生产或交付使用的整个过程中，各项工作必须遵循的先后次序。世界各国和国际组织在工程建设程序上可能存在某些差异，但一般都要经过投资决策和建设实施发展时期。这两个时期又可分为若干阶段，各阶段之间存在着严格的先后次序，可以进行合理交叉，但不能任意颠倒次序。目前，我国工程建设程序大致可分为三个阶段八个环节，如图 1-1 所示。

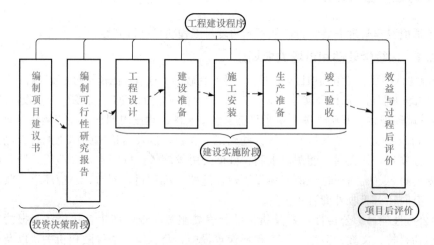

图 1-1 工程建设程序分解图

1.3.1 投资决策阶段

(1)编制项目建议书。项目建议书是拟建项目单位向政府部门提出的要求建设某一工程项目的建议文件，是对工程项目的轮廓设想。项目建议书的主要作用是推荐一个拟建项目，论述其建设的必要性、建设条件的可行性和获利的可能性，供政府部门选择并确定是否进行下一步工作。对于政府投资项目，项目建议书按要求编制完成后，应根据建设规模和限额划分报送有关部门审批。项目建议书经批准后，可进行可行性研究工作，但并不表明项目已经立项，批准的项目建议书不是工程项目最终决策。

(2)编制可行性研究报告。可行性研究是对工程项目在技术上是否可行和经济上是否合理进行科学的分析与论证，并应完成以下工作内容：

1)进行市场研究，以解决项目建设的必要性问题；

2)进行工艺技术方案的研究，以解决项目建设的技术可行性问题；

3)进行财务和经济分析，以解决项目建设的经济合理性问题。

可行性研究工作完成后，需要编写反映其全部工作成果的"可行性研究报告"，其中要包括可行性研究阶段的投资估算。

1.3.2 建设实施阶段

（1）工程设计。工程设计工作一般可分为两个阶段，即初步设计阶段和施工图设计阶段。重大项目和技术复杂项目，可根据需要增加技术设计阶段。

1）初步设计是根据可行性研究报告要求所做的具体实施方案，目的是阐明在指定的地点、时间和投资控制数额内，拟建项目在技术上的可行性和经济上的合理性，并依据对工程项目所做出的基本技术经济规定，编制项目总概算。初步设计不得随意改变被批准的可行性研究报告所确定的建设规模、产品方案、工程标准、建设地址和总投资等控制目标，如果初步设计提出的总概算超过可行性研究报告总投资的10％以上或其他主要指标需要变更时，应说明原因和计算依据，并重新向原审批单位报批可行性研究报告。

2）技术设计是根据初步设计和更详细的调查研究资料编制，以进一步解决初步设计中的重大技术问题，如工艺流程、建筑结构、设备选型及数量确定等，使工程项目的设计更具体、更完善，技术指标更好。

3）施工图设计是根据初步设计或技术设计要求，结合现场实际情况，完整地表现建筑物外形、内部空间分割、结构体系、构造状况及建筑和周围环境的配合，还应包括各种运输、通信、管道系统、建筑设备的设计，在工艺方面应具体确定各种设备的型号、规格及各种非标准设备的制造加工图。根据《住房和城乡建设部关于修改〈房屋建筑和市政基础设施工程施工图设计文件审查管理办法〉的决定》，建设单位应当将施工图送施工图审查机构审查。任何单位或个人不得擅自修改审查合格的施工图。确需修改的，凡涉及上述文件规定的审查内容时，建设单位应当将修改后的施工图送原审查机构审查。

（2）建设准备。工程项目在开工建设前要切实做好各项准备工作，主要包括征地、拆迁和场地平整，完成施工用水、通信、道路等接通工作，组织招标选择工程监理单位、施工单位及设备、材料供应商，准备必要的施工图纸，办理工程质量监督和施工许可手续。需要注意的是，必须申请领取施工许可证的建筑工程未取得施工许可证的，一律不得开工。

（3）施工安装。工程项目经批准开工建设，项目即进入施工安装阶段。施工安装活动应按照工程设计要求、施工合同及施工组织设计，在保证工程质量、工期、成本及安全、环保等目标的前提下进行，达到竣工验收标准后，由施工单位移交给建设单位。

（4）生产准备。对于生产性项目而言，生产准备是项目投产前由建设单位进行的一项重要工作，是衔接建设和生产的桥梁，是项目建设转入生产经营的必要条件。建设单位应适时组成专门机构做好生产准备工作，确保项目建成后能及时投产。工程项目或企业不同，生产准备工作的内容也不同，但一般应包括：招收和培训生产人员；组织准备，包括生产管理机构设置、管理制度和有关规定的制定、生产人员配备等；技术准备，包括国内装置设计资料汇总、国外技术资料翻译、各种生产方案和岗位操作法编制、新技术准备等；物资准备，包括原材料、燃料、水、电、气、协助产品等的来源和其他需协助配合条件。

（5）竣工验收。当工程项目按设计文件规定内容和施工图纸要求全部建成后，便可组织验收。竣工验收是投资成果转入生产或使用的标志，也是全面考核工程建设成果、检验设计和工程质量的重要步骤。竣工验收前要做好准备工作，主要包括准备技术资料、绘制竣工图、编制工程结算和竣工决算。竣工验收程序要依据国家相关规定。

1.3.3 项目后评价

项目后评价是工程项目实施阶段管理的延伸。工程项目竣工验收、交付使用只是工程建设完成的标志，而不是工程项目管理的终结。工程项目建设和运营是否达到投资决策时所确定的目标，只有经过生产运营或投入使用取得实际投资效果后才能进行正确判断。也只有在这时，才能对工程项目进行总结和评估。项目后评价的基本方法是对比法，主要是将工程项目建成投产后所取得的实际效果、经济效益和社会效益、环境保护等情况与投资决策阶段的预测情况相对比，与项目建设实施前的情况相对比，从中发现问题，总结经验和教训。在实际工作中主要包括效益后评价和过程后评价。

思政育人

  我国按照建设主管部门的规定进行基本建设，必须严格按照程序执行，先规划研究，后设计施工，不仅有利于加强宏观经济计划管理，保持建设规模和国力相适应，还有利于保证项目决策正确，又快又好又省地完成建设任务，提高基本建设的投资效果。这体现了我国任何政策都是从国情出发，不断探索实践，逐步形成了中国特色社会主义国家制度和法律制度，为国家的发展进步提供根本保障。

 与本项目内容相关的造价师职业资格考试内容及真题。每年动态调整。

直通职考(一级造价师)   直通职考(二级造价师)

课后训练

一、选择题

1. 在一个建设工程项目中，具有独立的设计文件，竣工后可以独立发挥生产能力或效益的一组配套齐全的工程项目属于（   ）。
   A. 分部工程   B. 单位工程
   C. 单项工程   D. 分项工程

2. 分项工程是分部工程的组成部分，一般按（   ）等进行划分。
   A. 主要工种   B. 材料   C. 施工工艺
   D. 设备类别   E. 专业性质

3. 工程项目的种类繁多，为了适应科学管理的需要，可以从不同的角度进行分类，建设工程项目按项目的（   ）划分，可分为政府投资项目和非政府投资项目。
   A. 建设性质   B. 投资来源   C. 项目规模   D. 投资作用

4. 根据《房屋建筑和市政基础设施工程施工图设计文件审查管理办法》规定，（   ）应当将施工图送施工图审查机构审查。
   A. 施工单位   B. 监理单位   C. 建设单位   D. 设计单位

5. 项目后评价是工程项目实施阶段管理的延伸,它的基本方法是( )。

    A. 统计法   B. 比例法   C. 理论计算法   D. 对比法

6. 工程设计阶段,( )的目的是阐明在指定的地点、时间和投资控制数额内,拟建项目在技术上的可行性和经济上的合理性。

    A. 初步设计   B. 技术设计

    C. 施工图设计   D. 施工图设计文件的审查

7. 生产准备工作一般应包括的主要内容有( )等。

    A. 组织准备、资金准备、物资准备   B. 组织准备、技术准备、管理准备

    C. 组织准备、技术准备、物资准备   D. 管理准备、技术准备、资金准备

8. 项目在开工建设之前要切实做好各项准备工作,其主要内容不包括( )。

    A. 征地、拆迁和场地平整

    B. 完成施工用水、电、通信、道路等接通工作

    C. 设计施工图样

    D. 组织招标选择工程监理单位、承包单位及设备、材料供应商

9. 施工安装活动应按照工程设计要求、施工合同条款、有关工程建设法律法规规范标准及施工组织设计,在保证工程质量、工期、成本及安全、环保等目标的前提下进行,达到竣工验收标准后,由( )移交给建设单位。

    A. 监理单位   B. 分包单位   C. 设计单位   D. 施工单位

10. 建设单位应认真做好工程竣工验收的准备工作,主要内容包括( )。

    A. 整理技术资料   B. 绘制竣工图   C. 技术准备

    D. 生产运营管理   E. 编制竣工决算

二、简答题

1. 简述单位工程、单项工程、分部工程、分项工程之间的区别与联系。

2. 目前我国的基本建设程序包括几个阶段?每阶段的主要工作是什么?

3. 建设项目正式批准立项的依据是什么?

项目 2   工程造价构成与计算

✦ 学习目标

1. 熟悉我国工程造价及总投资的构成,了解国外工程造价的构成。

2. 学会工程造价各组成部分的计算。

》 重点难点

1. 工程造价两种含义。

2. 总投资、固定资产投资、工程造价三者之间的关系。

3. 进口设备 FOB、CFR、CIF 的区别与联系。

　　某学院新校区包括办公楼、图书馆、实训中心、1~5号教学楼、1~15号宿舍楼、体育馆、学生餐厅、学术报告中心等多个单体工程。请分析：新校区的工程造价都包括哪些内容？如何计算？

　　分析：由工程造价的两种含义可知，可以从投资者和市场交易角度分析新校区工程造价构成。将新校区工程造价按费用性质进行分解后，再依次计算各项费用，分别是建筑安装工程费、国产设备购置费、进口设备购置费、工程建设其他费、预备费和建设期利息。

2.1　建设项目总投资的构成

　　建设项目总投资是指为完成工程项目建设并达到使用要求或生产条件，预计或实际投入的全部费用总和。生产性建设项目总投资包括工程造价（或固定资产投资）和流动资金（或流动资产投资）。非生产性建设项目总投资一般仅指工程造价。我国现行建设项目总投资的构成如图2-1所示。

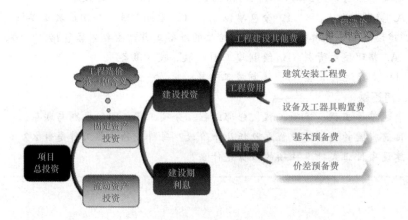

图2-1　建设项目总投资的构成

2.1.1　建设投资

　　建设投资是工程造价中的主要构成部分，是为完成工程项目建设，在建设期内投入且形成现金流出的全部费用。其包括工程费用、工程建设其他费用和预备费三部分。

　　（1）工程费用。工程费用是指建设期内直接用于工程建造、设备购置及其安装的建设投资。其可分为建筑工程费、安装工程费和设备及工器具购置费。其中，建筑工程费和安装工程费有时又统称为建筑安装工程费。

　　（2）工程建设其他费用。工程建设其他费用是指建设期发生的与土地使用权取得、整个工程项目建设及未来生产经营有关的构成建设投资，但不包括在工程费用中的费用。

　　（3）预备费。预备费是指在建设期内因各种不可预见因素的变化而预留的可能增加的费用。其包括基本预备费和价差预备费。

2.1.2　流动资金(流动资产投资)

流动资金(流动资产投资)是为进行正常生产运营，用于购买原材料、燃料，支付工资及其他经营费用等所需的周转资金。在可行性研究阶段可根据需要计为全部流动资金；在初步设计及以后阶段可根据需要计为铺底流动资金。铺底流动资金是指生产经营性建设项目为保证投产后正常的生产营运所需，并在项目资本金中筹措的自有流动资金。

【经验提示】 通常所说的工程预算、竣工结算、招标控制价、投标报价、合同价等，实际上指的是工程费用中的建筑安装工程费。

2.1.3　静态投资与动态投资

(1)静态投资。静态投资是指不考虑物价上涨、建设期贷款利息等影响因素的建设投资，以某一基准年、月的建设要素的价格为依据所计算出的建设项目投资的瞬时值。其包括建筑安装工程费、设备及工器具购置费、工程建设其他费用、基本预备费等。

(2)动态投资。动态投资是指考虑物价上涨、建设期贷款利息等影响因素的建设投资。除包括静态投资外，还包括建设期贷款利息、涨价预备费等。相比之下，动态投资更符合市场价格运行机制，使投资估算和控制更加符合实际。

2.2　工程造价的构成

2.2.1　工程造价的含义

工程造价是工程项目在建设期预计或实际支出的建设费用。其包括工程项目从投资决策开始到竣工投产所需的建设费用。由于所处的角度不同，工程造价有不同的含义。

第一种含义：从投资者或业主的角度分析，工程造价是指建设一项工程预期开支或实际开支的全部固定资产投资费用。投资者为了获得投资项目的预期收益，需要对项目进行策划决策、建设实施，直至竣工验收等一系列活动。在上述活动中所花费的全部费用，就构成了工程造价。从这个意义上讲，工程造价就是建设项目固定资产总投资，两者在量上相等。

工程造价构成

第二种含义：从市场交易的角度分析，工程造价是指工程发承包交易活动中形成的建筑安装工程费用或建设工程总费用。显然，这种含义是指以建设工程这种特定的商品作为交易对象，通过招标投标或其他交易方式，在进行多次预估的基础上，最终由市场形成的价格。这里所指的交易对象，按照范围不同，可以是一个建设项目的工程造价，即建设项目所有建设费用的总和(建设投资和建设期利息之和)；也可以指建设费用中的某个组成部分，即一个或多个单项工程或单位工程的造价，或一个或多个分部分项工程的造价，如建筑安装工程费用、安装工程费用、幕墙工程造价。

工程造价在工程建设的不同阶段有具体的称谓，如投资决策阶段为投资估算，设计阶段为设计概算、施工图预算，招标投标阶段为最高投标限价、投标报价、合同价，施工阶段为竣工结算等。

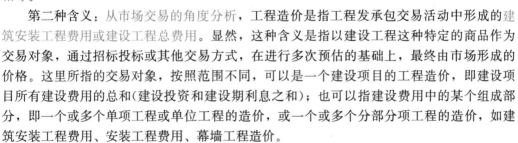

2.2.2　工程造价的特点

工程项目的性质决定了工程造价具有以下特点：

(1)大额性。任何一项建设工程，都需投资几百万、几千万甚至上亿的资金。

(2)单件性。建筑产品的单件性特点决定了每项工程都必须单独计算造价。

(3)动态性。任何一项建设工程从决策到竣工交付使用，都有一个较长的建设期。在这一期间，如工程变更，材料价格、费率、利率、汇率等会发生变化，这种变化必然会影响工程造价的变动，直至竣工决算后才能最终确定工程实际造价。建设周期长，资金的时间价值突出，这体现了建设工程造价的动态性。

（4）层次性（组合性）。工程项目的组合性决定了工程造价的层次性。一个工程项目往往含有多个单项工程，一个单项工程又是由多个单位工程组成的。与此相适应，工程造价的组合过程：分部分项工程造价→单位工程造价→单项工程造价→建设项目总造价，如图2-2所示。

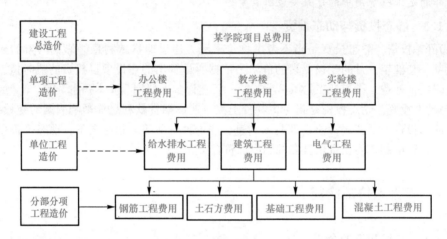

图2-2　某学院项目计价组合

（5）阶段性（多次性）。工程项目需要按一定的建设程序进行决策和实施，工程计价也需要在不同阶段多次进行，以保证准确性和控制的有效性。工程造价多次计价是逐步深化、逐步细化和逐步接近实际造价的过程，如图2-3所示。

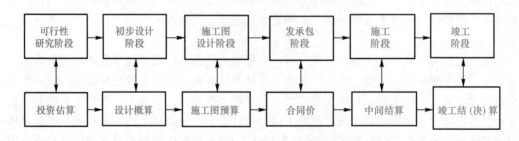

图2-3　工程多次计价

2.3　工程造价计算

由于工程造价与固定资产在量上是相等的，因此工程造价的计算实际上就是固定资产投资的计算，一般分九步进行，计算顺序遵循"先右后左，从上到下"的原则：先计算右侧费用，再计算左侧费用；计算右侧费用时，要从上面开始，逐步往下计算，如图2-4所示。需要注意的是，以上九个计算步骤的顺序不能颠倒，因为前面计算的费用是后面费用的计算基础。因此，工程造价确定的关键是建筑安装工程费、设备及工器具购置费、工程建设其他费用、预备费和建设期利息的计算。

工程造价计算顺序及工程费计算

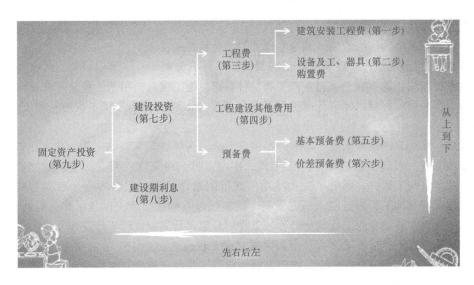

图 2-4　工程造价计算步骤

2.3.1　建筑安装工程费

建筑安装工程费是指进行建筑安装工程的建设所需费用。其包括建筑工程费和安装工程费。根据《建筑安装工程费用项目组成》(建标〔2013〕44 号文)规定，建筑安装工程费有按费用构成要素划分和按造价形成划分两种划分方式。

(1)按费用构成要素划分。建筑安装工程费由人工费、材料(包含工程设备，下同)费、施工机具使用费、企业管理费、利润、规费和税金组成。

1)人工费。人工费是指支付给直接从事建筑安装工程施工作业的生产工人的各项费用。其包括计时工资或计件工资、奖金、津贴补贴、加班加点工资、特殊情况下支付的工资等五项。

2)材料费。材料费是指施工过程中耗费的原材料、辅助材料、构配件、零件、半成品或成品、工程设备的费用。其计算公式为

$$材料费＝\sum(材料消耗量×材料单价) \tag{2-1}$$

其中，材料消耗量是指在正常施工生产条件下，完成规定计量单位的建筑安装产品所消耗的各类材料的净用量和不可避免的损耗量；材料单价是指建筑材料从其来源地运到施工工地仓库直至出库形成的综合平均单价，由材料原价、运杂费、运输损耗费、采购及保管费组成。

3)施工机具使用费。施工机具使用费是指施工作业所发生的施工机械、仪器仪表使用费或其租赁费。

4)企业管理费。企业管理费是指建筑安装企业组织施工生产和经营管理所需的费用。其包括管理人员工资、办公费、差旅交通费、固定资产使用费、工具用具使用费、劳动保险和职工福利费、劳动保护费、检验试验费、工会经费、职工教育经费、财产保险费、财务费、税金、其他费用等项目。

5)利润。利润是指施工企业完成所承包工程获得的盈利。

6)规费。规费是指按国家法律、法规规定，由省级政府和省级有关权力部门规定施工单位必须缴纳或计取的费用。其一般包括社会保险费(养老保险费、失业保险费、医疗保险费、生育保险费、工伤保险费)、住房公积金、工程排污染。其他应列而未列入的规费，按

实际发生计取。

7) 税金。税金仅指增值税，其余小税种归于企管费的税金中。

（2）按造价形成划分。建筑安装工程费由分部分项工程费、措施项目费、其他项目费、规费、税金组成。其中前三项包含人工费、材料费、施工机具使用费、企业管理费和利润。

1) 分部分项工程费。分部分项工程费是指各专业工程的分部分项工程应予列支的各项费用。

其中，专业工程是指按现行国家计量规范划分的房屋建筑与装饰工程、仿古建筑工程、通用安装工程、市政工程、园林绿化工程、矿山工程、构筑物工程、城市轨道交通工程、爆破工程等各类工程；分部分项工程是指按现行国家计量规范对各专业工程划分的项目，如房屋建筑与装饰工程划分的土石方工程、地基处理与桩基工程、砌筑工程、钢筋及钢筋混凝土工程等。各类专业工程的分部分项工程划分见现行国家或行业计量规范。

2) 措施项目费。措施项目费是指为完成建设工程施工，发生于该工程施工前和施工过程中的技术、生活、安全、环境保护等方面的费用。其内容包括：安全文明施工费（环境保护费、文明施工费、安全施工费、临时设施费），夜间施工增加费，二次搬运费，冬雨期施工增加费，已完工程及设备保护费，工程定位复测费，特殊地区施工增加费，大型机械设备进出场及安拆费，脚手架工程费等。

除上述按单位或单项工程项目整体考虑需要支出的措施项目费用外，还有各专业工程施工作业所需支出的措施项目费用，如现浇混凝土所需的模板、构件或设备安装所需的操作平台搭设等。措施项目及其包含的内容详见各类专业工程的现行国家或行业计量规范。

3) 其他项目费。其他项目费包括暂列金额、计日工、总承包服务费等内容。

4) 规费、税金。规费、税金同"按费用构成要素划分"。

（3）建筑安装工程费计算。目前有定额计价和清单计价两种计价模式。

1) 工程定额计价。工程定额是指在正常施工条件下完成规定计量单位的合格建筑安装工程所消耗的人工、材料、施工机具台班、工期天数及相关费率等的数量标准。按照用途不同，可分为施工定额、预算定额、概算定额、概算指标和估算指标等；按编制单位和执行范围的不同，可分为全国统一定额、行业定额、地区统一定额、企业定额、补充定额。工程定额计价的程序分为以下八个阶段：

第一阶段：收集资料。资料包括：设计图纸；现行工程计价依据；工程协议或合同；施工组织设计等。

第二阶段：熟悉图纸和现场。熟悉图纸包括：对照图纸目录，检查图纸是否齐全；采用的标准图集是否已经具备；对设计说明或附注要仔细阅读；设计上有无特殊的施工质量要求，事先列出需要另编补充定额的项目；平面坐标和竖向布置标高的控制点；本工程与总图的关系。熟悉现场应注意与施工组织设计有关的内容，计价时应注意施工组织设计中影响工程费用的因素。

第三阶段：计算工程量。计算工程量是一项工作量很大，却又十分细致的工作。工程量是计价的基本数据，计算的精确程度不仅影响到工程造价，而且影响到与之关联的一系列数据，如计划、统计、劳动力、材料等，因此，决不能把工程量看成单纯的技术计算，它对整个企业的经营管理都有重要的意义。一般按下列步骤进行：第一，根据图纸的工程内容和定额项目，列出需计算工程量的分部分项项目；第二，根据一定的计算顺序和计算规则，图纸所标明的尺寸、数量及附有的设备明细表、构件明细表有关数据，列出计算式，计算工程量；第三，归纳汇总。

在这一阶段中，当计算比较复杂的工程或工作经验不足时，最容易发生的是漏项漏算或重项重算。因此要先看懂图纸，弄清楚各页图纸的关系及细部说明，一般可按照施工次序，由上而下，由外而内，由左而右，事先草列分部分项名称，依次进行计算。有条件的尽量分层、分段、分部位来计算。最后将同类项加以合并，编制工程量汇总表。

第四阶段：套定额单价。在计价过程中，如果工程量已经核对无误，项目不漏不重，则余下的问题就是如何正确套用定额，计算人、材、机费用了。套定额要求准确、适用，否则得出的结果就会偏高或偏低，应注意：分项工程名称、规格和计算单位必须与定额中所列内容完全一致，即在定额中找出与之相适应的项目编号，查出该项工程的单价；定额换算，任何定额本身的制定都是按照一般情况综合考虑的，存在许多缺项和不完全符合图纸要求的地方，因此必须根据定额进行换算，即以某分项定额为基础进行局部调整，如材料品种改变、混凝土和砂浆强度等级与定额规定不同、使用的施工机具种类型号不同、原定额工日需增加的系数等；补充定额编制，当施工图纸的某些设计要求与定额项目特征相差甚远，既不能直接套用也不能换算、调整时，必须编制补充定额。

第五阶段：编制工料分析表。根据各分部分项工程的实物工程量和相应定额项目中所列的用工工日及材料数量，计算出各分部分项工程所需的人工及材料数量，汇总便得出该单位工程所需要的各类人工和材料的数量。

第六阶段：费用计算。在项目、工程量、单价经复查无误后，就可以按所套用的相应定额单价计算人、材、机费用，进而计算企业管理费、利润、规费及增值税等各种费用，并汇总得出工程造价。

第七阶段：复核。工程计价完成后，需对结果进行复核，以便及时发现差错，提高成果质量。复核时，应对工程量计算公式和结果、套价、各项费用的取费、材料和人工价格及其调整等方面是否正确进行全面复核。

第八阶段：编制说明。编制说明是说明工程计价的有关情况，包括编制依据、工程性质、内容范围、设计图纸号、所用计价依据、有关部门的调价文件号、套用单价或补充定额子目的情况及其他需要说明的问题。封面应写明工程名称、工程编号、建筑面积、工程总造价、编制单位名称、法定代表人、编制人及其资格证号和编制日期等信息。

2)工程量清单计价。基本原理可以描述为：按照《建设工程工程量清单计价规范》（GB 50500—2013）的规定，在各相应专业工程工程量计算规范规定的清单项目设置和工程量计算规则基础上，针对具体工程的施工图纸和施工组织设计计算出各个清单项目的工程量，再根据规定的方法计算出综合单价，并汇总各清单合价得出工程总价。工程量清单计价的程序与工程定额计价基本一致，只是第四～第六阶段有所不同，具体如下：

①工程量清单项目组价，形成综合单价分析表。组价的方法和注意事项与工程定额计价法相同，每个工程量清单项目包括一个或几个子目，每个子目相当于一个定额子目。所不同的是，工程量清单项目套价的结果是计算该清单项目的综合单价。具体方法为：

a. 计算工程量清单的工程数量。按照相应的专业工程工程量计算规范，如《房屋建筑与装饰工程工程量清单计算规范》（GB 50854—2013）、《通用安装工程工程量计算规范》（GB 50856—2013）等规定的工程量计算规则计算。

b. 计算综合单价，编制综合单价分析表。一个工程量清单项目由一个或几个定额子目组成，将各定额子目的综合单价汇总累加，再除以该清单项目的工程数量，即可得到该清单项目的综合单价分析表。

【经验提示】 我国现行的工程量清单计价的综合单价为非完全综合单价。根据《建设工程工程量清单计价规范》（GB 50500—2013）的规定，综合单价由完成工程量清单中一个规定计量单位项目所需的人工费、材料费、施工机具使用费、管理费和利润，以及一定范围的风险费用组成。而规费和增值税是在求出单位工程分部分项工程费、措施项目费和其他项目费后再统一计取，最后汇总得出单位工程造价。

【例 2-1】 某工程有钢筋混凝土独立基础 15 个，基础垫层尺寸为 1 500 mm×1 500 mm，挖土深度为 1.8 m，土方运输 200 m，试计算该工程挖基础土方项目的综合单价。

解： 根据《房屋建筑与装饰工程工程量计算规范》(GB 50854—2013)的规定，基础土方工程量按"垫层的面积乘以挖土深度"计算，且综合了挖土方、基底钎探、土方运输等内容。但《山东省建筑工程消耗量定额》(SD01—31—2016)中规定基础土方工程量要加"工作面"和"放坡"，因此，两者的工程量计算规则差异较大。

第一步，根据《房屋建筑与装饰工程工程量计算规范》(GB 50854—2013)规定，计算出挖基础土方工程量为 60.75 m³。

第二步，按《山东省建筑工程消耗量定额》(SD01—31—2016)的规定，分别计算出挖基础土方工程量为 78.3 m³，基底钎探工程量为 33.75 m²，需运输土方 34 m³。

第三步，计算综合单价。由上述分析可知，该清单项目综合了三项内容，需要对每一项内容套用定额后计算出综合费用，再将三项综合费用汇总后，除以该清单项目的工程数量，即可得到综合单价。假设人工、材料、机械台班的单价均按《山东省建筑工程价目表》(2019)，管理费、利润以人工费为基数，费率分别为 15.6% 和 8%。

(1)计算挖基础土方的综合费用。

套定额 1—2—13，查《山东省建筑工程价目表》(2019)可知：

人工费＝827.2×7.83＝6 476.98(元)

管理费＝6476.98×15.6%＝1 010.41(元)

利润＝6476.98×8%＝518.16(元)

挖基础土方的综合费用＝6476.98＋1010.41＋518.16＝8 005.55(元)

(2)计算基底钎探的综合费用。

套定额 1—4—4，查《山东省建筑工程价目表》(2019)可知：

人工费＝46.2×3.375＝155.93(元)

材料费＝13.13×3.375＝44.31(元)

机械费＝16.39×3.375＝55.32(元)

管理费＝155.93×15.6%＝24.33(元)

利润＝155.93×8%＝12.47(元)

基底钎探综合费用＝155.93＋44.31＋55.32＋24.33＋12.47＝292.36(元)

(3)计算土方运输的综合费用。

套定额 1—2—28，查《山东省建筑工程价目表》(2019)可知：

人工费＝167.2×3.4＝568.48(元)

管理费＝568.48×15.6%＝88.68(元)

利润＝568.48×8%＝45.48(元)

土方运输综合费用＝568.48＋88.68＋45.48＝702.64(元)

(4)计算挖基础土方项目的综合单价。

(8 005.55＋292.36＋702.64)÷60.75＝148.16(元/m³)

第四步，编制综合单价分析表，见表 2-1。

表 2-1　综合单价分析表

序号	编码	名称	单位	工程量	综合单价组成/元					综合单价/元
					人工费	材料费	机械费	管理费	利润	
1	010101004001	基坑土方开挖三类土；独立基础，挖土深 1.8 m；含基底钎探；土方运输 200 m 内	m³	60.75	7 201.39	44.31	55.32	1 123.42	576.11	148.16
	1—2—13	挖基础土方	10 m³	7.83	6 476.98	0	0	1 010.41	518.16	
	1—4—4	基底钎探	10 m²	3.375	155.93	44.31	55.32	24.33	12.47	
	1—2—28	土方运输	10 m³	3.4	568.48	0	0	88.68	45.48	

②费用计算。在工程量计算、综合单价分析经复查无误后，即可进行分部分项工程费、措施项目费、其他项目费、规费和增值税的计算，从而汇总得出工程造价。其具体计算原则和方法如下：

$$分部分项工程费＝\sum（分部分项工程量×分部分项工程项目综合单价）\qquad(2-2)$$

其中，分部分项工程项目综合单价由人工费、材料费、机械费、管理费和利润组成，并考虑风险因素。

措施项目可分为两种，即按各专业工程工程量计算规范规定应予计量措施项目（单价措施项目）和不宜计量的措施项目（总价措施项目）。

$$单价措施项目费＝\sum（措施项目工程量×措施项目综合单价）\qquad(2-3)$$
$$总价措施项目费＝\sum（措施项目计费基数×费率）\qquad(2-4)$$

其中，单价措施项目综合单价的构成与分部分项工程项目综合单价构成类似。

$$单位工程造价＝分部分项工程费＋措施项目费＋其他项目费＋规费＋增值税\qquad(2-5)$$

2.3.2　设备及工器具购置费

设备及工器具购置费由设备购置费和工具器具及生产家具购置费组成，是固定资产投资中的组成部分。在生产性工程建设中，设备及工器具购置费占工程造价比重的增大，意味着生产技术的进步和资本有机构成的提高。设备购置费是指购置或自制的达到固定资产标准的设备所需的费用，由设备原价和设备运杂费构成。其中，设备原价是指国内采购设备的出厂（场）价格，或国外采购设备的抵岸价格；设备运杂费是指除设备原价之外的关于设备采购、运输、途中包装及仓库保管等方面支出费用的总和。其构成及计算方法如图 2-5 所示。

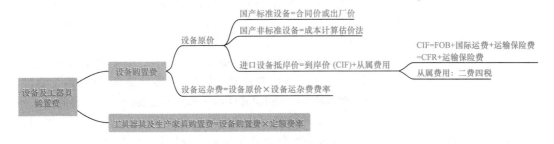

图 2-5　设备及工器具购置费

（1）国产设备原价的构成和计算。国产设备原价一般指的是设备制造厂的工厂交货价

（出厂价），一般根据生产工厂或供应商的询价、报价、合同价确定，或采用一定的方法计算确定。国产设备原价可分为国产标准设备原价和国产非标准设备原价。

1）国产标准设备原价。国产标准设备是指按照标准图纸和技术要求，由我国设备生产厂批量生产的，符合国家质量检测标准的设备。国产标准设备原价有两种，即带有备件的原价和不带有备件的原价。在计算时，一般采用带有备件的原价。国产标准设备一般有完善的设备交易市场，因此，可通过查询相关交易市场价格或向设备生产厂家询价得到国产标准设备原价。

2）国产非标准设备原价。国产非标准设备是指国家尚无定型标准，各设备生产厂不可能在工艺过程中采用批量生产，只能按订货要求或根据具体的设计图纸制造的设备。国产非标准设备由于单件生产、无定型标准，所以无法获取市场交易价格，只能按其成本构成或相关技术参数估算其价格。国产非标准设备原价有多种不同的计算方法，如成本计算估价法、系列设备插入估价法、分部组合估价法、定额估价法等。但无论采用何种方法都应该使国产非标准设备计价接近实际出厂价，并且计算方法要简便。最常采用的是成本计算估价法，涉及费用及计算方法如下：

①材料费。

$$材料费＝材料净重×（1＋加工损耗系数）×每吨材料综合价 \qquad (2-6)$$

②加工费。加工费包括生产工人工资和工资附加费、燃料动力费、设备折旧费、车间经费等。其计算公式为

$$加工费＝设备总重量（吨）×设备每吨加工费 \qquad (2-7)$$

③辅助材料费（简称辅材费）。辅助材料费包括焊条、焊丝、氧气、氩气、氮气、油漆、电石等费用。其计算公式为

$$辅助材料费＝设备总重量×辅助材料费指标 \qquad (2-8)$$

④专用工具费。按①～③项之乘以一定百分比计算。

⑤废品损失费。按①～④项之乘以一定百分比计算。

⑥外购配套件费。按设备设计图纸所列的外购配套件的名称、型号、规格、数量、重量，根据相应的价格加运杂费计算。

⑦包装费。按以上①～⑥项之和乘以一定百分比计算。

⑧利润。可按①～⑤项加第⑦项之和乘以一定利润率计算。

⑨非标准设备设计费。按国家规定的设计费收费标准计算。

⑩增值税。其计算公式为

$$增值税＝当期销项税额－进项税额 \qquad (2-9)$$

$$当期销项税额＝不含税销售额×适用增值税税率 \qquad (2-10)$$

其中，不含税销售额为①～⑨项之和。

综上所述，单台非标准设备原价可用下面的公式表达：

单台非标准设备原价＝{［（材料费＋加工费＋辅助材料费）×（1＋专用工具费费率）×（1＋废品损失费费率）＋外购配套件费］×（1＋包装费费率）－外购配套件费}×（1＋利润率）＋外购配套件费＋非标准设备设计费＋增值税

$$(2-11)$$

【经验提示】 上述计算中，外购配套件费只计取包装费和税金，不计取利润；设计费按成本计算，不计取利润和税金。

【例2-2】 某工程采购一台国产非标准设备，制造厂生产该设备的材料费、加工费和辅助材料费合计20万元，专用工具费费率为2%，废品损失费费率为8%，利润率为10%，

增值税税率为17%。假设不再发生其他费用，则该设备的销项增值税为多少万元？

解：（材料费＋加工费＋辅助材料费＋专用工具费＋废品损失费＋外购配套件费＋包装费＋利润）×增值税税率＝20×(1＋2%)×(1＋8%)×(1＋10%)×17%＝4.12(万元)

(2)进口设备购置费的构成和计算。

1)进口设备采购流程及常用国际贸易术语。进口设备的采购大概分为五个阶段，分解示意如图2-6所示。

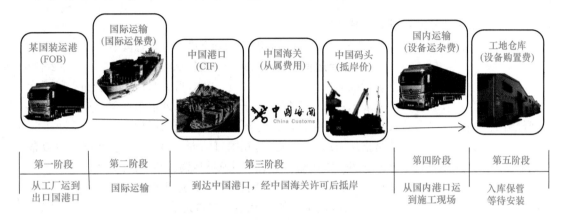

第一阶段	第二阶段	第三阶段	第四阶段	第五阶段
从工厂运到出口国港口	国际运输	到达中国港口，经中国海关许可后抵岸	从国内港口运到施工现场	入库保管等待安装

图 2-6　进口设备采购流程

进口设备的原价是指进口设备的抵岸价，即设备抵达买方边境、港口或车站，缴纳完各种手续费、税费后形成的价格，即图 2-6 中第三阶段完成后形成的价格。抵岸价通常是由进口设备到岸价(CIF)和进口从属费构成的。

【经验提示】 抵岸与到岸的区别，在于是否进港。货物到达港口俗称到岸，这时形成的全部费用为到岸价；经过海关许可缴纳进口从属费后才能进港，将货物卸在码头，俗称抵岸，这时形成的全部费用为抵岸价。

进口设备
采购过程

在国际贸易中，交易双方所使用的交货类别不同，则交易价格的构成内容也有所差异，较为广泛使用的交易价格术语有 FOB、CFR 和 CIF。根据《国际贸易术语解释通则》(INCOTERMS 2010)规定：

①FOB(Free On Board)，船上交货，意为装运港船上交货，也称离岸价。"船上交货"是指卖方在指定装运港将货物装上买方指定的船舶方式交货。货物灭失或损坏的风险在货物交到船上时转移，同时，买方承担自那时起的一切费用。该术语仅用于海运或内河水运。FOB 也叫作设备原价，是图 2-6 中第一阶段结束后形成的价格。

②CFR(Cost and Freight)，成本加运费，也称为运费在内价。"成本加运费"是指卖方在船上交货或以取得已经这样交付的货物方式交货。货物灭失或损坏的风险在货物交到船上时转移。卖方承担运费，但不承担运输途中货物损毁的风险。该术语仅用于海运或内河水运。CFR 是图 2-6 中第二阶段完成后除去运输保险费后的价格。

③CIF(Cost Insurance and Freight)，成本、保险费加运费，习惯称到岸价，是实际工程中采用较多的价格类型。"成本、保险费加运费"是指卖方在指定的目的港交货，货物灭失或损坏的风险在交货时转移。该术语仅用于海运或内河水运。CIF 是图 2-6 中第二阶段完成后的全部价格。

上述三个术语中，买卖双方分别承担的主要责任和义务见表 2-2。

表 2-2　常用国际贸易术语对比表

术语名称	交货地点	风险转移	办理运输	办理保险	出口手续	进口手续
FOB	装运港船上	装运港船上	买方	买方	卖方	买方
CFR	装运港船上	装港货船上	卖方	买方	卖方	买方
CIF	目的港船上	目的货船上	卖方	卖方	卖方	买方

2) 进口设备到岸价的计算。其计算公式为

$$进口设备到岸价(CIF)=离岸价(FOB)+国际运费+运输保险费$$

$$=运费在内价(CFR)+运输保险费 \tag{2-12}$$

① 货价。货价一般是指装运港船上的交货价(FOB)。FOB 可分为原币货价和人民币货价。原币货价一律折算为美元表示;人民币货价按原币货价乘以外汇市场美元兑币汇率中间价确定。进口设备货价按有关生产厂商询价、报价、订货合同价计算。

② 国际运费。国际运费是指从装运港(站)到达我国目的港(站)的运费。我国进口设备大部分采用海洋运输,小部分采用铁路运输,个别采用航空运输。其计算公式为

$$国际运费(海、陆、空)=原币货价(FOB)×运费费率 \tag{2-13}$$

或

$$国际运费(海、陆、空)=运量×单位运价 \tag{2-14}$$

其中,运费费率或单位运价参照有关部门或进出口公司的规定执行。

③ 运输保险费。对外贸易货物运输保险是由保险人(保险公司)与被保险人(出口人或进口人)订立保险契约,在被保险人交付议定的保险费后,保险人根据保险契约的规定对货物在运输过程中发生的承保责任范围内的损失给予经济上的补偿。运输保险费是一种财产保险。其计算公式为

$$运输保险费=\frac{原币货价(正)+国外运费}{1-保险费费率}×保险费费率 \tag{2-15}$$

3) 进口从属费的计算。进口从属费是指进口设备在办理进口手续过程中发生的应计入设备原价的银行财务费、外贸手续费、关税、消费税、进口环节增值税及进口车辆的车辆购置税等。其计算公式为

$$进口从属费=银行财务费+外贸手续费+关税+消费税+进口环节增值税+车辆购置税 \tag{2-16}$$

① 银行财务费。银行财务费是指在国际贸易结算中,中国银行为进出口商提供金融结算服务所收取的费用。其计算公式为

$$银行财务费=离岸价格(FOB)×人民币外汇汇率×银行财务费费率 \tag{2-17}$$

② 外贸手续费。外贸手续费是指按规定的外贸手续费费率计取的费用,外贸手续费费率一般取 1.5%。其计算公式为

$$外贸手续费=到岸价格(CIF)×人民币外汇汇率×外贸手续费费率 \tag{2-18}$$

③ 关税。关税是指由海关对进出国境或关境的货物和物品征收的一种税。其计算公式为

$$关税=到岸价格(CIF)×人民币外汇汇率×进口关税税率 \tag{2-19}$$

【经验提示】以到岸价格(CIF)作为关税的计征基数时形成的价格,通常称为关税完税价格。关税税率按我国海关总署发布的进口关税税率计算,可分为优惠税率和普通税率两种。优惠税率适用于与我国签订关税互惠条款的贸易条约或协定的国家的进口设备;普通税率适用于与我国未签订关税互惠条款的贸易条约或协定的国家的进口设备。

④消费税。消费税对部分进口设备(如轿车、摩托车等)征收,税率根据规定的税率计算。其计算公式为

$$应纳消费税税额=\frac{到岸价格(CIF)\times 人民币外汇汇率+关税}{1-消费税税率}\times 消费税税率 \quad (2\text{-}20)$$

⑤进口环节增值税。进口环节增值税是指对从事进口贸易的单位和个人,在进口商品报关进口后征收的税种。我国增值税条例规定,进口应税产品均按组成计税价格和增值税税率直接计算应纳税额。其计算公式为

$$进口环节增值税税额=组成计税价格\times 增值税税率 \quad (2\text{-}21)$$
$$组成计税价格=关税完税价格+关税+消费税 \quad (2\text{-}22)$$

⑥车辆购置税。进口车辆需缴纳车辆购置税。其计算公式为

$$进口车辆购置税=(关税完税价格+关税+消费税)\times 车辆购置附加税 \quad (2\text{-}23)$$

【经验提示】 进口从属费可概括为"二费四税",其计算顺序不能颠倒。

【例 2-3】 从某国进口应纳消费税的设备,重 1 000 t,装运港船上交货价为 400 万美元,工程建设项目位于国内某省会城市。如果国际运费标准为 300 美元/t,海上运输保险费费率为 3‰,银行财务费费率为 5‰,外贸手续费费率为 1.5%,关税税率为 22%,增值税税率为 17%,消费税税率为 10%,银行外汇牌价为 1 美元=6.3 元人民币,试对该设备的原价进行估算。

例 2-3 讲解

解:进口设备 FOB=400×6.3=2 520(万元)

国际运费=300×1 000×6.3=189(万元)

$$海运保险费=\frac{2\,520+189}{1-0.3‰}\times 0.3‰=8.15(万元)$$

CIF=2 520+189+8.15=2 717.15(万元)

银行财务费=2 520×5‰=12.6(万元)

外贸手续费=2 717.15×1.5%=40.76(万元)

关税=2 717.15×22%=597.77(万元)

$$消费税=\frac{2\,727.15+597.77}{1-10\%}\times 10\%=368.32(万元)$$

增值税=(2 717.15+597.77+368.32)×17%=626.15(万元)

进口从属费=12.6+40.76+597.77+368.32+626.15=1 645.6(万元)

进口设备原价=2 717.15+1 645.6=4 362.75(万元)

(3)工器具购置费的构成和计算。工器具及生产家具购置费,是指新建或扩建项目初步设计规定的,保证初期正常生产必须购置的没有达到固定资产标准的设备、仪器、工卡模具、器具、生产家具和备品备件等的购置费用。一般以设备费为计算基数,按照部门或行业规定的工具、器具及生产家具费费率计算。其计算公式为

$$工器具及生产家具购置费=设备购置费\times 定额费率 \quad (2\text{-}24)$$

2.3.3 工程建设其他费用

工程建设其他费用是指建设期发生的与土地使用权取得、整个工程项目建设及未来生产经营有关的构成建设投资但不包括在工程费用中的费用。工程建设其他费用可分为三类:第一类是指土地使用权购置或取得的费用;第二类是指与整个工程建设有关的各类其他费用;第三类是指与未来企业生产经营有关的其他费用。工程建设其他费用的具体内容与政策文件有关,依据现行规定共分三类 14 项,分解图如图 2-7 所示。

工程建设
其他费用计算

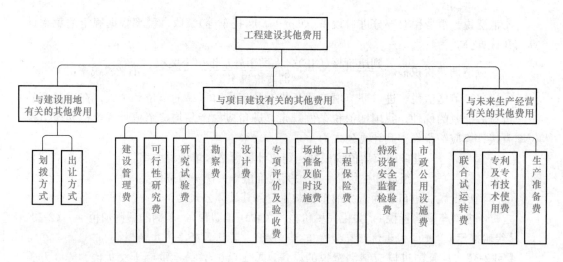

图 2-7　工程建设其他费用

（1）与建设用地有关的其他费用。与建设用地有关的其他费用是指为获得工程项目建设土地的使用权而在建设期内发生的各项费用。其包括通过划拨方式取得土地使用权而支付的土地征用及迁移补偿费，或者通过土地使用权出让方式取得土地使用权而支付的土地使用权出让金。

建设用地的取得，实质是依法取得国有土地的使用权。目前获取国有土地使用权的基本方式有出让、划拨、租赁和转让。通过出让方式获取土地使用权的具体方式有：通过招标、拍卖、挂牌等竞争出让方式；通过协议出让方式。国有土地使用权划拨仅适用于的情况有：国家机关用地和军事用地；城市基础设施用地和公益事业用地；国家重点扶持的能源、交通、水利等基础设施用地；法律行政法规规定的其他用地。

（2）与项目建设有关的其他费用。与项目建设有关的其他费用包括建设管理费、可行性研究费、研究试验费、勘察费、设计费、专项评价及验收费、场地准备及临时设施费、工程保险费、特殊设备安全监督检验费及市政公用设施费 10 项费用。

1）建设管理费。建设管理费是指建设单位为组织完成工程项目建设，在建设期内发生的各类管理性费用。其包括建设单位管理费和工程监理费。

①建设单位管理费。建设单位管理费是指项目建设单位从项目筹建之日起至办理竣工财务决算之日止发生的管理性质的支出。其包括工作人员薪酬及相关费用，办公费、办公场地租用费、差旅交通费、劳动保护费、工具用具使用费、固定资产使用费、招募生产工人费、技术图书资料费(含软件)、业务招待费、竣工验收费和其他管理性质开支等。建设单位管理费一般是以工程费用为基数乘以建设单位管理费费率的乘积作为建设单位管理费。其计算公式为

$$建设单位管理费＝工程费用×建设单位管理费费率 \tag{2-25}$$

需要注意的是，实行代建制管理的项目，计列代建管理费等同建设单位管理费，不得同时计列建设单位管理费。

②工程监理费。工程监理费是指建设单位委托工程监理单位实施工程监理的费用。按照国家发展改革委《关于〈进一步放开建设项目专业服务价格〉的通知》(发改价格〔2015〕299号)规定，此项费用实行市场调节价。

需要注意的是，建设单位管理费费率按照建设项目的不同性质、不同规模确定。如采用监理，建设单位部分管理工作量转移至监理单位，监理费应根据委托的监理工作范围和

监理深度在监理合同中商订或按当地所属行业部门有关规定计算；如建设单位采用工程总承包方式，其总包管理费由建设单位与总包单位根据总包工作范围在合同中商定，从建设管理费中支出。

2）可行性研究费。可行性研究费是指在工程项目投资决策阶段，对有关建设方案、技术方案或生产经营方案进行的技术经济论证，以及编制、评审可行性研究报告等所需的费用。其包括项目建议书、预可行性研究、可行性研究费等。此项费用应依据前期研究委托合同按照国家发展改革委《关于〈进一步放开建设项目专业服务价格〉的通知》（发改价格〔2015〕299 号）规定，此项费用实行市场调节价。

需要注意的是，政府有关部门对建设项目管理监督所发生的，并由财政支出的费用，不得列入相应建设项目的工程造价；政府有关部门对建设项目实施审批、核准或备案管理，需委托专业服务机构等中介提供评估评审等服务的，有关评估评审费用等由委托评估评审的项目审批、核准或备案机关承担，评估评审机构不得向项目单位收取费用。例如，发改委对可行性研究报告的审批、核准等费用不得列入可行性研究费中，若审批过程中需委托第三方提供评估评审服务，其服务费由委托方发改委承担，不属于工程建设其他费中的可行性研究费。

3）研究试验费。研究试验费是指为建设项目提供或验证设计数据、资料等进行必要的研究及按照相关规定在建设过程中必须进行试验、验证所需的费用。其包括自行或委托其他部门研究试验所需人工费、材料费、试验设备及仪器使用费等。这项费用按照设计单位根据工程项目的需要提出的研究试验内容和要求计算。

需要注意的是，在计算时不应包括：应由科技三项费用（即新产品试制费、中间试验费和重要科学研究补助费）开支的项目；应在建筑安装费用中列支的施工企业对建筑材料、构件和建筑物进行一般鉴定、检查所发生的费用及技术革新的研究试验费；应由勘察设计费或工程费用中开支的项目。

4）勘察费。勘察费是指勘察人根据发包人的委托，收集已有资料、现场踏勘、制定勘察纲要，进行勘察作业，以及编制工程勘察文件和岩土工程设计文件等收取的费用。按照国家发展改革委《关于〈进一步放开建设项目专业服务价格〉的通知》（发改价格〔2015〕299 号）的规定，此项费用实行市场调节价。

5）设计费。设计费是指设计人根据发包人的委托，提供编制建设项目初步设计文件、施工图设计文件、非标准设备设计文件、竣工图文件等服务所收取的费用。按照国家发展改革委《关于〈进一步放开建设项目专业服务价格〉的通知》（发改价格〔2015〕299 号）的规定，此项费用实行市场调节价。

6）专项评价及验收费。专项评价及验收费是指建设单位按照国家规定委托相关单位开展专项评价及有关验收工作发生的费用。一般包括环境影响评价费、安全预评价费、职业病危害预评价费、地震安全性评价费、地质灾害危险性评价费、水土保持评价费、压覆矿产资源评价费、节能评估费、危险与可操作性分析和安全完整性评价费及其他专项评价费。具体建设项目应按实际发生的专项评价项目计列，不得虚列项目费用。按照国家发展改革委《关于〈进一步放开建设项目专业服务价格〉的通知》（发改价格〔2015〕299 号）的规定，这些专项评价及验收费用均实行市场调节价。

7）场地准备及临时设施费。场地准备及临时设施费包括场地准备费和临时设施费两项。

①场地准备费是指为使工程项目建设场地达到开工条件，由建设单位组织进行的场地平整等准备工作而发生的费用。其包括建设项目为达到工程开工条件所发生的、未列入工程费用的场地平整及对建设场地余留的有碍于施工建设的设施进行拆除清理所发生的费

用。改建、扩建项目一般只计拆除清理费。

②临时设施费是指建设单位为满足施工建设需要而提供的未列入工程费用的临时水、电、路、信、气、热等工程和临时仓库等建(构)筑物的建设、维修、拆除、摊销费用或租赁费用，以及货场、码头租赁等费用。

场地准备及临时设施应尽量与永久性工程统一考虑。其计算公式为

$$场地准备及临时设施费＝工程费用×费率＋拆除清理费 \qquad (2-26)$$

需要注意的是，发生拆除清理费时可按新建同类工程造价或主材费、设备费的比例计算。凡可回收材料的拆除工程采用以料抵工方式冲抵拆除清理费。

【经验提示】 场地准备及临时设施费不包括已列入建筑安装工程费用中的施工单位临时设施费用。建设场地的大型土石方工程应进入工程费用中的总图运输费用中。

8)工程保险费。工程保险费是指在建设期内对建筑工程、安装工程和设备等进行投保而发生的费用。其包括建筑安装工程一切险、工程质量保险、进口设备财产保险和人身意外伤害险等。该项费用是为转移工程项目建设的意外风险而发生的费用，不同的建设项目可根据工程特点选择投保险种。

9)特殊设备安全监督检验费。特殊设备安全监督检验费是指对在施工现场安装的列入国家特种设备范围内的设备(设施)检验检测和监督检查所发生的应列入项目开支的费用。其包括锅炉及压力容器、消防设备、燃气设备、起重设备、电梯、安全阀等特殊设备和设施。此项费用按照建设项目所在省(市、自治区)安全监察部门的规定标准计算。无具体规定的，在编制投资估算和概算时可按受检设备现场安装费的比例估算。

10)市政公用设施费。市政公用设施费是指使用市政公用设施的工程项目，按照项目所在地政府有关规定建设或缴纳的市政公用设施建设配套费用。市政公用设施可以是界区外配套的水、电、路、信等，包括绿化、人防等缴纳的费用。此项费用按工程所在地人民政府规定标准计列。

综上所述，与项目有关的10项费用的计算，可归纳为四类：第一类是参照相关文件实行市场调节价，如可行性研究费、勘察费、设计费、专项评价及验收费；第二类是按公式计算的，如建设管理费、场地准备及临时设施费、工程保险费；第三类是按当地政府部门规定计取的，如特殊设备安全监督检验费、市政公用设施费；第四类是按实际发生情况计取的，如研究试验费，如图2-8所示。

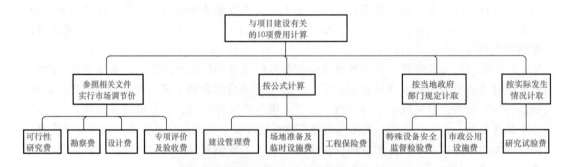

图2-8 与项目建设有关的10项费用计算

(3)与未来生产经营有关的其他费用。

1)联合试运转费。联合试运转费是指新建或新增加生产能力的工程项目，在交付生产前按照设计文件规定的工程质量标准和技术要求，对整个生产线或装置进行负荷联合试运

转所发生的费用净支出(试运转支出大于收入的差额部分费用)。其中，试运转支出包括试运转所需原材料、燃料及动力消耗、低值易耗品、其他物料消耗、工具用具使用费、机械使用费、保险金、施工单位参加试运转人员工资，以及专家指导费等；试运转收入包括试运转期间的产品销售收入和其他收入。

需要注意的是，联合试运转费不包括应由设备安装工程费用开支的调试与试车费用，以及在试运转中暴露出来的因施工原因或设备缺陷等发生的处理费用。

2)专利及专有技术使用费。专利及专有技术使用费主要包括国外设计及技术资料费、引进有效专利、专有技术使用费和技术保密费，国内有效专利、专有技术使用费用，商标权、商誉和特许经营权费等。计算时应注意以下问题：

①按专利使用许可协议和专有技术使用合同的规定计列。

②专有技术的界定应以省、部级鉴定批准为依据。

③项目投资中只计需在建设期支付的专利及专有技术使用费。协议或合同规定在生产期支付的使用费应在生产成本中核算。

④一次性支付的商标权、商誉及特许经营权费按协议或合同规定计列。协议或合同规定在生产期支付的商标权或特许经营权费应在生产成本中核算。

⑤为项目配套的专用设施投资，包括专用铁路线、专用公路、专用通信设施、送变电站、地下管道、专用码头等，若由项目建设单位负责投资但产权不归属本单位的，应做无形资产处理。

3)生产准备费。生产准备费是指在建设期内，建设单位为保证项目正常生产而发生的人员培训费、提前进厂费及投产使用必备的办公、生活家具用具等的购置费用。其包括：人员培训费及提前进厂费，含自行组织培训或委托其他单位培训的人员工资、工资性补贴、职工福利费、差旅交通费、劳动保护费、学习资料费等；为保证初期正常生产(或营业、使用)所必需的办公、生活家具用具购置费。生产准备费有以下两种计算方法：

①新建项目按设计定员为基数，改建、扩建项目按新增设计定员为基数：

$$生产准备费＝设计定员×生产准备费指标(元/人) \tag{2-27}$$

②可采用综合的生产准备费指标进行计算，也可以按费用内容的分类指标计算。

2.3.4 预备费

预备费是指在建设期内因各种不可预见因素的变化而预留的可能增加的费用。其包括基本预备费和价差预备费。

(1)基本预备费。基本预备费是指在投资估算或设计概算阶段预留的，由于工程实施中不可预见的工程变更及洽商、一般自然灾害处理、地下障碍物处理、超规超限设备运输等可能增加的费用。其内容包括：

1)在批准的基础设计和概算范围内增加的设计变更、局部地基处理等费用；

2)一般自然灾害造成的损失和预防自然灾害所采取措施的费用；竣工验收时为鉴定工程质量，对隐蔽工程进行必要的挖掘和修复的费用；

3)超规超限设备运输过程中可能增加的费用。

基本预备费的计算公式为

$$基本预备费＝(工程费用＋工程建设其他费用)×基本预备费费率 \tag{2-28}$$

式中，基本预备费费率的大小，应根据建设项目的设计阶段和具体的设计深度，以及在估算中所采用的各项估算指标与设计内容的贴近度、项目所属行业主管部门的具体规定确定。

(2)价差预备费。价差预备费是指为在建设期间内利率、汇率或价格等因素的变化而预留的可能增加的费用。其内容包括：

微课

预备费计算

难题讲解

汇率对工程
造价的影响

1)人工、设备、材料施工机械的价差费；

2)建筑安装工程费及工程建设其他费用调整；

3)利率、汇率调整等增加的费用。

价差预备费的计算公式为

$$PF=\sum_{t=1}^{n}I_t[(1+f)^m(1+f)^{0.5}(1+f)^{t-1}-1] \tag{2-29}$$

式中　PF——价差预备费；

　　　n——建设期年份；

　　　I_t——建设期中第 t 年的静态投资额，包括工程费用、工程建设其他费用及基本预备费；

　　　f——年涨价率；

　　　m——建设前期年限(从编制估算到开工建设，单位：年)。

式中，建设期与建设前期年限的区别，如图 2-9 所示。

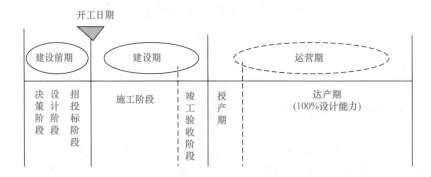

图 2-9　建设期与建设前期年限的区别

【例 2-4】　某工程投资中，设备购置费、建筑安装费和工程建设其他费用分别为 600 万元、1 000 万元、400 万元，基本预备费费率为 10%。建设前期为 1 年，建设期为 2 年，各年投资额相等。预计年均投资价格上涨 5%，则该工程的价差预备费是多少？(结果保留两位小数)

　　解：基本预备费＝(600+1 000+400)×10%＝200(万元)

　　　　静态投资＝600+1 000+400+200＝2 200(万元)

　　　　第一年静态投资＝2 200×50%＝1 100(万元)

　　　　第一年年末涨价预备费＝1 100×[(1+5%)×(1+5%)^{0.5}×(1+5%)^{1-1}-1]

　　　　　　　　　　　　　　＝83.52(万元)

　　　　第二年静态投资＝2 200×50%＝1 100(万元)

　　　　第二年年末涨价预备费＝1 100×[(1+5%)×(1+5%)^{0.5}×(1+5%)^{2-1}-1]

　　　　　　　　　　　　　　＝142.70(万元)

　　　　该工程价差预备费＝83.52+142.70＝226.22(万元)

2.3.5　建设期利息

建设期利息是指在建设期内发生的为工程项目筹措资金的融资费用及债务资金利息。债务资金包括向国内银行和其他非银行金融机构贷款、出口信贷、外国政府贷款、国际商业银行贷款及在境内外发行的债券等。融资费用和应计入固定资产原值的利息，包括借款(或债券)利息及手续费、承诺费、管理费等。需要注意的是，建设期利息要计入固定资产原值。

在国外贷款利息的计算中，应包括国外贷款银行根据贷款协议向贷款方以年利率的方式收取的手续费、管理费、承诺费，以及国内代理机构经国家主管部门批准的以年利率的方式向贷款单位收取的转贷费、担保费、管理费等。国内贷款利息计算时，为简化计算，通常假定借款在每年的年中支用，借款当年按半年计息，其余各年按全年计息。其计算公式为

$$q_j = \left(p_{j-1} + \frac{1}{2} A_j \right) \cdot i \tag{2-30}$$

式中　q_j——建设期第 j 年应计利息；

　　　P_{j-1}——建设期第 $(j-1)$ 年年末累计贷款本金与利息之和；

　　　A_j——建设期第 j 年贷款金额；

　　　i——年利率。

需要注意的是，估算建设期利息，应注意名义利率和有效年利率的换算。

【例 2-5】 某工程贷款为 6 000 万元，建设期为 3 年，第一年贷款 3 000 万元，第二年贷款 2 000 万元，第三年贷款 1 000 万元，贷款年利率为 7%，则建设期利息为多少？

解： $q_1 = (3\,000/2) \times 7\% = 105$（万元）

　　　$q_2 = (2\,000/2 + 3\,000 + 105) \times 7\% = 287.35$（万元）

　　　$q_3 = (1\,000/2 + 3\,000 + 105 + 2\,000 + 287.35) \times 7\% = 412.46$（万元）

　　　建设期利息 $q = 105 + 287.35 + 412.46 = 804.81$（万元）

2.4　国外建设工程造价的构成

国外各个国家的建设工程造价构成虽然有所不同，但具有代表性的是世界银行、国际咨询工程师联合会对工程项目总建设成本（相当于我国的工程造价）的统一规定，即工程项目总建设成本包括项目建设直接成本、项目建设间接成本、应急费和建设成本上升费用等。

（1）项目建设直接成本。项目建设直接成本包括土地征购费、场外设施费用、场地费用、工艺设备费、设备安装费、管道系统费用、电气设备费、电气安装费、仪器仪表费、机械的绝缘和油漆费、工艺建筑费、服务性建筑费用、工厂普通公共设施费、车辆费和其他当地费。

（2）项目建设间接成本。项目建设间接成本包括项目管理费、开车试车费、业主的行政性费用、生产前费用、运费和保险费、地方税等。

（3）应急费。应急费包括未明确项目的准备金和不可预见准备金。其中，未明确项目的准备金，用于在估算时不可能明确的潜在项目，这些项目是必须完成的，或它们的费用是必定要发生的，它是估算不可缺少的一个组成部分，不是为了支付工作范围以外的，也不是应对天灾、罢工的；不可预见准备金，用于在估算达到了一定的完整性并符合技术标准的基础上，由于物质、社会和经济的变化，导致估算增加的情况。不可预见准备金只是一种储备，可能不动用。

（4）建设成本上升费用。通常估算中使用的构成工资率、材料和设备价格基础的截止日期就是"估算日期"。必须对该日期或已知成本基础进行调整，用以补充直至工程结束时的未知价格增长。

直通职考 ⟶ 与本项目内容相关的造价师职业资格考试内容及真题。每年动态调整。

直通职考(一级造价师)　　直通职考(二级造价师)

课后训练

一、选择题

1. 根据我国现行建设项目总投资构成，建设投资由(　　)三项费用构成。
   A. 工程费用、建设期利息、预备费
   B. 建设费用、建设期利息、流动资金
   C. 工程费用、工程建设其他费用、预备费
   D. 建筑安装工程费、设备及工器具购置费、工程建设其他费用

2. 下列费用中，属于建设工程静态投资的是(　　)。
   A. 基本预备费　　　　　B. 涨价预备费
   C. 建设期贷款利息　　　D. 建设工程有关税费

3. 为保证工程项目顺利实施，避免在难以预料的情况下造成投资不足而预先安排的费用是(　　)。
   A. 预备费　　　　　　　　　　B. 建设期利息
   C. 不可预见准备金　　　　　　D. 建设成本上升费用

4. 下列费用中，不属于工程造价构成的是(　　)。
   A. 用于支付项目所需土地而发生的费用
   B. 用于建设单位自身进行项目管理所支出的费用
   C. 用于购买安装施工机械所支付的费用
   D. 用于委托工程勘察设计所支付的费用

5. 下列有关工程造价的相关概念的说法中，正确的是(　　)。
   A. 工程造价就是建设项目总投资
   B. 生产性建设项目总投资中不包括流动资产投资
   C. 工程造价的两种含义实质上就是从相同角度把握同一事物的本质
   D. 建设项目发承包价格是从投资者角度分析的工程造价

6. 采用 FOB 方式进口设备，抵岸价构成中的国际运费是指（　　）。

    A. 从出口国生产厂起到我国建设项目工地仓库止的运费

    B. 从出口国生产厂起到我国抵达港（站）止的运费

    C. 从装运港（站）起到我国抵达港（站）止的运费

    D. 从装运港（站）起到我国建设项目工地仓库止的运费

7. 进口设备的原价是指进口设备的（　　）。

    A. 到岸价   B. 抵岸价   C. 离岸价   D. 运费在内价

8. 下列费用中，属于"与项目建设有关的其他建设费用"的有（　　）。

    A. 建设单位管理费   B. 工程监理费

    C. 建设单位临时设施费   D. 施工单位临时设施费

    E. 市政公用设施费

9. 基本预备费的计费基数是（　　）。

    A. 设备及工（器）具购置费   B. 建筑安装工程费

    C. 设备及工（器）具购置费＋建筑安装工程费

    D. 设备及工（器）具购置费＋建筑安装工程费＋工程建设其他费用

10. 根据我国现行建设项目投资构成，下列费用项目中属于建设期利息包含内容的是（　　）。

    A. 建设单位建设期后发生的利息   B. 施工单位建设期长期贷款利息

    C. 国内代理机构收取的贷款管理费   D. 国外贷款机构收取的转贷费

二、计算题

1. 某建设项目建筑安装工程费为 5 000 万元，设备购置费为 3 000 万元，工程建设其他费用为 2 000 万元。已知基本预备费率为 5％，项目建设前期年限为 1 年，建设期为 3 年，各年投资计划额为：第一年完成投资 20％，第二年完成投资 60％，第三年完成投资 20％。年均投资价格上涨率为 6％。项目共需要贷款资金 900 万元，建设期为 3 年，按年度均衡筹资，第一年贷款为 300 万元，第二年贷款为 400 万元，建设期内只计利息但不支付，年利率为 10％。则该项目预备费是多少？建设期利息为多少？工程造价为多少？静态投资为多少？

2. 某项目进口一批工艺设备，其银行财务费为 4.25 万元，外贸手续费为 18.9 万元，关税税率为 20％，增值税税率为 17％，抵岸价格为 1 792.19 万元。该批设备无消费税、海关监管手续费，则进口设备的到岸价格为多少？

三、简答题

1. 如何理解工程造价的两种含义、五个特点？

2. 简述静态投资与动态投资的关系。

3. 总投资、固定资产投资、流动资产投资、建设投资之间的关系是什么？工程费用与工程建设其他费用的区别是什么？

4. 简述计算工程造价的步骤。

5. 在国际贸易中，交易双方广泛使用的交易价格术语是什么？它们之间有何区别与联系？

6. 工程建设其他费用包括哪些内容？

项目 3　　工程造价控制概述及相关制度

学习目标

1. 了解工程造价控制的基本方法和主要内容。
2. 熟悉工程造价管理相关制度。
3. 了解发达国家和地区工程造价的管理模式。
4. 熟悉我国工程造价管理发展历程。

重点难点

工程造价控制基本方法的运用。

案例引入

　　某学院新校区包括办公楼、图书馆、实训中心、1～5 号教学楼、1～15 号宿舍楼、体育馆、学生餐厅、学术报告中心等多个单体工程。建设方应选择何种造价咨询企业进行施工阶段的造价管理和服务？造价咨询公司应派驻什么等级的造价工程师作为该项目负责人？作为项目建设方的学校应如何做好投资控制？

　　分析：(1)造价咨询企业的选择要依据我国工程造价企业咨询制度，根据企业资质和委托项目的总投资额来决定。

　　(2)依据我国造价师职业资格制度，造价工程师分为一级和二级，其执业范围和具体工作内容不同，造价咨询公司要根据业主委托的服务内容来决定需要派驻什么等级的造价工程师作为项目负责人。

　　(3)作为项目建设方的学校，应在了解工程造价控制的原则、方法及内容基础上，明确建设全过程中造价控制的关键阶段有哪些，应采取何种措施？

3.1　工程造价控制基本原理及方法

3.1.1　工程造价控制基本原理

　　所谓工程造价控制，就是在优化建设方案、设计方案的基础上，在建设程序的各个阶段，采用一定的方法和措施把工程造价控制在合理的范围和核定的限额以内。具体来说，要用投资估算价控制设计方案的选择和初步设计概算造价；用概算造价控制技术设计和修正概算造价；用概算造价或修正概算造价控制施工图设计和预算造价，用最高投标限价控制投标价等。以求合理使用人力、物力和财力，取得较好的投资效益。控制造价在这里强调的是限定项目投资。

　　工程造价的确定和控制之间，存在相互依存、相互制约的辩证关系。首先，工程造价的确定是工程造价控制的基础和载体。没有造价的确定，就没有造价的控制；没有造价的合理确定，也就没有造价的有效控制。其次，造价的控制寓于工程造价确定的全过程，造价的确定过程也就是造价的控制过程，只有通过逐项控制、层层控制才能最终合理确定造价。最后，确定造价和控制造价的最终目的是一致的，即合理使用建设资金，提高投资效益，遵循价值规律和市场运行机制，维护有关各方合理的经济利益。

3.1.2　有效控制工程造价的原则

(1)以设计阶段为重点的建设全过程造价控制。工程造价控制贯穿于项目建设全过程，但是必须重点突出。很显然，工程造价控制的关键在于施工前的投资决策和设计阶段，而在项目做出投资决策后，控制工程造价的关键就在于设计。据分析，设计费一般只相当于建设工程全寿命费用的1％以下，但正是这少于1％的费用对工程造价的影响很大。由此可见，设计的好坏对整个工程建设的效益是至关重要的。要有效地控制工程造价，就要坚决地把控制重点转到建设前期阶段上，尤其应抓住设计这个关键阶段，以取得事半功倍的效果。

(2)主动控制，以取得令人满意的结果。自20世纪70年代初开始，人们将系统论和控制论研究成果用于项目管理后，将控制立足于事先主动地采取决策措施，以尽可能地减少以至避免目标值与实际值的偏离，这是主动的、积极的控制方法，因此被称为主动控制。也就是说，工程造价控制工作，不应仅反映投资决策，反映设计、发包和施工等被动控制工程造价，更应积极作为、能动地影响投资决策，影响设计、发包和施工，主动地控制工程造价。

(3)技术与经济相结合是控制工程造价最有效的手段。要有效地控制工程造价，应从组织、技术、经济等多方面采取措施。组织上采取措施，包括明确项目组织结构，明确造价控制者及其任务，明确管理职能分工；技术上采取措施，包括重视设计多方案选择，严格审查监督初步设计、技术设计、施工图设计、施工组织设计，深入技术领域研究节约投资的可能；经济上采取措施，包括动态地比较造价的计划值和实际值，严格审核各项费用支出，采取对节约投资的有力奖励措施等。

由于分工与责任主体的不同，在工程建设领域，技术与经济的结合往往不能有效统一。工程技术人员以提高专业技术水平和专业工作技能为核心目标，对工程的质量和性能尤其关心，往往忽视工程造价。片面追求技术的绝对先进而脱离实际应用情况，不仅导致工程造价超支，还是一种功能浪费。这就迫切需要解决以提高工程投资效益为目的，在工程建设过程中将技术与经济有机结合，通过技术比较、经济分析和效果评价，正确处理技术先进与经济合理两者之间的对立统一关系，力求在技术先进条件下的经济合理，在经济合理基础上的技术先进，把控制工程造价观念渗透到各项设计和施工技术措施之中。

3.1.3　工程造价控制基本方法

在工程项目建设的全过程中，工程造价控制贯穿各个阶段。

(1)可行性研究。可行性研究是运用多学科综合论证一个工程项目在技术上是否可行、适用和可靠，在财务上是否盈利，并对其社会效益和经济效益进行分析与评价，对其风险进行分析，形成项目可行性研究报告，为投资决策提供科学依据。可行性研究还能为银行贷款、合作者签约、工程设计等提供依据和基础资料，它是决策科学化的必要步骤和手段。

(2)限额设计。限额设计是指按照批准的设计任务书及投资估算控制初步设计，按照批准的初步设计总概算控制施工图设计，将上阶段设计审定的投资额和工程量先分解到各专业，然后分解到各单位工程和分部工程，各专业在保证使用功能的前提下，按分配的投资限额控制设计，严格控制技术设计和施工图设计时的不合理变更，以保证总投资额不被突破。限额设计并不是一味考虑节约，它可以处理好技术与经济对立的关系，提高设计质量，扭转投资失控的现象。在工程项目建设中采用限额设计是我国工程建设领域控制投资支出、有效使用建设资金的有力措施。

（3）价值工程。价值工程是指通过各相关领域的协作，对所研究对象的功能与费用进行系统分析，不断创新，旨在提高研究对象价值的思想方法和管理技术。在工程设计中应用价值工程的原理，在保证建筑产品功能不变或提高的前提下，可以设计出更加符合用户要求的产品，还可降低成本的 $25\%\sim40\%$。价值工程运用面很广，还可以运用于施工组织设计、工程选材、结构选型、设备选型及造价审查等方面。

（4）招标投标。实行工程项目招标投标制度是我国建设领域的一项重大体制改革，是由计划配置资源向通过市场机制来配置工程资源的转变。从经济学角度看，工程招标投标作为一种交易方式具有两大功能：一是解决业主与承包商之间信息不对称问题，即通过招标投标的方式使业主和承包商获得相互的信息；二是能够解决资源优化配置问题，即为业主和承包商相互选择创造条件，使业主和承包商实现双赢。这些功能使招标投标制度在经济学上具有特殊意义，对建筑产品价格由市场竞争形成有重要作用。总之，采取工程招标投标这一经济手段，通过投标竞争来择优选定承包商，不仅有利于确保工程质量和缩短工期，还有利于降低工程造价，是造价控制的一个重要手段。

（5）合同管理。在工程项目的全过程造价管理中，合同在现代建筑工程中具有独特的地位：合同确定了工程管理的主要目标，是合同双方在工程进行中各种经济活动的依据；合同一经签订，工程建设各方的关系都转化为一定的经济关系，合同是调节这种经济关系的主要手段；合同是工程履行过程中双方的最高行为准则；业主通过合同分解和委托项目任务，实施对项目的控制；合同是工程过程中双方解决争执的依据。

合同确定工程项目的价格（成本）、工期和质量（功能）等目标，规定着合同双方的责、权、利关系，所以，合同管理必然是工程项目全过程造价管理的核心。合同管理工作贯穿于工程实施的全过程和各个方面，合同是在双方诚实信用的基础上签订的，合同目标的实现必须依靠合同各方的真诚合作，如果双方缺乏诚实信用，或在合同的签订与实施中出现"信任危机"和"信用危机"，则合同不可能被顺利实施。在市场经济中，诚实信用原则要用经济的、法律的形式来给予保障，如银行保函、保证金和担保措施，以及违约责任赔偿、索赔直至仲裁、诉讼等。

3.2　工程造价控制的主要内容

在工程建设全过程各个不同阶段，工程造价管理有着不同的工作内容，其目的是在优化建设方案、设计方案、施工方案基础上，有效控制建设工程项目的实际费用支出。

（1）工程项目决策阶段。按照有关规定编制和审核投资估算，经有关部门批准，即可作为拟建工程项目的控制造价；基于不同的投资方案进行经济评价，作为工程项目决策的重要依据。

（2）工程设计阶段。在限额设计、优化设计方案的基础上编制和审核工程概算、施工图预算。对于政府投资工程，经有关部门批准的工程概算将作为拟建工程项目造价的最高限额。

（3）工程招标投标阶段。进行招标策划，编制和审核工程量清单、招标控制价或标底，确定投标报价及其策略，直至确定承包合同价。

（4）工程施工阶段。进行工程计量及工程款支付管理，实施工程费用动态监控，处理工程变更和索赔。

(5)**工程竣工阶段。**编制和审核工程结算、编制竣工决算，处理工程保修费用等。

3.3 工程造价咨询企业管理制度

根据《工程造价咨询企业管理办法》(2020年2月19日住房和城乡建设部令第50号修正)，工程造价咨询企业是指接受委托，对建设项目投资、工程造价的确定与控制提供专业咨询服务的企业。工程造价咨询企业从事工程造价咨询活动，应当遵循独立、客观、公正、诚实守信的原则，不得损害社会公共利益和他人的合法权益。任何单位和个人不得非法干预依法进行的工程造价咨询活动。国务院住房城乡建设主管部门负责全国工程造价咨询企业的统一监督管理工作。省、自治区、直辖市人民政府住房城乡建设主管部门负责本行政区域内工程造价咨询企业的监督管理工作。工程造价咨询行业组织应当加强行业自律管理。鼓励工程造价咨询企业加入工程造价咨询行业组织。

3.3.1 工程造价咨询企业的管理

为贯彻落实《国务院关于深化"证照分离"改革进一步激发市场主体发展活力的通知》(国发〔2021〕7号)，持续深入推进"放管服"改革，取消工程造价咨询企业资质审批，创新和完善工程造价咨询监管方式，加强事中事后监管，住房和城乡建设部办公厅印发《关于取消工程造价咨询企业资质审批加强事中事后监管的通知》(建办标〔2021〕26号)。

(1)取消工程造价咨询企业资质审批。按照国发〔2021〕7号文件要求，自2021年7月1日起，住房和城乡建设主管部门停止工程造价咨询企业资质审批，工程造价咨询企业按照其营业执照经营范围开展业务，行政机关、企事业单位、行业组织不得要求企业提供工程造价咨询企业资质证明。

(2)健全企业信息管理制度。各级住房和城乡建设主管部门要加强与市场监管等有关部门沟通协调，结合工程造价咨询统计调查数据，健全工程造价咨询企业名录，积极做好行政区域内企业信息的归集、共享和公开工作。鼓励企业自愿在全国工程造价咨询管理系统完善并及时更新相关信息，供委托方根据工程项目实际情况选择参考。企业对所填写信息的真实性和准确性负责，并接受社会监督。对于提供虚假信息的工程造价咨询企业，不良行为记入企业社会信用档案。

(3)推进信用体系建设。各级住房和城乡建设主管部门要进一步完善工程造价咨询企业诚信长效机制，加强信用管理，及时将行政处罚、生效的司法判决等信息归集至全国工程造价咨询管理系统，充分运用信息化手段实行动态监管。依法实施失信惩戒，提高工程造价咨询企业诚信意识，努力营造诚实守信的市场环境。

(4)构建协同监管新格局。健全政府主导、企业自治、行业自律、社会监督的协同监管格局。探索建立企业信用与执业人员信用挂钩机制，强化个人执业资格管理，落实工程造价咨询成果质量终身责任制，推广职业保险制度。支持行业协会提升自律水平，完善会员自律公约和职业道德准则，做好会员信用评价工作，加强会员行为约束和管理。充分发挥社会监督力量参与市场秩序治理。鼓励第三方信用服务机构开展信用业务。

(5)提升工程造价咨询服务能力。继续落实《关于推进全过程工程咨询服务发展的指导意见》(发改投资规〔2019〕515号)精神，深化工程领域咨询服务供给侧结构性改革，积极培育具有全过程咨询能力的工程造价咨询企业，提高企业服务水平和国际竞争力。

(6)加强事中事后监管。各级住房和城乡建设主管部门要高度重视工程造价咨询企业资质取消后的事中事后监管工作，落实放管结合的要求，健全审管衔接机制，完善工作机制，创新监管手段,加大监管力度,依法履行监管职责。全面推行"双随机、一公开"监管,根据企业信用风险分类结果实施差异化监管措施,及时查处相关违法、违规行为,并将监督检查结果向社会公布。

3.3.2 全过程工程咨询服务

为深化投融资体制改革,提升固定资产投资决策科学化水平,进一步完善工程建设组织模式,提高投资效益、工程建设质量和运营效率,根据中央城市工作会议精神及《中共中央国务院关于深化投融资体制改革的意见》(中发〔2016〕18 号)、《国务院办公厅关于促进建筑业持续健康发展的意见》(国办发〔2017〕19 号)等要求,国家发展改革委联合住房城乡建设部发布了《关于推进全过程工程咨询服务发展的指导意见》(发改投资规〔2019〕515 号),旨在房屋建筑和市政基础设施领域推进全过程工程咨询服务的发展。

(1)以投资决策综合性咨询促进投资决策科学化。

1)大力提升投资决策综合性咨询水平。投资决策环节在项目建设程序中具有统领作用,对项目顺利实施、有效控制和高效利用投资至关重要。鼓励投资者在投资决策环节委托工程咨询单位提供综合性咨询服务,统筹考虑影响项目可行性的各种因素,增强决策论证的协调性。综合性工程咨询单位接受投资者委托,就投资项目的市场、技术、经济、生态环境、能源、资源、安全等影响可行性的要素,结合国家、地区、行业发展规划及相关重大专项建设规划、产业政策、技术标准及相关审批要求进行分析研究和论证,为投资者提供决策依据和建议。

2)规范投资决策综合性咨询服务方式。投资决策综合性咨询服务可由工程咨询单位采取市场合作、委托专业服务等方式牵头提供,或由其会同具备相应资格的服务机构联合提供。牵头提供投资决策综合性咨询服务的机构,根据与委托方合同约定对服务成果承担总体责任;联合提供投资决策综合性咨询服务的,各合作方承担相应责任。鼓励纳入有关行业自律管理体系的工程咨询单位发挥投资机会研究、项目可行性研究等特长,开展综合性咨询服务。投资决策综合性咨询应当充分发挥咨询工程师(投资)的作用,鼓励其作为综合性咨询项目负责人提高统筹服务水平。

3)充分发挥投资决策综合性咨询在促进投资高质量发展和投资审批制度改革中的支撑作用。落实项目单位投资决策自主权和主体责任,鼓励项目单位加强可行性研究,对国家法律法规和产业政策、行政审批中要求的专项评价评估等一并纳入可行性研究统筹论证,提高决策科学化,促进投资高质量发展。单独开展的各专项评价评估结论应当与可行性研究报告的相关内容保持一致,各审批部门应当加强审查要求和标准的协调,避免对相同事项的管理要求相冲突。鼓励项目单位采用投资决策综合性咨询,减少分散专项评价评估,避免可行性研究论证碎片化。各地要建立并联审批、联合审批机制,提高审批效率,并通过通用综合性咨询成果、审查一套综合性申报材料,提高并联审批、联合审批的操作性。

4)政府投资项目要优先开展综合性咨询。为增强政府投资决策科学性,提高政府投资效益,政府投资项目要优先采取综合性咨询服务方式。政府投资项目要围绕可行性研究报告,充分论证建设内容、建设规模,并按照相关法律法规、技术标准要求,深入分析影响投资决策的各项因素,将其影响分析形成专门篇章纳入可行性研究报告;可行性研究报告包括其他专项审批要求的论证评价内容的,有关审批部门可以将可行性研究报告作为申报材料进行审查。

(2)以全过程咨询推动完善工程建设组织模式。

1)以工程建设环节为重点推进全过程咨询。在房屋建筑、市政基础设施等工程建设中,鼓励建设单位委托咨询单位提供招标代理、勘察、设计、监理、造价、项目管理等全过程咨询服务，满足建设单位一体化服务需求，增强工程建设过程的协同性。全过程咨询单位应当以工程质量和安全为前提，帮助建设单位提高建设效率、节约建设资金。

2）探索工程建设全过程咨询服务实施方式。工程建设全过程咨询服务应当由一家具有综合能力的咨询单位实施，也可由多家具有招标代理、勘察、设计、监理、造价、项目管理等不同能力的咨询单位联合实施。由多家咨询单位联合实施的，应当明确牵头单位及各单位的权利、义务和责任。要充分发挥政府投资项目和国有企业投资项目的示范引领作用，引导一批有影响力、有示范作用的政府投资项目和国有企业投资项目带头推行工程建设全过程咨询。鼓励民间投资项目的建设单位根据项目规模和特点，本着信誉可靠、综合能力和效率优先的原则，依法选择优秀团队实施工程建设全过程咨询。

3）促进工程建设全过程咨询服务发展。全过程咨询单位提供勘察、设计、监理或造价咨询服务时，应当具有与工程规模及委托内容相适应的资质条件。全过程咨询服务单位应当自行完成自有资质证书许可范围内的业务，在保证整个工程项目完整性的前提下，按照合同约定或经建设单位同意，可将自有资质证书许可范围外的咨询业务依法依规择优委托给具有相应资质或能力的单位，全过程咨询服务单位应对被委托单位的委托业务负总责。建设单位选择具有相应工程勘察、设计、监理或造价咨询资质的单位开展全过程咨询服务的，除法律法规另有规定外，可不再另行委托勘察、设计、监理或造价咨询单位。

4）明确工程建设全过程咨询服务人员要求。工程建设全过程咨询项目负责人应当取得工程建设类注册执业资格且具有工程类、工程经济类高级职称，并具有类似工程经验。对于工程建设全过程咨询服务中承担工程勘察、设计、监理或造价咨询业务的负责人，应具有法律法规规定的相应执业资格。全过程咨询服务单位应根据项目管理需要配备具有相应执业能力的专业技术人员和管理人员。设计单位在民用建筑中实施全过程咨询的，要充分发挥建筑师的主导作用。

（3）鼓励多种形式的全过程工程咨询服务市场化发展。

1）鼓励多种形式全过程工程咨询服务模式。除投资决策综合性咨询和工程建设全过程咨询外，咨询单位可根据市场需求，从投资决策、工程建设、运营等项目全生命周期角度，开展跨阶段咨询服务组合或同一阶段内不同类型咨询服务组合。鼓励和支持咨询单位创新全过程工程咨询服务模式，为投资者或建设单位提供多样化的服务。同一项目的全过程工程咨询单位与工程总承包、施工、材料设备供应单位之间不得有利害关系。

2）创新咨询单位和人员管理方式。要逐步减少投资决策环节和工程建设领域对从业单位和人员实施的资质资格许可事项，精简和取消强制性中介服务事项，打破行业壁垒和部门垄断，放开市场准入，加快咨询服务市场化进程。将政府管理重心从事前的资质资格证书核发转向事中事后监管，建立以政府监管、信用约束、行业自律为主要内容的管理体系，强化单位和人员从业行为监管。

3）引导全过程工程咨询服务健康发展。全过程工程咨询单位应当在技术、经济、管理、法律等方面具有丰富经验，具有与全过程工程咨询业务相适应的服务能力，同时具有良好的信誉。全过程工程咨询单位应当建立与其咨询业务相适应的专业部门及组织机构，配备结构合理的专业咨询人员，提升核心竞争力，培育综合性多元化服务及系统性问题一站式整合服务能力。鼓励投资咨询、招标代理、勘察、设计、监理、造价、项目管理等企业，采取联合经营、并购重组等方式发展全过程工程咨询。

（4）优化全过程工程咨询服务市场环境。

1）建立全过程工程咨询服务技术标准和合同体系。研究建立投资决策综合性咨询和工程建设全过程咨询服务技术标准体系，促进全过程工程咨询服务科学化、标准化和规范化；

以服务合同管理为重点，加快构建适合我国投资决策和工程建设咨询服务的招标文件及合同示范文本，科学制定合同条款，促进合同双方履约。全过程工程咨询单位要切实履行合同约定的各项义务、承担相应责任，并对咨询成果的真实性、有效性和科学性负责。

2)完善全过程工程咨询服务酬金计取方式。全过程工程咨询服务酬金可在项目投资中列支，也可根据所包含的具体服务事项，通过项目投资中列支的投资咨询、招标代理、勘察、设计、监理、造价、项目管理等费用进行支付。全过程工程咨询服务酬金在项目投资中列支的，所对应的单项咨询服务费用不再列支。投资者或建设单位应当根据工程项目的规模和复杂程度，咨询服务的范围、内容和期限等与咨询单位确定服务酬金。全过程工程咨询服务酬金可按各专项服务酬金叠加后再增加相应统筹管理费用计取，也可按人工成本加酬金方式计取。全过程工程咨询单位应努力提升服务能力和水平，通过为所咨询的工程建设或运行增值来体现其自身市场价值，禁止恶意低价竞争行为。鼓励投资者或建设单位根据咨询服务节约的投资额对咨询单位予以奖励。

3)建立全过程工程咨询服务管理体系。咨询单位要建立自身的服务技术标准、管理标准，不断完善质量管理体系、职业健康安全和环境管理体系，通过积累咨询服务实践经验，建立具有自身特色的全过程工程咨询服务管理体系及标准。大力开发和利用建筑信息模型（BIM）、大数据、物联网等现代信息技术和资源，努力提高信息化管理与应用水平，为开展全过程工程咨询业务提供保障。

4)加强咨询人才队伍建设和国际交流。咨询单位要高度重视全过程工程咨询项目负责人及相关专业人才的培养，加强技术、经济、管理及法律等方面的理论知识培训，培养一批符合全过程工程咨询服务需求的综合型人才，为开展全过程工程咨询业务提供人才支撑。鼓励咨询单位与国际著名的工程顾问公司开展多种形式的合作，提高业务水平，提升咨询单位的国际竞争力。

3.3.3　工程造价咨询单位执业行为准则

根据《工程造价咨询单位执业行为准则》[中价协（2002）第015号]，具有工程造价咨询资质的企业法人在执业活动中均应遵循以下执业行为准则：

(1)要执行国家的宏观经济政策和产业政策，遵守国家和地方的法律、法规及有关规定，维护国家和人民的利益。

(2)接受工程造价咨询行业自律组织业务指导，自觉遵守本行业的规定和各项制度，积极参加本行业组织的业务活动。

(3)按照工程造价咨询单位资质证书规定的资质等级和服务范围开展业务，只承担能够胜任的工作。

(4)要具有独立执业的能力和工作条件，竭诚为客户服务，以高质量的咨询成果和优良服务，获得客户的信任和好评。

(5)要按照公平、公正和诚信的原则开展业务，认真履行合同，依法独立自主开展经营活动，努力提高经济效益。

(6)靠质量、靠信誉参加市场竞争，杜绝无序和恶性竞争；不得利用与行政机关、社会团体以及其他经济组织的特殊关系搞业务垄断。

(7)要"以人为本"，鼓励员工更新知识，掌握先进的技术手段和业务知识，采取有效措施组织、督促员工接受继续教育。

(8)不得在解决经济纠纷的鉴证咨询业务中分别接受双方当事人的委托。

(9)不得阻挠委托人委托其他工程造价咨询单位参与咨询服务；共同提供服务的工程造价咨询单位之间应分工明确，密切协作，不得损害其他单位的利益和名誉。

(10)有义务保守客户的技术和商务秘密，客户事先允许和国家另有规定的除外。

3.4 造价工程师职业资格管理制度

造价工程师
职业资格制度

3.4.1 造价工程师素质要求和职业道德

造价工程师，是指通过职业资格考试取得中华人民共和国造价工程师职业资格证书，并经注册后从事建设工程造价工作的专业技术人员。根据《造价工程师职业资格制度规定》（建人〔2018〕67号），国家设置造价工程师准入类职业资格，纳入国家职业资格目录。工程造价咨询企业应配备造价工程师，工程建设活动中有关工程造价管理岗位按需要配备造价工程师。造价工程师可分为一级造价工程师和二级造价工程师。

（1）造价工程师素质要求。根据造价工程师的作业特点和能力要求，其专业和身体素质体现在以下几个方面：

1）应是复合型的专业管理人才。作为工程造价管理者，造价工程师应是具备工程、经济和管理知识与实践经验的高素质复合型专业人才。

2）应具备技术技能。技术技能是指能应用知识、方法、技术及设备来达到特定任务的能力。

3）应具备人文技能。人文技能是指与人共事的能力和判断力。造价工程师应具有高度的责任心和协助精神，善于与业务工作有关的各方人员沟通、协作，共同完成工程造价管理工作。

4）应具备组织管理能力。造价工程师应能了解整个组织及自己在组织中的地位，并具有一定的组织管理能力，面对机遇和挑战，能够积极进取，勇于开拓。

5）有健康的身体和宽广的胸怀，以适应紧张、繁忙和错综复杂的管理和技术工作。

（2）造价工程师职业道德行为准则。造价工程师的职业道德又称职业操守，通常是指在职业活动中所遵守的行为规范的总称，是专业人士必须遵从的道德标准和行为规范。为了规范造价工程师的职业道德行为，提高行业声誉，中国建设工程造价管理协会制定和颁布了《造价工程师职业道德行为准则》，具体要求如下：

1）遵守国家法律、法规和政策，执行行业自律性规定，珍惜职业声誉，自觉维护国家和社会公共利益。

2）遵守"诚信、公正、精业、进取"的原则，以高质量的服务和优秀的业绩，赢得社会和客户对造价工程师职业的尊重。

3）勤奋工作，独立、客观、公正、正确地出具工程造价成果文件，使客户满意。

4）诚实守信，尽职尽责，不得有欺诈、伪造、作假等行为。

5）尊重同行，公平竞争，搞好同行之间的关系，不得采取不正当的手段损害、侵犯同行的权益。

6）廉洁自律，不得索取、收受委托合同约定以外的礼金和其他财物，不得利用职务之便谋取其他不正当的利益。

7）造价工程师与委托方有利害关系的应当回避，委托方有权要求其回避。

8）知悉客户的技术和商务秘密，负有保密义务。

9）接受国家和行业自律性组织对其职业道德行为的监督检查。

3.4.2 造价工程师职业资格考试、注册和执业

根据《中华人民共和国建筑法》和国家职业资格制度有关规定，住房和城乡建设部、交

通运输部、水利部、人力资源和社会保障部共同制定了《造价工程师职业资格制度规定》《造价工程师职业资格考试实施办法》，规定了造价工程师职业资格考试、注册和执业办法，确立了我国造价工程师职业资格制度体系框架，如图3-1所示。

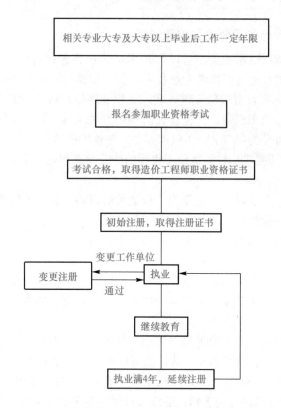

图 3-1　我国造价工程师职业资格制度体系框架

（1）职业资格考试。一级造价工程师职业资格考试全国统一大纲、统一命题、统一组织。从1997年试点考试至今，每年均举行一次全国造价工程师职业资格考试（除1999年停考外）。自2018年起设立二级造价工程师。二级造价工程师职业资格考试全国统一大纲，各省、自治区、直辖市自主命题并组织实施。

1）报考条件。

①一级造价工程师报考条件。凡遵守《中华人民共和国宪法》、法律、法规，具有良好的业务素质和道德品行，具备下列条件之一者，可以申请参加一级造价工程师职业资格考试：

a. 具有工程造价专业大学专科（或高等职业教育）学历，从事工程造价业务工作满4年；具有土木建筑、水利、装备制造、交通运输、电子信息、财经商贸大类大学专科（或高等职业教育）学历，从事工程造价业务工作满5年。

b. 具有通过工程教育专业评估（认证）的工程管理、工程造价专业大学本科学历或学位，从事工程造价业务工作满3年；具有工学、管理学、经济学门类大学本科学历或学位，从事工程造价业务工作满4年。

c. 具有工学、管理学、经济学门类硕士学位或者第二学士学位，从事工程造价业务工作满2年。

d. 具有工学、管理学、经济学门类博士学位，从事工程造价业务工作满1年。

e. 具有其他专业相应学历或者学位的人员，从事工程造价业务工作年限相应增加1年。

②二级造价工程师报考条件。凡遵守《中华人民共和国宪法》、法律、法规，具有良好的业务素质和道德品行，具备下列条件之一者，可以申请参加二级造价工程师职业资格考试：

a. 具有工程造价专业大学专科(或高等职业教育)学历，从事工程造价业务工作满2年；具有土木建筑、水利、装备制造、交通运输、电子信息、财经商贸大类大学专科(或高等职业教育)学历，从事工程造价业务工作满3年。

b. 具有工程管理、工程造价专业大学本科及本科以上学历或学位，从事工程造价业务工作满1年；具有工学、管理学、经济学门类大学本科及本科以上学历或学位，从事工程造价业务工作满2年。

c. 具有其他专业相应学历或学位的人员，从事工程造价业务工作年限相应增加1年。

2)考试科目。一级和二级造价工程师职业资格考试均设置基础科目和专业科目。

一级造价工程师职业资格考试设《建设工程造价管理》《建设工程计价》《建设工程技术与计量》《建设工程造价案例分析》四个科目。其中，《建设工程造价管理》和《建设工程计价》为基础科目，《建设工程技术与计量》和《建设工程造价案例分析》为专业科目。二级造价工程师职业资格考试设《建设工程造价管理基础知识》《建设工程计量与计价实务》两个科目，其中《建设工程造价管理基础知识》为基础科目，《建设工程计量与计价实务》为专业科目。

造价工程师职业资格考试专业科目分为土木建筑工程、交通运输工程、水利工程和安装工程4个专业类别，考生在报名时可根据实际工作需要选择其一。其中，土木建筑工程、安装工程专业由住房和城乡建设部负责；交通运输工程专业由交通运输部负责；水利工程专业由水利部负责。

一级造价工程师职业资格考试成绩实行4年为一个周期的滚动管理办法，在连续的4个考试年度内通过全部考试科目，方可取得一级造价工程师职业资格证书。二级造价工程师职业资格考试成绩实行2年为一个周期的滚动管理办法，参加全部2个科目考试的人员必须在连续的2个考试年度内通过全部科目，方可取得二级造价工程师职业资格证书。

3)职业资格证书。

①一级造价工程师职业资格考试合格者，由各省、自治区、直辖市人力资源社会保障行政主管部门颁发中华人民共和国一级造价工程师职业资格证书。该证书由人力资源社会保障部统一印制，住房和城乡建设部、交通运输部、水利部按专业类别分别与人力资源社会保障部用印，在全国范围内有效。

②二级造价工程师职业资格考试合格者，由各省、自治区、直辖市人力资源社会保障行政主管部门颁发中华人民共和国二级造价工程师职业资格证书。该证书由各省、自治区、直辖市住房和城乡建设、交通运输、水利行政主管部门按专业类别分别与人力资源社会保障行政主管部门用印，原则上在所在行政区域内有效。各地可根据实际情况制定跨区域认可办法。

(2)注册。国家对造价工程师职业资格实行执业注册管理制度。取得造价工程师职业资格证书且从事工程造价相关工作的人员，经注册方可以造价工程师名义执业。住房和城乡建设部、交通运输部、水利部分别负责一级造价工程师注册及相关工作。各省、自治区、直辖市住房和城乡建设、交通运输、水利行政主管部门按专业类别分别负责二级造价工程师注册及相关工作。

经批准注册的申请人，由住房和城乡建设部、交通运输部、水利部核发《中华人民共和国一级造价工程师注册证》(或电子证书)；或由各省、自治区、直辖市住房和城乡建设、交通运输、水利行政主管部门核发《中华人民共和国二级造价工程师注册证》(或电子证书)。造价工程师执业时应持注册证书和执业印章。注册证书、执业印章样式以及注册证书编号规则由住房和城乡建设部会同交通运输部、水利部统一制定。执业印章由注册造价工程师按照统一规定自行制作。

（3）执业。造价工程师在工作中，必须遵纪守法，恪守职业道德和从业规范，诚信执业，主动接受有关主管部门的监督检查，加强行业自律。造价工程师不得同时受聘于两个或两个以上单位执业，不得允许他人以本人名义执业，严禁"证书挂靠"。出租出借注册证书的，依据相关法律法规进行处罚；构成犯罪的，依法追究刑事责任。

1）一级造价工程师的执业范围包括建设项目全过程的工程造价管理与咨询等，具体工作内容：项目建议书、可行性研究投资估算与审核，项目评价造价分析；建设工程设计概算、施工预算编制和审核；建设工程招标投标文件工程量和造价的编制与审核；建设工程合同价款、结算价款、竣工决算价款的编制与管理；建设工程审计、仲裁、诉讼、保险中的造价鉴定，工程造价纠纷调解；建设工程计价依据、造价指标的编制与管理；与工程造价管理有关的其他事项。

2）二级造价工程师主要协助一级造价工程师开展相关工作，可独立开展以下具体工作：建设工程工料分析、计划、组织与成本管理，施工图预算、设计概算编制；建设工程量清单、最高投标限价、投标报价编制；建设工程合同价款、结算价款和竣工决算价款的编制。

造价工程师应在本人工程造价咨询成果文件上签章，并承担相应责任。工程造价咨询成果文件应由一级造价工程师审核并加盖执业印章。对出具虚假工程造价咨询成果文件或者有重大工作过失的造价工程师，不再予以注册，造成损失的依法追究其责任。

3.5　发达国家和地区工程造价管理的现状

3.5.1　国际造价工程联合会

国际造价工程联合会，英文为 International Cost Engineering Council（简称 ICEC），是由美国造价工程师协会（AACE）、英国造价工程师协会（A Cost E）及荷兰的 DACE 和墨西哥的 SMIEFC 于 1976 年在波士顿会议上发起成立的。中国建设工程造价管理协会作为中国工程造价行业唯一的国家组织，2007 年 3 月正式加入了国际造价工程联合会。

ICEC 近来发展的重大举措是建立了区域组织。ICEC 已对其全体会员组织都进行了区域性管理，ICEC 共有四个区域性分会：第一区域包括南、北美洲；第二区域包括欧洲和中东；第三区域是非洲；第四区域覆盖整个亚太地区。ICEC 除每两年一次的全体代表大会外，还有定期举行的区域性会议。

3.5.2　发达国家和地区工程造价管理

当今，国际工程造价管理有着几种主要模式，主要包括英国、美国、日本及继承了英国模式，又结合自身特点而形成独特工程造价管理模式的国家和地区，如新加坡、马来西亚及我国香港地区。

（1）英国工程造价管理。英国是世界上最早出现工程造价咨询行业并成立相关行业协会的国家。英国的工程造价管理至今已有近 400 年的历史。在世界近代工程造价管理的发展史上，作为早期世界强国的英国，由于其工程造价管理发展较早，且其联邦成员国和地区分布较广，时至今日，其工程造价管理模式在世界范围内仍具有较强的影响力。

英国工程造价咨询公司在英国被称为工料测量师行，成立的条件必须符合政府或相关行业协会的有关规定。目前，英国的行业协会负责管理工程造价专业人员、编制工程造价计量标准、发布相关造价信息及造价指标。在英国，政府投资工程和私人投资工程分别采用不同的工程造价管理方法，但这些工程项目通常都需要聘请专业造价咨询公司进行行业务合作。

对于政府投资工程，是由政府有关部门负责管理，包括计划、采购、建设咨询、实施和维护，对从工程项目立项到竣工各个阶段的工程造价控制都较为严格，遵循政府统一发布的价格指数，通过市场竞争，形成工程造价。

对于私人投资工程，政府通过相关的法律法规对此类工程项目的经营活动进行一定的规范和引导，只要在国家法律允许的范围内，政府一般不予干预。另外，社会上还有许多政府所属代理机构及社会团体组织，如英国皇家特许测量师学会（RICS）等协助政府部门进行行业管理，主要对咨询单位进行业务指导和管理从业人员。英国工程造价咨询行业的制度、规定和规范体系都较为完善。

（2）美国工程造价管理。美国的建筑业十分发达，具有投资多元化和高度现代化、智能化的建筑技术与管理的广泛应用相结合的行业特点，主要分为政府投资和私人投资两大类。其中，私人投资工程可占到整个建筑业投资总额的60%～70%。美国的工程造价管理是建立在高度发达的自由竞争市场经济基础之上的，美国联邦政府没有主管建筑业的政府部门，因而，也没有主管工程造价咨询业的专门政府部门，工程造价咨询业完全由行业协会管理，会涉及多个行业协会，如美国土木工程师协会、总承包商协会、建筑标准协会、工程咨询业协会、国际造价管理联合会等。

美国工程造价管理具有以下特点：

1）完全市场化的工程造价管理模式。在没有全国统一的工程量计算规则和计价依据的情况下，一方面，由各级政府部门制定各自管辖的政府投资工程相应的计价标准；另一方面，承包商需根据自身积累的经验进行报价。同时，工程造价咨询公司依据自身积累的造价数据和市场信息，协助业主和承包商对工程项目提供全过程、全方位的管理与服务。

2）具有较完备的法律及信誉保障体系。美国工程造价管理是建立在相关的法律制度基础上的。同时，美国的工程造价咨询企业自身具有较为完备的合同管理体系和完善的企业信誉管理平台。各个企业视自身的业绩和荣誉为企业长期发展的重要条件。

3）具有较成熟的社会化管理体系。美国的工程造价咨询业主要依靠政府和行业协会的共同管理与监督，实行"小政府、大社会"的行业管理模式。美国的相关政府管理机构对整个行业的发展进行宏观调控，更多的具体管理工作主要依靠行业协会，由行业协会更多地承担对专业人员和法人团体的监督与管理职能。

4）拥有现代化管理手段。当今的工程造价管理均需采用先进的计算机技术和现代化的网络信息技术。在美国，信息技术的广泛应用，不但大大提高了工程项目参与各方之间的沟通、文件传递等的工作效率，也可及时、准确地提供市场信息，同时，也使工程造价咨询公司收集、整理和分析各种复杂、繁多的工程项目数据成为可能。

（3）日本工程造价管理。在日本，工程积算制度是日本工程造价管理所采用的主要模式。工程造价咨询行业由日本政府建设主管部门和日本建筑积算协会统一进行业务管理与行业指导。其中，政府建设主管部门负责制定发布工程造价政策、相关法律法规、管理办法，对工程造价咨询业的发展进行宏观调控。

日本建筑积算协会作为全国工程咨询的主要行业协会，其主要的服务范围：推进工程造价管理的研究；工程量计算标准的编制、建筑成本等相关信息的收集、整理与发布；专业人员的业务培训及个人执业资格准入制度的制定与具体执行等。

工程造价咨询公司在日本被称为工程积算所，主要由建筑积算师组成。日本的工程积算所一般对委托方提供以工程造价管理为核心的全方位、全过程的工程咨询服务，其主要业务范围包括工程项目的可行性研究、投资估算、工程量计算、单价调查、工程造价细算、标底价编制与审核、招标代理、合同谈判、变更成本积算、工程造价后期控制与评估等。

（4）我国香港地区工程造价管理。香港工程造价管理模式是沿袭英国的做法，但在管理主体、具体计量规则的制定，工料测量事务所和专业人士的执业范围与深度等方面，都根据自身特点进行了适当调整，使之更适合香港地区工程造价管理的实际需要。在香港，专业保险在工程造价管理中得到了较好应用。一般情况下，由于工料测量师事务所受雇于业主，在收取一定比例咨询服务费的同时，要对工程造价控制负有较大责任。因此，工料测量师事务所在接受委托，特别是控制工期较长、难度较大的项目造价时，都需购买专业保险，以防工作失误时因对业主进行赔偿后而破产。可以说，工程保险的引入，一方面加强了工料测量师事务所防范风险和抵抗风险的能力；另一方面也为香港工程造价业务向国际市场开拓提供了有力保障。

从 20 世纪 60 年代开始，香港的工料测量事务所已发展为可对工程建设全过程进行成本控制，并影响建筑设计事务所和承包商的专业服务类公司，在工程建设过程中扮演着越来越重要的角色。香港地区的专业学会是在众多测量师事务所、专业人士之间相互联系和沟通的纽带，这种学会在保护行业利益和推行政府决策方面起着重要作用，同时，学会与政府之间也保持着密切联系。学会内部互相监督、互相协调、互通情报，强调职业道德和经营作风。学会对工程造价起着指导和间接管理的作用，甚至也充当工程造价纠纷仲裁机构，如当承发包双方不能相互协调或对工料测量师事务所的计价有异议时，可以向学会提出仲裁申请。

3.6 我国工程造价管理的发展趋势

新中国成立后，我国参照苏联的工程建设管理经验，逐步建立了一套与计划经济体制相适应的定额管理体系，并陆续颁布了多项规章制度和定额，在国民经济的复苏与发展中起到了十分重要的作用。改革开放以来，我国工程造价管理进入黄金发展期，工程计价依据和方法不断改革，工程造价管理体系不断完善，工程造价咨询行业得到快速发展。近年来，我国工程造价管理呈现出国际化、信息化和专业化发展趋势。

（1）工程造价管理国际化。随着我国经济日益融入全球资本市场，在我国的外资和跨国工程项目不断增多，这些工程项目大都需要通过国际招标、咨询等方式运作。同时，我国政府和企业在海外投资与经营的工程项目也在不断增加。国内市场国际化、国内外市场的全面融合，使得我国工程造价管理的国际化成为一种趋势。境外工程造价咨询机构在长期的市场竞争中已形成自己独特的核心竞争力，在资本、技术、管理、人才、服务等方面均占有一定优势。面对日益严峻的市场竞争，我国工程造价咨询企业应以市场为导向，转换经营模式，增强应变能力，在竞争中求生存，在拼搏中求发展，在未来激烈的市场竞争中取得主动。

（2）工程造价管理信息化。我国工程造价领域的信息化是从 20 世纪 80 年代末期伴随着定额管理推广应用工程造价管理软件开始的。进入 20 世纪 90 年代中期，伴随着计算机和互联网技术普及，全国性的工程造价管理信息化已成必然趋势。近年来，尽管全国各地及各专业工程造价管理机构逐步建立了工程造价信息平台，工程造价咨询企业也大多拥有专业的计算机系统和工程造价管理软件，但仍停留在工程量计算、汇总及工程造价的初步统计分析阶段。从整个工程造价行业看，还未建立统一规划、统一编码的工程造价信息资源共享平台；从工程造价咨询企业层面看，工程造价管理的数据库、知识库尚未建立和完善。目前，发达国家和地区的工程造价管理已大量运用计算机网络与信息技术，实现工程造价管理的网络化、虚拟化。特别是建筑信息建模（Building Information Modeling，BIM）技术的推广应用，必将推动工程造价管理的信息化发展。

(3)工程造价管理专业化。经过长期的市场细分和行业分化，未来工程造价咨询企业应向更加适合自身特长的专业方向发展。作为服务型的第三产业，工程造价咨询企业应避免走大而全的规模化，而应朝着集约化和专业化模式发展。企业专业化的优势在于：经验较为丰富，人员精干，服务更加专业，更有利于保证工程项目的咨询质量，防范专业风险能力较强。在企业专业化的同时，对于日益复杂、涉及专业较多的工程项目而言，势必引发和增强企业之间，尤其是不同专业的企业之间的强强联手和相互配合。同时，不同企业之间的优势互补、相互合作，也将给目前的大多数实行公司制的工程造价咨询企业在经营模式方面带来转变，即企业将进一步朝着合伙制的经营模式自我完善和发展。鼓励及加速实现我国工程造价咨询企业合伙制经营，是提高企业竞争力的有效手段，也是我国未来工程造价咨询企业主要组织模式。合伙制企业因对其组织方面具有强有力的风险约束性，能够促使其不断强化风险意识，提高咨询质量，保持较高的职业道德水平，自觉维护自身信誉。正因如此，在完善的工程保险制度下的合伙制也是目前发达国家和地区工程造价咨询企业所采用的典型经营模式。

思政育人

1. 工程造价控制的目的不仅在于控制项目投资不超过批准的投资额，还在于倡导艰苦奋斗、勤俭治国的方针，从国家的整体利益出发，合理使用人力、物力、财力，取得最大投资效益。勤俭节约、艰苦奋斗是中华民族的传统美德，小到一个人、一个家庭，大到一个国家、整个人类，时代再发展，条件再优越，都离不开勤俭节约、艰苦奋斗，可以说修身、齐家、治国都离不开勤俭节约。

2. 造价工程师职业资格管理制度是落实党中央、国务院提出的"科教兴国"战略的重要举措，促使造价从业人员注重学习和培训，注重提高自身素质，提高技能水平和就业能力。在全社会建立崇尚职业技能的社会新风尚，培养劳动者热爱职业劳动的敬业精神和主人翁意识。

与一级、二级造价工程师职业资格考试相关内容。该内容根据考纲要求动态调整。

直通职考（一级造价师）

直通职考（二级造价师）

课后训练

一、选择题

1. 有效控制工程造价应体现的原则有（　　）。

   A. 以设计阶段为重点   B. 以主动控制为主

   C. 技术与经济相结合   D. 全过程造价管理

2. 工程造价控制的关键在于（　　）。
  A. 施工阶段　　　　B. 设计阶段　　　C. 招标投标阶段
  D. 竣工阶段　　　　E. 投资决策阶段

3. 工程造价控制基本方法有（　　）。
  A. 价值工程　　　　B. 合同管理　　　C. 招投标
  D. 可行性研究　　　E. 限额设计

4. 关于造价工程师执业的说法，正确的是（　　）
  A. 造价师可同时在两家单位执业
  B. 取得造价师职业资格证后即可以个人名义执业
  C. 造价师执业应持注册证书和执业印章
  D. 造价师只可允许本单位从事造价工作的其他人员以本人名义执业

5. 下列工程造价咨询企业的行为中，属于违规行为的是（　　）。
  A. 向工程造价行业组织提供工程造价企业信用档案信息
  B. 在工程造价成果文件上加盖有企业名称、资质等级及证书编号的执业印章并由执行咨询业务的注册造价工程师签字、加盖个人执业印章
  C. 跨省承接工程造价业务，并自承接业务之日起30日内到建设工程所在地省人民政府建设主管部门备案
  D. 同时接受招标人和投标人对同一工程项目的工程造价咨询业务

6. 工程造价咨询企业从事工程造价咨询活动，应当遵循（　　）的原则，不得损害社会公共利益和他人的合法权益。
  A. 独立　　　　　　B. 公正　　　　　C. 诚实信用
  D. 客观　　　　　　E. 公开

7. 中国建设工程造价管理协会作为中国工程造价行业唯一的国家组织，（　　）正式加入了国际造价工程联合会。
  A. 2005年4月　　B. 2008年9月　　C. 2007年3月　　D. 2000年1月

8. 当今国际工程造价管理有着几种主要模式，包括（　　）。
  A. 香港　　　　　　B. 美国　　　　　C. 英国
  D. 中国　　　　　　E. 日本

9. 近年来，我国工程造价管理呈现出（　　）发展趋势。
  A. 国际化　　　　　B. 信息化　　　　C. 智能化
  D. 专业化　　　　　E. 精细化

10. 国际造价工程联合会（简称 ICEC）成立于（　　）年。
  A. 1999　　　　B. 1976　　　　C. 1966　　　　D. 1985

二、简答题

1. 简述工程造价控制的基本原理。
2. 简述有效控制工程造价的原则。
3. 工程造价控制的基本方法有哪些？
4. 一级造价工程师和二级造价工程师职业资格考试科目有哪些？执业范围是什么？
5. 当今国际工程造价管理有几种主要模式？它们各自特点是什么？
6. 我国工程造价管理的发展趋势有哪些？

模块2 工程决策和设计阶段造价的管理与控制

建设全过程造
价管理内容

  项目决策的正确与否，直接关系到项目建设的成败，关系到工程造价的高低及投资效果的好坏，正确的决策是正确估算和有效控制工程造价的前提。国内外相关资料研究表明，设计阶段的费用占工程全部费用不到1％，但在项目决策正确的前提下，对工程造价影响程度高达75％以上。由此可见，决策与设计阶段是整个工程造价确定与控制的龙头与关键。

  本模块以天宇大厦建设为主线，介绍决策和设计阶段造价管理与控制的主要工作，知识架构如下所示。

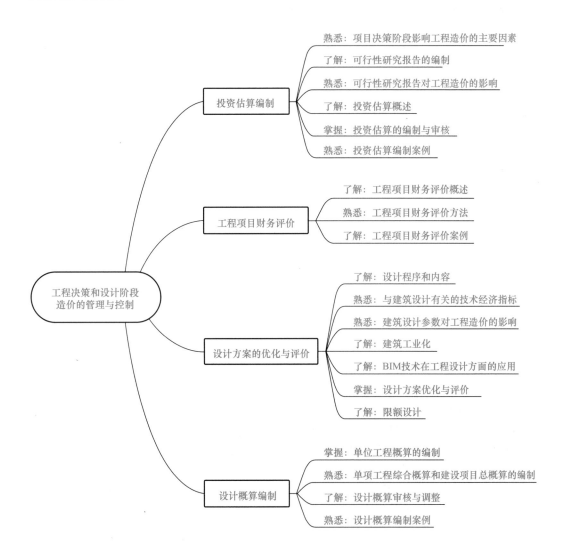

项目4　投资估算编制

学习目标

1. 熟悉项目决策阶段影响工程造价的主要因素。
2. 熟悉可行性研究报告的作用和内容。
3. 会投资估算编制。

重点难点

指标估算法的应用。

案例引入

　　由恒信公司投资兴建的天宇大厦，是集商业、办公、餐饮、会议为一体的商业综合体。公司安排王某协助李总负责具体建设工作。李总先安排王某根据前期考察情况起草一份"天宇大厦项目建议书"报呈董事会，一周后董事会研究通过后，天宇大厦项目正式启动。接下来李总要求王某考察几家信誉好的工程咨询院，形成一个考察报告交给他。王某从公司实力、类似项目经验、收费情况、合作经历、人员情况等几方面考察后，形成报告交给李总。公司权衡后决定委托省工程咨询院来编制天宇大厦的可行性研究报告。请思考：

　　(1)为什么李总率先安排编制可行性研究报告工作？

　　(2)如何选择可行性研究报告的编制单位？

　　(3)可行性研究报告编制时应注意考虑哪些影响因素？

　　(4)可行性研究报告中如何编制投资估算？

　　(5)项目建议书和可行性研究报告中的投资估算能用同一种方法编制吗？

4.1　项目决策阶段影响工程造价的主要因素

　　项目决策阶段影响工程造价的主要因素有项目建设规模、建设地址选择、技术方案、设备方案、工程方案和环境保护措施等。

4.1.1　项目建设规模

　　项目建设规模是指项目设定的正常生产运营年份可能达到的生产能力或使用效益。项目建设规模的合理选择关系着项目的成败，决定着工程造价合理与否。其制约因素有市场因素、技术因素、环境因素。

　　(1)市场因素。市场因素是项目建设规模确定中需要考虑的首要因素。首先，项目产品的市场需求状况是确定项目生产规模的前提。通过市场分析与预测，确定市场需求量、了解竞争对手情况，最终确定项目建成时的最佳生产规模，使所建项目在未来能够保持合理的盈利水平和可持续发展的能力。其次，原材料市场、资金市场、劳动力市场等对项目规模的选择起着程度不同的制约作用。若项目规模过大可能导致材料供应紧张和价格上涨，造成项目所需投资资金的筹集困难和资金成本上升等问题。

（2）技术因素。先进适用的生产技术及技术装备是项目规模效益赖以存在的基础，而相应的管理技术水平则是实现规模效益的保证。若与经济规模生产相适应的先进技术及其装备的来源没有保障，或获取技术的成本过高，或管理水平跟不上，则不仅预期的规模效益难以实现，还会给项目的生存和发展带来危机，导致项目投资效益低下、浪费严重。

（3）环境因素。项目的建设、生产和经营都是在特定的国家和地方政策与社会经济环境条件下进行的。政策因素包括产业政策、投资政策、技术经济政策、国家和地区及行业经济发展规划等。特别是，为了取得较好的规模效益，国家对部分行业的新建项目规模有明确的限制性规定，选择项目规模时应予以遵照执行。项目规模确定中需考虑的主要环境因素有燃料动力供应、协作及土地条件、运输及通信条件等因素。

（4）建设规模方案比选。在对以上三个方面进行充分考核的基础上，应确定相应的产品方案、产品组合方案和项目建设规模。可行性研究报告应根据经济合理性、市场容量、环境容量，以及资金、原材料和主要外部协作条件等方面的研究，对项目建设规模进行充分论证，必要时进行多方案技术经济分析与比较。大型复杂项目的建设规模论证应研究合理、优化的工程分期分批，明确初期规模和远景规模。建设规模方案比选常用方法是盈亏平衡分析法。

所谓盈亏平衡分析是指通过计算项目达产年的盈亏平衡点（Break Even Point，BEP），分析项目成本与收入的平衡关系，判断项目对产出品数量、销售价格、成本等变化的适应能力和抗风险能力，为投资决策提供科学依据。根据成本、产量、收入、利润的关系可统一一个数学模型，即量本利模型，也称为基本损益方程式：

盈亏平衡法
确定建设规模

$$B = PQ - C_V Q - C_F - t \times Q \tag{4-1}$$

式中　B——利润；

　　　P——单位产品售价；

　　　Q——销售量或生产量；

　　　C_V——单位产品变动成本；

　　　C_F——固定成本；

　　　t——单位产品销售税金及附加。

式（4-1）明确表达了产销量、成本、利润之间的数量关系，是基本的损益方程式。它包含相互联系的 6 个变量，给定其中 5 个，便可求出另一个变量的值。

当 $B=0$ 时，可得 $Q = \dfrac{C_F}{P - C_V - t}$，表明项目在此产销量下，总收入扣除销售税金及附加后与总成本相等，即无利润，也不亏损。在此基础上，增加销售量，销售收入超过总成本，项目盈利；反之，项目亏损。因此，该产量称为产量盈亏平衡点。该方法即为盈亏平衡产量分析法。

【例 4-1】　某项目设计生产能力为年产 50 万件产品，根据资料分析，估计单位产品价格为 100 元，单位产品可变成本为 80 元，固定成本为 300 万元，试用生产能力利用率、产量、单位产品价格分别表示项目的盈亏平衡点。已知该产品销售税金及附加的合并税率为 5%。

解：（1）$BEP(\%) = \dfrac{\text{盈平衡售量}}{\text{正常量}} \times 100\%$

$$= \frac{300}{(100 - 80 - 100 \times 5\%) \times 50} \times 100\% = 40\%$$

(2) $BEP(Q) = BEP(\%) \times 100\% = 40\% \times 500\ 000 = 200\ 000$（件）

(3) $BEP(P) = \dfrac{C_F}{Q} + C_v + t$

$\qquad\qquad = 90.53$（元）

4.1.2　建设地址选择

一般情况下，确定某个建设项目的地址需要经过建设地区选择和建设地点(厂址)选择两个不同层次的、相互联系又相互区别的工作阶段。这两个阶段是一种递进关系。

(1)建设地区的选择。建设地区的选择是指在几个不同地区之间对拟建项目适宜配置在哪个区域范围的选择。建设地区选择得合理与否，在很大程度上决定着拟建项目的命运，影响着工程造价的高低、建设工期的长短、建设质量的好坏，还影响到项目建成后的运营状况。因此，建设地区的选择要充分考虑各种因素的制约，如规划发展要求、环境和水文特点、区域技术经济水平、劳动力供应等因素。

(2)建设地点(厂址)的选择。建设地点(厂址)的选择是指对项目具体坐落位置的选择。建设地点的选择是一项极为复杂的技术经济综合性很强的系统工程，它不仅涉及项目建设条件、产品生产要素、生态环境和未来产品销售等重要问题，受社会、政治、经济、国防等多因素的制约，还直接影响到项目建设速度、建设质量和安全，以及未来企业的经营管理与所在地点的城乡建设规划。因此，必须从国民经济和社会发展的全局出发，运用系统观点和方法分析决策。

选择建设地点要满足以下要求：

1)节约土地，少占耕地，降低土地补偿费。

2)减少拆迁移民数量。项目选址应尽可能不靠近、不穿越人口密集的城镇或居民区，减少或不发生拆迁安置房，降低工程造价。

3)应尽量选在工程地质、水文地质条件较好的地段，土壤耐压力应满足拟建厂的要求，严防选在断层、熔岩、流沙层与有用矿床上，以及洪水淹没区、已采矿塌陷区、滑坡区。建设地点(厂址)的地下水水位应尽可能低于地下建筑物的基准面。

4)要有利于厂区合理布置和安全运行。厂区地形力求平坦而略有坡度(一般以5%～10%为宜)，以减少平整土地的土方工程量，节约投资，又便于地面排水。

5)应尽量靠近交通运输条件和水电供应等条件好的地方。建设地点(厂址)应靠近铁路、公路、水路，以缩短运输距离，减少建设投资和未来的运营成本；建设地点(厂址)应设在供电、供热和其他协作条件便于取得的地方，有利于施工条件的满足和项目运营期间的正常运作。

6)应尽量减少对环境的污染。对于排放大量有害气体和烟尘的项目，不能建在城市的上风口，以免对整个城市造成污染，对于噪声大的项目，建设地点(厂址)应远离居民集中区，同时要设置一定宽度的绿化带，以减弱噪声的干扰；对于生产或使用易燃、易爆、辐射产品的项目，建设地点(厂址)应远离城镇和居民密集区。

4.1.3　技术方案

生产技术方案是指产品生产所采用的工艺流程和生产方法。技术方案不仅影响项目的建设成本，还影响项目建成后的运营成本。因此，技术方案的选择直接影响项目的建设和运营效果，必须认真选择和确定。技术方案选择时要遵循"先进、合理、适用"的原则，优先选用国产设备。

4.1.4　设备方案

在生产工艺流程和生产技术确定后，就要根据产品生产规模和工艺过程的要求，选择设备的型号和数量。设备的选择与技术密切相关，两者必须匹配。没有先进的技术，再好的设备也无法发挥作用，没有先进的设备，技术的先进性则无法体现。

在设备选用中，应注意以下问题：

(1)要尽量选用国产设备。

(2)要注意进口设备之间及国内外设备之间的衔接配套问题。

(3)要注意进口设备与原有国产设备、厂房之间的配套问题。

(4)要注意进口设备与原材料、备品备件及维修能力之间的配套问题。

4.1.5　工程方案

工程方案构成项目的实体，其选择是在已选定项目建设规模、技术方案和设备方案的基础上，研究论证主要建筑物、构筑物的建造方案，包括对于建造标准的确定。一般工业项目的厂房、工业窑炉、生产装置等建(构)筑物的工程方案，主要研究内容包括：建筑特征(面积、层数、高度、跨度)，建筑物和构筑物的结构形式，基础工程方案，抗震设防及特殊建筑要求(防火、防震、防爆、防腐蚀、隔声、保温、隔热等)等。工程方案应在满足使用功能、确保质量和安全的前提下，力求降低造价、节约资金。

4.1.6　环境保护措施

建设项目一般会引起项目所在地自然环境、社会环境和生态环境的变化，对环境状况、环境质量产生不同程度的影响。因此，需要在确定建设地址和技术方案中，调查研究环境条件，识别和分析拟建项目影响环境的因素，研究提出治理和保护环境的措施，比选和优化环境保护方案。在研究环境保护治理措施时，应从环境效益、经济效益相统一的角度进行分析论证，力求环境保护治理方案技术可行和经济合理。

环境保护措施应坚持以下原则：

(1)符合国家环境保护法律、法规和环境功能规划的要求；

(2)坚持污染物排放总量控制和达标排放的要求；

(3)坚持"三同时原则"，即环境治理措施应与项目的主体工程同时设计、同时施工、同时投产使用；

(4)力求环境效益与经济效益相统一；

(5)注重资源综合利用，对环境治理过程中项目产生的废气、废水、固体废弃物，应提出回水处理和再利用方案。

4.2　可行性研究报告的编制

可行性研究是在投资决策前，对项目有关的社会、经济和技术等方面情况进行深入细致的调查研究，对各种可能拟定的建设方案和技术方案进行认真的技术经济分析与比较论证，对项目建成后的经济效益进行科学的预测和评价，并在此基础上综合研究、论证建设项目的技术先进性、适用性、可靠性，经济合理性和盈利性，以及建设可能性和可行性，由此确定该项目是否投资和如何投资，使之进入项目开发建设的下一阶段等结论性意见。可行性研究是一项十分重要的工作，加强可行性研究，是对国家经济资源进行优化配置的最直接、最重要的手段，是提高工程决策水平的关键。

4.2.1　可行性研究报告的作用

可行性研究报告在项目筹建和实施的各个环节中，可以起到如下作用：作为投资主体投资决策的依据；作为向当地政府或城市规划部门申请建设执照的依据；作为环保部门审查建设项目对环境影响的依据；作为编制设计任务书的依据；作为安排项目计划和实施方案的依据；作为筹集资金和向银行申请贷款的依据；作为编制科研试验计划和新技术、新设备需用计划及大型专用设备生产预安排的依据；作为从国外引进技术、设备及与国外厂商谈判签约的依据；作为与项目协作单位签订经济合同的依据；作为项目后评价的依据。

4.2.2　可行性研究报告的内容

某医院建设项目
可行性研究报告

可行性研究报告是项目可行性研究工作的成果文件，按照原国家发展计划委员会审定发行的《投资项目可行性研究指南》(计办投资〔2002〕15 号)的规定，项目可行性研究报告一般包括以下基本内容：

(1)项目兴建理由与目标，包括项目兴建理由、项目预测目标、项目建设基本条件。

(2)市场分析与预测，包括市场预测内容、市场现状调查、产品供需预测、价格预测、竞争力分析、市场风险分析、市场调查与预测方法。

(3)资源条件评价，包括资源开发利用的基本要求、资源评价。

(4)建设规模与产品方案，包括建设规模方案选择、产品方案选择、建设规模与产品方案比选。

(5)场址选择，包括场址选择的基本要求、场址选择研究内容、场址方案比选。

(6)技术方案、设备方案和工程方案，包括技术方案选择、主要设备方案选择、工程方案选择、节能措施、节水措施。

(7)原材料、燃料供应，包括主要原材料供应方案，燃料供应方案，主要原材料、燃料供应方案比选。

(8)总图运输与公用辅助工程，包括总图布置方案、场内外运输方案、公用工程与辅助工程方案。

(9)环境影响评价，包括环境影响评价基本要求、环境条件调查、影响环境因素分析、环境保护措施。

(10)劳动安全卫生与消防，包括劳动安全卫生、消防设施。

(11)组织机构与人力资源配置，包括组织机构设置及其适应性分析、人力资源配置、员工培训。

(12)项目实施进度，包括建设工期、实施进度安排。

(13)投资估算，包括建设投资估算内容、建设投资估算方法、流动资金估算、项目投入总资金及分年投入计划。

(14)融资方案，包括融资组织形式选择、资金来源选择、资本金筹措、债务资金筹措、融资方案分析。

(15)建设项目经济评价，包括财务分析和经济效果评价。

(16)社会评价，包括社会评价作用与范围、社会评价主要内容、社会评价步骤与方法。

(17)风险分析，包括风险因素识别、风险评估方法、风险防范对策。

(18)研究结论与建议，包括推荐方案总体描述、主要比选方案描述、结论与建议。

(19)附件。

4.3　可行性研究报告对工程造价的影响

从项目可行性研究报告的内容与作用可以看出，项目可行性研究与工程造价有着密不可分的联系。

(1)项目可行性研究结论的正确性是工程造价合理性的前提。项目可行性研究结论正确，意味着对项目建设做出科学的决断，优选出最佳投资行动方案，达到资源的合理配置。这样才能合理地确定工程造价，并且在实施最优投资方案过程中，有效地控制工程造价。

（2）项目可行性研究的内容是决定工程造价的基础。工程造价的确定与控制贯穿于项目建设全过程，但依据可行性研究所确定的各项技术经济决策，对该项目的工程造价有重大影响，特别是建设规模与产品方案、场（厂）址、技术方案、设备方案和工程方案的选择直接关系到工程造价的高低。据有关资料统计，在项目建设各阶段中，投资决策阶段影响工程造价的程度最高。因此，决策阶段是决定工程造价的基础阶段，直接影响着决策立项之后的各个建设阶段工程造价及其管理工作的科学合理性。

（3）工程造价高低、投资多少也影响可行性研究结论。可行性研究的重要工作内容及成果——投资估算，是进行投资方案选择的重要依据之一，同时，也是决定项目是否可行及主管部门进行项目审批的参考依据。

（4）可行性研究深度影响投资估算的精确度，也影响工程造价的控制效果。投资决策过程是一个由浅入深、不断深化的过程，依次分为若干工作阶段，不同阶段决策的深度不同，投资估算的精确度也不同。按照"前者控制后者"的制约关系，意味着前一阶段的造价文件对其后面的各种形式的造价起着制约作用，作为限额目标。由此可见，只有加强可行性研究的深度，采用科学的估算方法和可靠的数据资料，合理地计算投资估算，保证投资估算一定的精确度，才能保证项目建设后续阶段的造价被控制在合理范围，使投资控制目标能够实现。

4.4 投资估算概述

4.4.1 投资估算的概念

投资估算是指在建设项目前期各阶段（包括投资机会研究、项目建议书、初步可行性研究、详细可行性研究、方案设计等）按照规定的程序、办法和依据，通过对拟建项目所需投资的测算和估计形成投资估算文件的过程，是进行建设项目技术经济分析与评价和投资决策的基础。投资估算的准确与否不仅影响到项目前期各阶段的工作质量和经济评价结果，而且直接关系到后续的设计概算和施工图预算的工作及其成果的质量，对建设项目资金筹措方案也有直接的影响。因此，全面准确地估算建设项目投资，是建设项目前期各阶段造价管理的重要任务。

（1）投资机会研究、项目建议书阶段的投资估算。投资机会研究阶段的工作目标主要是根据国家和地方产业布局和产业结构调整计划，以及市场需求情况，探讨投资方向，选择投资机会，提出概略的项目投资初步设想。如果经过论证初步判断该项目投资有进一步研究的必要，则制定项目建议书。对于较简单的投资项目来说，投资机会研究和项目建议书可视为一个工作阶段。

投资机会研究阶段投资估算依据的资料比较粗略，投资额通常是通过与已建类似项目的对比得来的，投资估算额度的偏差率应控制在30%左右。项目建议书阶段的投资额是根据产品方案、项目建设规模、产品主要生产工艺、生产车间组成、初选建设地点等估算出来的，其投资估算额度的偏差率应控制在30%以内。

（2）初步可行性研究阶段的投资估算。这一阶段主要是在项目建议书的基础上，进一步确定项目的投资规模、技术方案、设备选型、建设地址选择和建设进度等情况，对项目投资及项目建设后的生产和经营费用支出进行估算，并对工程项目经济效益进行评价，根据评价结果初步判断项目的可行性。该阶段是介于项目建议书和详细可行性研究之间的中间阶段，投资估算额度的偏差率一般要求控制在20%以内。

(3)详细可行性研究阶段的投资估算。详细可行性研究阶段也称为最终可行性研究阶段，在该阶段应最终确定建设项目的各项市场、技术、经济方案，并进行全面、详细、深入的投资估算和技术经济分析，选择拟建项目的最佳投资方案，对项目的可行性提出结论性意见。该阶段研究内容较详尽，投资估算额度的偏差率应控制在10%以内。这一阶段的投资估算是项目可行性论证、选择最佳投资方案的主要依据，也是编制设计文件的主要依据。

4.4.2　投资估算的作用

(1)投资机会研究与项目建议书阶段的投资估算是项目主管部门审批项目建议书的依据之一，并对项目的规划、规模起参考作用。

(2)可行性研究阶段的投资估算是项目投资决策的重要依据，也是研究、分析、计算项目投资经济效果的重要条件。

(3)项目投资估算可作为项目资金筹措及制订建设贷款计划的依据，建设单位可根据批准的项目投资估算额，进行资金筹措和向银行申请贷款。

(4)投资估算是核算建设项目固定资产投资需要额和编制固定资产投资计划的重要依据。

(5)投资估算是建设工程设计招标、优选设计单位和设计方案的重要依据。在工程设计招标阶段，投标单位报送的投标书中包括项目设计方案、项目的投资估算和经济性分析，招标单位根据投资估算对各项设计方案的经济合理性进行分析、衡量、比较，在此基础上，择优确定设计单位和设计方案。

4.4.3　投资估算的编制内容

可行性研究阶段的投资估算一般包括静态投资部分、价差预备费、建设期利息、流动资金。投资估算的具体流程如图4-1所示。

投资估算
编制依据

投资估算
编制要求

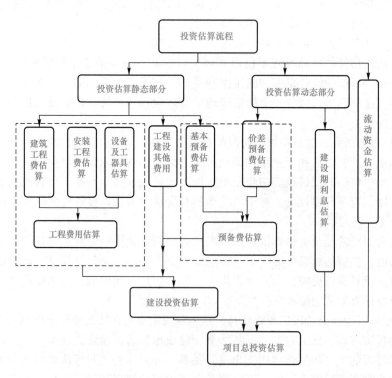

图 4-1　投资估算流程

(1)分别估算各单项工程所需的建筑工程费，设备及工器具费，安装工程费，在汇总各单项工程费用的基础上，估算工程建设其他费用和基本预备费，完成工程项目静态投资部分的估算。

(2)在静态投资部分的基础上，估算价差预备费和建设期利息，完成工程项目动态投资部分的估算。

(3)估算流动资金。

(4)汇总计算总投资。

4.5 投资估算的编制与审核

投资机会研究和项目建议书阶段，投资估算的精度低，可采取简单的匡算法，如单位生产能力估算法、生产能力指数法、系数估算法、比例估算法等。在可行性研究阶段，投资估算精度要求就要比前一阶段高些，需采用相对详细的估算方法，如指标估算法等。需要注意的是，以上各方法计算的均是投资估算的静态投资部分，动态投资部分还包括价差预备费和建设期利息，其计算详见本书相关内容。下面主要介绍项目静态投资部分和流动资金的估算。

4.5.1 项目建议书阶段投资估算的编制

(1)单位生产能力估算法。依据调查的统计资料，利用相近规模的单位生产能力投资乘以建设规模，即得拟建项目投资。其计算公式为

情景剧视频

项目建议书阶段投资估算编制

$$C_2 = \frac{C_1}{Q_1} \times Q_2 \times f \tag{4-2}$$

式中　C_1——已建类似项目的静态投资额；

　　　C_2——拟建项目静态投资额；

　　　Q_1——已建类似项目的生产能力；

　　　Q_2——拟建项目的生产能力；

　　　f——不同时期、不同地点的定额、单价、费用变更等的综合调整系数。

该方法只能是粗略地快速估算，误差可达$\pm 30\%$。应用时需要注意建设区域的差异性、配套工程的差异性、建设时间的差异性等方面可能造成投资估算精度的差异。

【例4-2】 某公司拟于2018年在某地区开工兴建年产45万t合成氨的化肥厂。2014年兴建的年产30万t同类项目总投资为28 000万元。根据测算拟建项目造价综合调整系数为1.216，试采用单位生产能力估算法，计算该拟建项目所需静态投资。

解：

$$C_2 = \frac{C_1}{Q_1} \times Q_2 \times f = \frac{28\ 000}{30} \times 45 \times 1.216 = 51\ 072(万元)$$

(2)生产能力指数法。生产能力指数法又称指数估算法，是根据已建成的类似项目生产能力和投资额来粗略估算拟建项目投资额的方法。该方法是对单位生产能力估算法的改进。其计算公式为

$$C_2 = C_1 \times \left(\frac{Q_2}{Q_1}\right)^x \times f \tag{4-3}$$

式中　x——生产能力指数。式中其他符号含义同前。

式(4-3)表明造价与规模(或容量)呈非线性关系，且单位造价随工程规模(或容量)的增大而减小。在正常情况下，$0 \leqslant x \leqslant 1$。$x$的确定可分为三种情况：若已建类似项目的生产规模与拟建项目生产规模相差不大，Q_1与Q_2的比值为0.5~2时，则指数x的取值近似为1；

若已建类似项目的生产规模与拟建项目生产规模相差不大于 50 倍，且拟建项目生产规模的扩大仅靠增大设备规模来达到时，则 x 的取值为 $0.6 \sim 0.7$；若是靠增加相同规格设备的数量达到时，x 的取值为 $0.8 \sim 0.9$。

生产能力指数法主要应用于拟建装置或项目与用来参考的已知装置或项目的规模不同的场合。该方法与单位生产能力估算法相比精度略高些。尽管估价误差仍较大，但有它独特的好处，这种估价方法不需要详细的工程设计资料，只知道工艺流程及规模就可以，在总承包工程报价时，承包商大都采用这种方法估价。

【例 4-3】 条件同例 4-2，如果根据两个项目规模差异，确定生产能力指数为 0.81，试采用生产能力指数法，计算该拟建项目所需静态投资。

解： $C_2 = C_1 \times \left(\dfrac{Q_2}{Q_1}\right)^x \times f = 28\ 000 \times \left(\dfrac{45}{30}\right)^{0.81} \times 1.216 = 47\ 285$（万元）

（3）系数估算法。系数估算法也称为因子估算法，是以拟建项目的主体工程费或主要设备购置费为基数，以其他工程费与主体工程费或设备购置费的百分比为系数，依此估算拟建项目总投资的方法。这种方法简单易行，但是精度较低，一般应用于设计深度不足，拟建建设项目与已建类似建设项目的主体工程费或主要生产工艺设备投资比重较大，行业内相关系数等基础资料完备的情况。其计算公式为

$$C = E(1 + f_1 P_1 + f_2 P_2 + f_3 P_3 + \cdots) + I \tag{4-4}$$

式中　C——拟建建设项目的静态投资；

　　　E——拟建建设项目的主体工程费或主要生产工艺设备费；

　　　P_1，P_2，P_3——已建类似建设项目的辅助或配套工程费占主体工程费或主要生产工艺设备费的比重；

　　　f_1，f_2，f_3——由于建设时间、地点而产生的定额水平、建筑安装材料价格、费用变更和调整等综合调整系数；

　　　I——根据具体情况计算的拟建建设项目各项其他建设费。

【例 4-4】 已知某新建项目的设备购置费为 500 万元，已建性质相同的建设项目资料中，建筑工程、安装工程、电气照明工程、采暖给水排水工程占设备购置费的比重分别为 25%、20%、5%、6%，相应的调整系数为 1.2、1.5、1.1、1.05，其他费用为 50 万元，计算新建项目的投资额。

解： $C = 500 \times (1 + 1.2 \times 25\% + 1.5 \times 20\% + 1.1 \times 5\% + 1.05 \times 6\%) + 50$

　　　$= 909$（万元）

（4）比例估算法。根据统计资料，先求出已有同类企业主要设备投资占全厂建设投资的比例，然后估算出拟建项目的主要设备投资，即可按比例求出拟建项目的建设投资。其计算公式为

$$I = \frac{1}{K} \sum_{i=1}^{n} Q_i P_i \tag{4-5}$$

式中　I——拟建项目的建设投资；

　　　K——已建项目主要设备投资占拟建项目投资的比例；

　　　n——设备种类数；

　　　Q_i——第 i 种设备的数量；

　　　P_i——第 i 种设备的单价（到厂价格）。

【例 4-5】 已建同类项目 B 的主要设备投资占静态投资的比例为 60%，拟建项目 A 需要甲设备 900 台，乙设备 600 套，价格分别为 5 万元和 6 万元。用比例估算法估算 A 项目

的静态投资。

　　解：(900×5＋600×6)/60％＝13 500(万元)

　　【经验提示】 系数估算法与比例估算法都是先求出拟建项目的设备费，然后向已建类似项目借"系数或比例"，最终求出拟建项目静态投资额。不同的是，系数估算法借用的是"类似项目中各费用与设备费的系数"；比例估算法借用的是"类似项目中主要设备占总投资的比例"。

4.5.2　可行性研究阶段投资估算的编制

可行性研究阶段
投资估算编制

　　该阶段主要是采用指标法编制投资估算。该方法是依据投资估算指标，对各单位工程或单项工程费用进行估算，再按相关规定估算工程建设其他费用、基本预备费等，形成拟建项目静态投资。

　　投资估算指标是确定和控制建设项目全过程各项投资支出的技术经济指标，其范围涉及建设前期、建设实施期和竣工验收交付使用期等各个阶段的费用支出，内容因行业不同各异，一般可分为建设项目综合指标、单项工程指标和单位工程指标三个层次。

　　(1)建设项目综合指标。建设项目综合指标是指按规定应列入建设项目总投资的从立项筹建开始至竣工验收交付使用的全部投资额，包括单项工程投资、工程建设其他费用和预备费等。建设项目综合指标一般以项目的综合生产能力单位投资表示，如"元/t""元/kW"，或以使用功能表示，如医院床位："元/床"。

　　(2)单项工程指标。单项工程指标是指按规定应列入能独立发挥生产能力或使用效益的单项工程内的全部投资额，包括建筑工程费，安装工程费，设备、工器具及生产家具购置费和可能包含的其他费用。单项工程指标一般以单项工程生产能力单位投资(如"元/t")或其他单位表示，如变电站："元/(kV·A)"；锅炉房："元/蒸汽吨"；供水站："元/m³"。办公室、仓库、宿舍、住宅等房屋建筑工程则区别不同结构形式，以"元/m²"表示。

　　(3)单位工程指标。单位工程指标是指按规定应列入能独立设计、施工的工程项目的费用，即建筑安装工程费。单位工程指标一般以如下方式表示：房屋区别不同结构形式以"元/m²"表示；道路区别不同结构层、面层以"元/m²"表示；水塔区别不同结构层、容积以"元/座"表示；管道区别不同材质、管径以"元/m"表示。

　　采用指标法编制投资估算的一般步骤如下：

　　(1)建筑工程费用估算。建筑工程费用是指为建造永久性建筑物和构筑物所需要的费用，一般采用单位建筑工程投资估算法、单位实物工程量投资估算法、概算指标投资估算法等进行估算。

　　1)单位建筑工程投资估算法，以单位建筑工程量投资乘以建筑工程总量计算。一般工业与民用建筑以单位建筑面积(m²)的投资，工业窑炉砌筑以单位容积(m³)的投资，水库以水坝单位长度(m)的投资，铁路路基以单位长度(km)的投资，矿上掘进以单位长度(m)的投资，乘以相应的建筑工程量计算建筑工程费。这种方法可以进一步分为单位长度价格法、单位面积价格法、单位容积价格法和单位功能价格法。

　　2)单位实物工程量投资估算法，以单位实物工程量的投资乘以实物工程总量计算。土石方工程按每立方米投资，矿井巷道衬砌工程按每延长米投资，场地、路面铺设工程按每平方米投资，乘以相应的实物工程总量计算建筑工程费。

　　3)概算指标投资估算法，对于没有上述估算指标且建筑工程费占总投资比例较大的项目，可采用概算指标投资估算法。采用此种方法，应占有较为详细的工程资料、建筑材料价格和工程费用指标，投入的时间和工作量较大。

　　(2)安装工程费估算。以单项工程为单元进行估算，包括安装主材费和安装费。其中，

安装主材费可以根据行业和地方相关部门定期发布的价格信息或市场询价进行估算。安装费根据设备专业属性,可按以下方法估算:

1)工艺设备安装费估算。根据单项工程的专业特点和各种具体的投资估算指标,采用按设备费百分比估算指标进行估算;或根据单项工程设备总重,采用以吨为单位的综合单价指标进行估算。其计算公式为

$$安装工程费=设备原价×设备安装费费率$$
$$=设备吨重×单位重量(t)安装费指标 \tag{4-6}$$

2)工艺非标准件、金属结构和管道安装费估算。根据设计选用的材质、规格,以"t"为单位,套用技术标准、材质和规格、施工方法相适应的投资估算指标或类似工程造价资料进行估算。其计算公式为

$$安装工程费=重量总量×单位重量安装费指标 \tag{4-7}$$

3)工艺炉窑砌筑和保温工程安装费估算。以"t""m³"或"m²"为单位,套用技术标准、材质和规格、施工方法相适应的投资估算指标或类似工程造价资料进行估算。其计算公式为

$$安装工程费=重量(体积、面积)总量×单位重量安装费指标 \tag{4-8}$$

4)电气设备及自控仪表安装费估算。根据该专业设计的具体内容,采用相适应的投资估算指标或类似工程造价资料进行估算,或根据设备台套数、变配电容量、装机容量、桥架重量、电缆长度等工程量,采用相应综合单价指标进行估算。其计算公式为

$$安装工程费=设备工程量×单位工程量安装费指标 \tag{4-9}$$

(3)设备购置费估算。具体计算方法请参见本书相关内容。

(4)工程建设其他费用估算。具体计算方法请参见本书相关内容。

(5)基本预备费估算。具体计算方法请参见本书相关内容。

4.5.3 流动资金估算

流动资金也称流动资产投资,是指生产经营性项目投产后,为进行正常生产运营,用于购买原材料、燃料,支付工资及其他经营费用等所需的周转资金。流动资金的估算可采用分项详细估算法和扩大指标估算法。

(1)分项详细估算法。分项详细估算法是根据项目的流动资产和流动负债,估算项目所占用流动资金的方法。其适用于可行性研究阶段的估算。其计算公式为

$$流动资金=流动资产-流动负债 \tag{4-10}$$
$$流动资产=应收账款+预付账款+存货+现金 \tag{4-11}$$
$$流动负债=应付账款+预收账款 \tag{4-12}$$
$$应收账款=年经营成本/应收账款周转次数 \tag{4-13}$$
$$存货=外购原材料、燃料+其他材料+在产品+产成品 \tag{4-14}$$
$$在产品=(年外购材料、燃料动力费+年工资及福利费+年修理费+$$
$$年其他制造费)/在产品周转次数 \tag{4-15}$$
$$产成品=(年经营成本-年其他营业费用)/产成品周转次数 \tag{4-16}$$
$$预付账款=外购商品或服务年费用金额/预付账款周转次数 \tag{4-17}$$
$$现金=(年工资及福利费+年其他费用)/现金周转次数 \tag{4-18}$$
$$应付账款=外购原材料、燃料动力费及其他材料年费用/应付账款周转次数 \tag{4-19}$$
$$预收账款=预收的营业收入年金额/预收账款周转次数 \tag{4-20}$$

注意:周转次数是指各个构成项目在一年内完成多少个生产过程,可用1年天数(通常按360天计算)除以流动资金的最低周转天数计算,即

$$周转次数=360/流动资金最低周转天数 \tag{4-21}$$

式中，各类流动资产和流动负债的最低周转天数，可参照同类企业的平均周转天数并结合项目特点确定，或按部门(行业)规定。

【例4-6】 某项目设计定员1 100人，工资和福利费按照每人每年7.2万元估算；每年其他费用为860万元(其中：其他制造费用660万元)；年外购原材料、燃料、动力费估算为19 200万元；年经营成本为21 000万元，年销售收入为33 000万元，年修理费占年经营成本10%；年预付账款为800万元；年预收账款为1 200万元。各类流动资产与流动负债最低周转天数分别为：应收账款30天，现金40天，应付账款30天，存货40天，预付账款30天，预收账款30天。试编制流动资金估算表。

分项详细
估算法案例

解： 编制流动资金估算表时，应依次计算流动资产、流动负债，见表4-1。

表4-1 流动资金估算表

序号	项目	最低周转天数	周转次数	金额
1	流动资产			10 578.89
1.1	应收账款	30	12	1 750.00
1.2	存货			7 786.66
1.2.1	外购原材料、燃料、动力费	40	9	2 133.33
1.2.2	在产品	40	9	3 320.00
1.2.3	产成品	40	9	2 333.33
1.3	现金	40	9	975.56
1.4	预付账款	30	12	66.67
2	流动负债			1 700.00
2.1	应付账款	30	12	1 600.00
2.2	预收账款	30	12	100.00

(2)扩大指标估算法。根据现有同类企业的实际资料，求得各种流动资金率指标，也可依据行业或部门给定的参考值或经验确定比率。扩大指标估算法简便易行，但准确度不高，适用于项目建议书阶段的估算。其计算公式为

$$年流动资金额＝年费用基数×各类流动资金率 \tag{4-22}$$
$$年流动资金额＝年产量×单位产品产量占用流动资金额 \tag{4-23}$$

【经验提示】 无论采用何种投资估算编制方法，其所采用的数据大部分来自预测和估算，具有一定程度的不确定性，因此应对投资估算进行不确定性分析，分析不确定性因素变化对造价的影响，估计项目可能承担的风险，为投资决策服务。不确定性分析包括盈亏平衡分析和敏感性分析。

投资估算
敏感性分析

4.5.4 投资估算审核

为保证投资估算的完整性和准确性，必须加强对投资估算的审核工作。主要从以下几个方面进行：

(1)审核和分析投资估算编制依据的时效性、准确性和实用性。估算项目投资所需的数据资料很多，如已建同类型项目的投资、设备和材料价格、运杂费费率，有关的指标、标准及各种规定等，这些资料可能随时间、地区、价格及定额水平的差异，使投资估算有较

大的出入,因此,要注意投资估算编制依据的时效性、准确性和实用性。

(2)审核选用的投资估算方法的科学性与适用性。投资估算的方法有许多种,每种估算方法都有各自适用的条件和范围,并具有不同的精确度。如果使用的投资估算方法与项目的客观条件和情况不相适应,或者超出了该方法的适用范围,就不能保证投资估算的质量。同时,还要结合设计的阶段或深度等条件,采用适用、合理的估算办法进行估算。

(3)审核投资估算的编制内容与拟建项目规划要求的一致性。审核投资估算的工程内容包括工程规模、自然条件、技术标准、环境要求,与规定要求是否一致,是否在估算时已进行了必要的修正和反映,是否对工程内容尽可能的量化和质化,有没有出现内容方面的重复或漏项和费用方面的高估或低算。

(4)审核投资估算的费用项目、费用数额的真实性。

1)审核各个费用项目与规定要求、实际情况是否相符,有无漏项或多项,估算的费用项目是否符合项目的具体情况、国家规定及建设地区的实际要求,是否针对具体情况做了适当的增减。

2)审核项目所在地区的交通、地方材料供应、国内外设备的订货与大型设备的运输等方面,是否针对实际情况考虑了材料价格的差异问题;对偏远地区或有大型设备是否已考虑了增加设备的运杂费。

3)审核是否考虑了物价上涨和引进国外设备或技术强弱,是否考虑了每年的通货膨胀率对投资额的影响;考虑的波动变化幅度是否合适。

4)审核"三废"处理所需相应的投资是否进行了估算,其估算数额是否符合实际。

5)审核项目投资主体自有的稀缺资源是否考虑了机会成本,沉没成本是否剔除。

6)审核是否考虑了采用新技术、新材料及现行标准和规范比已建项目的要求提高所需增加的投资额,考虑的额度是否合适。

例4-7讲解

4.6 投资估算编制案例

【例4-7】 某集团公司拟建设A工业项目,A项目为拟建年产30万t铸钢厂,根据调查统计资料提供的当地已建年产25万t铸钢厂的主厂房工艺设备投资约2 400万元。A项目的生产能力指数为1。已建类似项目资料:主厂房其他各专业工程投资占工艺设备投资的比例,见表4-2,项目其他各系统工程及工程建设其他费用占主厂房投资的比例,见表4-3。

表4-2 主厂房其他各专业工程投资占工艺设备投资的比例

加热炉	汽化冷却	余热锅炉	自动化仪表	起重设备	供电与传动	建筑安装工程
0.12	0.01	0.04	0.02	0.09	0.18	0.40

表4-3 项目其他各系统工程及工程建设其他费用占主厂房投资的比例

动力系统	机修系统	总图运输系统	行政及生活福利设施	工程建设其他费用
0.30	0.12	0.20	0.30	0.20

A项目建设资金来源为自有资金和贷款,贷款本金为8 000万元,分年度按投资比例发放,贷款利率为8%(按年计息)。建设期为3年,第1年投入30%,第2年投入50%,第3年投入20%。预计建设期物价年平均上涨率为3%,投资估算到开工的时间按一年考虑,

基本预备费费率为10%。

(1)已知拟建项目与类似项目的综合调整系数为1.25，试用生产能力指数法估算A项目主厂房的工艺设备投资。

(2)用系数估算法估算A项目主厂房投资和项目的工程费用与工程建设其他费用。

(3)估算A项目的建设投资。

(4)对于A项目，若单位产量占用流动资金额为33.67元/t，试用扩大指标估算法估算该项目的流动资金。确定A项目的建设总投资。

A项目示意如图4-2所示。

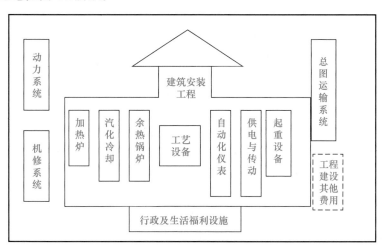

图4-2 A项目示意

解：(1)用生产能力指数估算法估算A项目主厂房工艺设备投资。

$$A项目主厂房工艺设备投资=2400\times\left(\frac{30}{25}\right)^1\times1.25=3\ 600(万元)$$

(2)用系数估算法估算A项目主厂房投资。

$$A项目主厂房投资=3\ 600\times(1+12\%+1\%+4\%+2\%+9\%+18\%+40\%)$$
$$=3\ 600\times(1+0.86)=6\ 696(万元)$$

其中，建筑安装工程投资$=3\ 600\times0.4=1\ 440(万元)$

设备购置投资$=3\ 600\times1.46=5\ 256(万元)$

$$A项目工程费用与工程建设其他费用=6\ 696\times(1+30\%+12\%+20\%+30\%+20\%)$$
$$=6\ 696\times(1+1.12)=14\ 195.52(万元)$$

(3)计算A项目的建设投资。

1)基本预备费计算：

基本预备费$=14\ 195.52\times10\%=1\ 419.55(万元)$

由此得：静态投资$=14\ 195.52+1\ 419.55=15\ 615.07(万元)$

建设期各年的静态投资额如下：

第1年：$15\ 615.07\times30\%=4\ 684.52(万元)$

第2年：$15\ 615.07\times50\%=7\ 807.54(万元)$

第3年：$15\ 615.07\times20\%=3\ 123.01(万元)$

2)建设期各年的价差预备费如下：

第1年：$4\,684.52\times[(1+3\%)^1(1+3\%)^{0.5}(1+3\%)^{1-1}-1]=212.38(万元)$

第2年：$7\,807.54\times[(1+3\%)^1(1+3\%)^{0.5}(1+3\%)^{2-1}-1]=598.81(万元)$

第3年：$3\,123.01\times[(1+3\%)^1(1+3\%)^{0.5}(1+3\%)^{3-1}-1]=340.40(万元)$

价差预备费＝$212.38+598.81+340.40=1\,151.59(万元)$

由此得：预备费＝$1\,419.55+1\,151.59=2\,571.14(万元)$

A项目的建设投资＝$14\,195.52+2\,571.14=16\,766.66(万元)$

(4)估算A项目的总投资。

1)流动资金＝$30\times33.67=1\,010.10(万元)$

2)建设期各年的贷款利息如下：

第1年：$(8\,000\times30\%\div2)\times8\%=96(万元)$

第2年：$[(8\,000\times30\%+96)+(8\,000\times50\%\div2)]\times8\%$

$\qquad=(2\,400+96+4\,000\div2)\times8\%=359.68(万元)$

第3年：$[(2\,400+96+4\,000+359.68)+(8\,000\times20\%\div2)]\times8\%$

$\qquad=(6\,855.68+1\,600\div2)\times8\%=612.45(万元)$

建设期贷款利息＝$96+359.68+612.45=1\,068.13(万元)$

拟建项目总投资＝建设投资＋建设期贷款利息＋流动资金

$\qquad=16\,766.66+1\,068.13+1\,010.10=18\,844.89(万元)$

思政育人

可行性研究是坚持科学发展观、建设节约型社会的需要，如三峡工程、南水北调工程等国家重大项目的可行性研究都经历几十年的漫长过程。从中可以感受到咨询工程师的严谨、审慎、负责、客观、公正、科学的求实精神，这值得我们敬仰与学习。

微课

三峡工程
可行性研究历程

直通职考 ➡ 与本项目内容相关的造价师职业资格考试内容及真题。每年动态调整。

直通职考(一级造价师)

直通职考(二级造价师)

课后训练

一、选择题

1. 建设项目决策阶段影响工程造价的主要因素有（　　）等。

　　A. 设备方案　　　　B. 建设地区及建设地点　　　　C. 环境保护措施

　　D. 项目建设规模　　E. 移民安置

2. 确定项目建设规模需要考虑的政策因素有（　　）。

　　A. 国家经济发展规划　　　　B. 产业政策　　　　C. 生产协作条件

　　D. 地区经济发展规划　　　　E. 技术经济政策

3. 关于可行性研究对工程造价确定与控制影响的表述，下列错误的是( )

　　A. 项目可行性研究的内容是决定工程造价的基础

　　B. 项目可行性研究结论的正确性是工程造价合理性的前提

　　C. 可行性研究结论影响工程造价的投资高低

　　D. 可行性研究的深度影响投资估算的精确度，也影响工程造价的控制效果

4. 可行性研究报告的作用不包括( )。

　　A. 是投资主体投资决策的依据　　　　B. 是确定项目投资水平的依据

　　C. 是编制设计任务书的依据　　　　　D. 是安排项目计划和实施方案的依据

5. 可行性研究阶段投资估算的精确度的要求为：误差控制在±( )以内。

　　A. 5%　　　　　　　B. 10%　　　　　　　C. 15%　　　　　　　D. 20%

6. 投资估算的主要工作包括：①估算预备费；②估算工程建设其他费；③估算工程费用；④估算设备购置费。其正确的工作步骤是( )。

　　A. ③④②①　　　　B. ③④①②　　　　C. ④③②①　　　　D. ④③①②

7. 可行性研究阶段的投资估算编制所包含的内容，下列不包括( )。

　　A. 静态投资部分　　B. 动态投资部分　　C. 流动资金估算　　D. 建设期利息

8. 总承包工程报价时，承包商大都采用的估算方法是( )。

　　A. 生产能力指数法　B. 系数估算法　　　C. 比例估算法　　　D. 指标估算法

9. 下列投资估算方法中，精度较高的是( )。

　　A. 生产能力指数法　B. 比例估算法　　　C. 系数估算法　　　D. 指标估算法

10. 一般估算安装工程费时，以( )为单元。

　　A. 单项工程　　　　B. 单位工程　　　　C. 分部工程　　　　D. 分项工程

二、计算题

某企业计划投资建设某化工项目，设计生产能力为 4.5×10^5 t。已知生产能力指数为 3×10^5 t 的同类项目投入设备费为 30 000 万元，设备综合调整系数为 1.1。该项目生产能力指数估计为 0.8，该类项目的建筑工程费是设备费的 10%，安装工程费为设备费的 20%，其他工程费是设备费的 10%。该三项的综合调整系数定为 1.0，其他投资费用估算为 1 000 万元。该项目资金由自有资金和银行贷款组成。其中贷款总额为 50 000 万元，年贷款利率为 8%（按季计算），建设期为 3 年，贷款额度分别为 30%、50%、20%。基本预备费为 10%，预计建设期物价年平均上涨率为 5%，投资估算到开工的时间按一年考虑。投资计划为：第一年 30%，第二年 50%，第三年 20%。已知本项目的流动资金为 8 589.17 万元。请计算：该项目建设期贷款利息是多少？建设总投资额是多少？

三、简答题

1. 项目决策阶段影响工程造价的主要因素有哪些？其中制约项目建设规模的因素有哪些？

2. 可行性研究报告的主要内容是什么？其对工程造价的影响有哪些？

3. 投资估算的内容包括什么？编制方法有哪些？适用条件是什么？

4. 流动资金的估算方法有哪些？适用条件是什么？

5. 投资估算的审核主要从哪几个方面进行？

项目5　工程项目财务评价

学习目标

1. 了解工程项目财务评价的作用及内容。
2. 熟悉财务评价方法。

重点难点

1. 总成本费用表和利润及利润分配表的编制。
2. 项目投资现金流量表和项目资本金流量表的区别与联系。

案例引入

　　天宇大厦可行性研究报告编制过程中，省工程咨询院在完成了拟订建设方案及投资估算编制后，就根据拟订建设方案及投资估算额，对天宇大厦进行财务评价，以判断项目建成运营后的财务可行性。请思考：

　　(1)是否每个项目都要进行财务评价？

　　(2)项目建议书中王某是否也需要进行财务评价？

　　(3)省工程咨询院对天宇大厦进行财务评价时应分几步完成？

5.1　工程项目财务评价概述

微课

某房地产开发项目经济评价案例

　　建设项目经济评价是项目可行性研究的重要内容。《建设项目经济评价方法与参数》规定：建设项目经济评价包括财务评价(也称财务分析)和经济效果评价(也称经济分析)。

5.1.1　财务评价与经济效果评价的概念

　　财务评价，是在国家现行财税制度和价格体系的前提下，从项目的角度出发，计算项目范围内的财务效益和费用，分析项目的盈利能力和清偿能力，评价项目在财务上的可行性。具体内容包括财务分析内容与步骤、财务评价基础数据与参数选取、销售收入与成本费用估算、新设项目法人项目财务分析、既有项目法人项目财务分析、不确定性分析、非营利性项目财务分析。

　　经济效果评价，是在合理配置社会资源的前提下，从国家经济整体利益的角度出发，计算项目对国民经济的贡献，分析项目的经济效率、效果和对社会的影响，评价项目在宏观经济上的合理性。具体内容包括经济效果评价范围和内容、效益与费用识别、影子价格的选取与计算、经济效果评价报表编制、经济效果评价指标计算、经济效果评价参数。

　　【经验提示】　对于一般项目，如果财务评价的结论能够满足投资决策需要，可不进行经济效果评价；对于关系公共利益、国家安全和市场不能有效配置资源的经济和社会发展的项目，除应进行财务评价外，还应进行经济效果评价；对于特别重大的建设项目还应辅以区域经济与宏观经济影响分析方法进行经济效果评价。

5.1.2　财务评价程序

(1)融资前后分析的区别。项目决策可分为投资决策和融资决策两个层次。投资决策重在考察项目净现金流量的价值是否大于其投资成本，融资决策重在考察资金筹措方案能否满足要求。严格来说，投资决策在先，融资决策在后。因此，根据不同决策的需要，财务分析可分为融资前分析和融资后分析。融资前分析只进行盈利能力分析，融资后分析既包括盈利能力分析，又包括偿债能力分析和财务生存能力分析。

财务分析一般宜先进行融资前分析，考查项目方案设计本身的可行性，在融资前分析结论满足要求的情况下，再初步设定融资方案，进行融资后分析，考查项目方案设计在拟定融资条件下的可行性。在项目建议书阶段，可只进行融资前分析。

(2)财务评价的具体程序。

1)编制财务分析辅助报表，包括建设投资估算表、建设期利息估算表、流动资金估算表、项目总投资使用计划与资金筹措表、营业收入及销售税金附加估算表、总成本费用估算表。编制财务分析辅助报表的目的是计算相关数据，编制财务分析报表。

2)编制财务分析报表，包括现金流量表、借款还本付息估算表、利润与利润分配表、财务计划现金流量表、资产负债表。编制财务分析报表的目的是计算财务评价指标，分析盈利能力、偿债能力和财务生存能力。

3)计算财务评价指标，评价项目的财务可行性。

财务分析辅助报表和财务分析报表的格式详见微课"财务分析报表"。

微课
财务评价程序

微课
财务分析报表

5.2　工程项目财务评价方法

5.2.1　财务分析辅助报表的编制

(1)建设投资估算表。建设投资估算表可按概算法分类和形成资产法分类进行编制。按概算法分类的建设投资的构成及计算方法，详见本书相关内容。按形成资产法分类的建设投资构成，如图5-1所示。

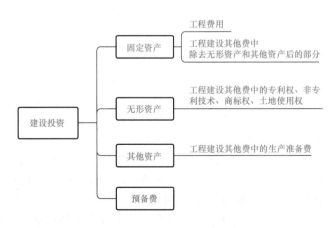

图5-1　按形成资产法分类的建设投资

(2)建设期利息估算表。根据本书相关内容计算出建设期利息后，即可编制建设期利息估算表。需要注意的是，建设期利息在建设期只计息不偿还，到运营期才开始偿还，偿还方式有等额还本付息和等额还本、利息照付两种；对有多种借款资金来源，每笔借款的年利率各不相同的项目，可分别计算每笔借款的利息。

(3)流动资金估算表。根据本书相关内容计算出流动资金后，即可编制流动资金估算表。

(4)总成本费用估算表。

1)总成本费用与经营成本。总成本费用是指在运营期内为生产产品或提供服务所发生的全部费用，等于经营成本与折旧费、摊销费及财务费用（如建设期和运营期利息等）之和。其中，经营成本是项目经济评价中所使用的特定概念，作为项目运营期的主要现金流出，与融资方案无关，因此，在完成建设投资和营业收入后，就可以估算经营成本。其计算公式为

$$总成本＝经营成本＋折旧费＋摊销费＋利息 \qquad (5\text{-}1)$$

$$经营成本＝外购原材料、燃料和动力费＋工资及福利费＋修理费＋其他费用 \qquad (5\text{-}2)$$

式中，其他费用是指从制造费用、管理费用和营业费用中扣除了折旧费、摊销费、修理费、工资及福利费以后的其余部分。

2)总成本费用估算。总成本费用有两种估算方法，即生产成本加工期间费用法和生产要素法。财务评价中通常采用生产要素法估算总成本费用。其计算公式为

$$总成本费用＝（外购原材料、燃料和动力费＋人工工资及福利费＋修理费＋其他费用）＋$$
$$折旧费＋摊销费＋利息$$
$$＝经营成本＋折旧费＋摊销费＋利息 \qquad (5\text{-}3)$$

式中，各费用的计算方法如下：

①外购原材料、燃料和动力费是指原材料和燃料动力费外购的部分，其估算需要相关专业所提出的外购原材料和燃料动力年耗用量，以及在选定价格体系下的预测价格，该价格应按到厂价格并考虑途库损耗。

②人工工资及福利费是指企业为获得职工提供的服务而给予各种形式的报酬及其他相关支出，包括职工工资、奖金、津贴、五险一金等。估算时要按项目全部人员数量估算。

③折旧费是指固定资产的折旧费用，一般采用直线法，包括年限平均法和工作量法。我国税法也允许对某些机器设备采用快速折旧法，即双倍余额递减法和年数总和法。

【经验提示】 计算固定资产折旧费时，应注意固定资产原值与固定资产投资额的区别。固定资产原值是固定资产投资额中形成固定资产的部分，包含建设期利息但不包含无形资产和其他资产。固定资产原值等于固定资产投资额减去无形资产和其他资产。

④修理费是指为保持固定资产的正常运转和使用，充分发挥使用效能，对其进行必要修理所发生的费用，可直接按固定资产原值（扣除建设期利息）的一定百分数估算。

⑤摊销费是指无形资产和其他资产的摊销费用，包括无形资产从开始使用之日起，在有效使用期限内平均摊入成本。计算摊销时，需要先计算无形资产原值。无形资产的摊销一般采用平均年限法，不计残值。

⑥其他费用包括其他制造费用、其他管理费用和其他营业费用三项费用。

⑦利息。在大多数项目的财务分析中，利息通常包括建设期借款利息、流动资金借款利息和临时性借款利息。一般要编制借款还本付息表。

a. 建设期借款利息。其属于长期借款，特点是当年借款半额计息、以前各年借款全额计息，建设期不还贷，运营期开始还贷。项目评价中可以选择等额还本付息方式或等额还本利息照付方式来偿还建设期借款。

b. 流动资金借款利息。项目评价中估算的流动资金借款从本质上说应归类为长期借款，但目前企业往往有可能与银行达成共识，按期未偿还、期初再借的方式处理，并按一

年期利率计息，因此，流动资金借款的特点是当年全额计息，每年还利息、计算期最后一年偿还本金。其计算公式为

$$流动资金借款利息＝年初流动资金借款余额×借款年利率 \qquad (5-4)$$

c. 临时性借款利息。临时性借款是指运营期间由于资金的临时需要而发生的短期借款。在项目评价中，能够偿还本金的资金来源是未分配利润、折旧和摊销，当某一年份的未分配利润与折旧、摊销之和小于当年应还本金时，就需要发生临时性借款。临时性借款利息的计算同流动资金借款利息，偿还按照随借随还的原则处理，即当年借款尽可能下年偿还。

⑧固定成本和可变成本。固定成本是指不随产品产量变化的各项成本费用，一般包括折旧费、摊销费、修理费、工资及福利费(计件工资除外)和其他费用等，通常把运营期发生的全部利息也作为固定成本。可变成本是指随产品产量增减而成正比例变化的各项费用，主要包括外购原材料、燃料及动力费和计件工资等。

5.2.2 财务分析报表的编制

(1)利润及利润分配表。利润及利润分配表是在总成本费用估算基础上编制而成的。编制时要注意以下内容：

1)利润总额属于税前利润，是扣除利息但不扣除所得税的毛利润。

2)净利润是扣除利息和所得税后的利润。其计算公式为

$$净利润＝利润总额－所得税 \qquad (5-5)$$

$$所得税＝应纳税所得额×所得税税率 \qquad (5-6)$$

式中，应纳税所得额是弥补以前年度亏损后的利润。

3)可供分配利润和可供投资者分配利润。其计算公式为

$$可供分配利润＝当年净利润＋上年未分配利润 \qquad (5-7)$$

$$可供投资者分配的利润＝可供分配的利润－法定盈余公积金 \qquad (5-8)$$

式中，法定盈余公积金是以净利润为基数提取的。可供投资者分配的利润，按优先股股利→提取任意盈余公积金→普通股股利的顺序分配。

4)未分配利润是可供投资者分配后的剩余部分。其计算公式为

$$未分配利润＝可供投资者分配利润－优先股股利－提取任意盈余公积金－普通股股利 \qquad (5-9)$$

5)息税前利润是指利息所得税前的利润，即不扣除利息和所得税的利润。其计算公式为

$$息税前利润＝利润总额＋利息 \qquad (5-10)$$

6)息税折旧摊销前利润是指利息所得税折旧摊销前的利润，即不扣除利息、所得税、折旧费、摊销费的利润。其计算公式为

$$息税折旧摊销前利润＝利润总额＋利息＋折旧费＋摊销费 \qquad (5-11)$$

(2)项目投资现金流量表。项目投资现金流量表是在建设投资估算、总成本估算、利润及利润分配表的基础上编制而成。编制时需要注意以下几点：

1)固定资产的余值回收发生在固定资产折旧的最后一年，流动资金的本金回收发生在项目计算期的最后一年。固定资产余值回收额为资产折旧费估算表中最后一年的固定资产期末净值，流动资金回收额为项目正常生产年份流动资金的占用额。

2)调整所得税与经营成本相同，是项目经济评价中所使用的特定概念，注意与所得税的区别。其计算公式为

$$调整所得税＝息税前利润×税率 \qquad (5-12)$$

(3)项目资本金现金流量表。项目资本金现金流量表是在建设投资估算、利润及利润分配表、总成本费用估算的基础上编制而成。项目投资现金流量表与项目资本金现金流量表

现金流量表编制

的区别在于是否考虑融资；融资前编制项目投资现金流量表，考查项目本身可行性；融资后编制项目资本金现金流量表，考查项目和融资组合的可行性。

（4）借款还本付息表。借款还本付息表是在建设期利息估算表、总成本费用估算表的基础上编制而成。编制时需要注意：工程项目借款包括建设期的建设投资借款、运营期的流动资金借款和临时性借款，在借款还本付息表中要分年计算当年应还本金及利息。

（5）财务计划现金流量表。财务计划现金流量表是在建设投资估算、总成本费用估算、利润与利润分配表、借款还本付息表的基础上编制而成。编制时需要注意以下几点：

1）该表的净现金流量等于经营活动、投资活动和筹资活动三个方面的净现金流量之和。若计算期各年的净现金流量大于 0，表明财务状况良好，但往往不能实现，因此需要计算累计盈余资金，若累计盈余资金出现负值，就说明项目财务生存能力弱，项目无法生存。

2）对于新设法人项目，投资活动的现金流量为 0。

（6）资产负债表。资产负债表是在以上各表的基础上编制而成。

5.2.3 财务评价指标的计算

财务评价指标根据是否考虑资金时间价值可分为静态评价指标和动态评价指标；根据评价目的可分为盈利能力指标和偿债能力指标，如图 5-2 和图 5-3 所示。

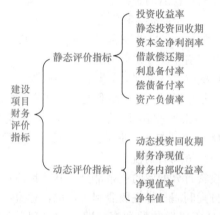

图 5-2 建设项目财务评价指标（按照是否考虑资金时间价值）

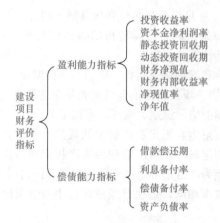

图 5-3 建设项目财务评价指标（按照评价目的）

（1）盈利能力指标。

1)财务内部收益率($FIRR$)是指能使项目计算期内净现金流量现值累计等于零时的折现率,即 $FIRR$ 作为折现率使下式成立。其计算公式为

$$\sum_{i=1}^{n}(CI-CO)_i(1+FIRR)^{-1}=0 \tag{5-13}$$

式中　　CI——现金流入量;

　　　　CO——现金流出量;

　　　　$(CI-CO)_i$——到 i 期的净现金流量;

　　　　n——项目计算期。

项目投资财务内部收益率、项目资本金财务内部收益率和投资各方财务内部收益率都依据式(5-13)计算,但所用的现金流入和现金流出不同。

当 $FIRR \geqslant$ 基准收益率 i_c,项目方案可行。

2)财务净现值($FNPV$)是指按设定的折现率(一般采用基准收益率 i_c)计算的项目计算期内净现金流量的现值之和。其计算公式为

$$FNPV=\sum_{i=1}^{n}(CI-CO)(1+l_e)^{-i} \tag{5-14}$$

当 $FNPV \geqslant 0$,项目方案可行。

3)项目投资回收期(P_t)是指项目的净收益回收项目投资所需要的时间。投资回收期宜从项目建设开始年算起,若从投产年开始算起,应予以特别注明。其计算公式为

动态回收期=(累计净现金流量现值出现正值的年份-1)+

$$\frac{上一年累计净现金流量现值的绝对值}{出现正值年份净现金流量的现值} \tag{5-15}$$

静态回收期=(累计净现金流量出现正值的年份-1)+

$$\frac{上一年累计净现金流量的绝对值}{出现正值年份净现金流量} \tag{5-16}$$

回收期<基准回收期,项目方案可行。

4)总投资收益率(ROI)表示总投资的盈利水平,是指项目达到设计能力后正常年份的年息税前利润或运营期内年平均息税前利润($EBIT$)与项目总投资(TI)的比率。其计算公式为

$$ROI=\frac{EBIT}{TI}\times100\% \tag{5-17}$$

$ROI \geqslant$ 同行业的收益率,表明项目盈利能力满足要求。

5)项目资本金净利润率(ROE)表示项目资本金的盈利水平,是指项目达到设计能力后正常年份的年净利润或运营期内年平均净利润(NP)与项目资本金(EC)的比率。其计算公式为

$$ROE=\frac{NP}{EC}\times100\% \tag{5-18}$$

$ROE \geqslant$ 同行业的净利润率,表明项目盈利能力满足要求。

(2)偿债能力指标。

1)利息备付率(ICR)是指在借款偿还期内的息税前利润($EBIT$)与应付利息(PI)的比值,是从付息资金来源的充裕性角度反映项目偿债债务利息的保障程度。其计算公式为

$$ICR=\frac{EBIT}{PI} \tag{5-19}$$

利息备付率应分年计算。$ICR>1$,利息备付率越高,表明利息偿付的保障程度越高。

2)偿债备付率($DSCR$)是指在借款偿还期内,用于计算还本付息的资金($EBITDA-T_{AX}$)与应还本付息金额(PD)的比值,它表示可用于还本付息的资金偿还借款本息的保障程

度。其计算公式为

$$DSCR = \frac{EBITDA - T_{AX}}{PD} \tag{5-20}$$

偿债备付率应分年计算。$DSCR > 1$，偿债备付率越高，表明可用于还本付息的资金保障程度越高。

3）资产负债率（$LOAR$）是指各期末负债总额（TL）同资产总额（TA）的比率。其计算公式为

$$LOAR = \frac{TL}{TA} \times 100\% \tag{5-21}$$

适度的资产负债率，表明企业经营安全、稳健，具有较强的筹资能力，也表明企业和负债人的风险较小。

（3）财务生存能力分析。财务生存能力分析，应根据财务计划现金流量表中的净现金流量和累计盈余资金，分析项目是否有足够的净现金流量维持正常运营，以实现财务可行性。财务可持续性应首先体现在有足够大的经营活动净现金流量，其次各年累计盈余资金不应出现负值。

5.3 工程项目财务评价案例

【例 5-1】 某拟建项目建设期为 2 年，运营期为 6 年。固定资产投资估算总额为 3 600 万元，其中，预计形成固定资产 3 060 万元（含建设期借款利息 60 万元），无形资产 540 万元。固定资产使用年限为 10 年，残值率为 4%，固定资产余值在项目运营期末收回。无形资产在运营期内均匀摊入成本。拟建项目投资运营表见表 5-1。设计生产能力为年产量 120 万件某产品，产品不含税售价为 36 元/件，增值税税率为 17%，增值税附加综合税率为 12%，所得税税率为 25%。建设投资借款合同规定的还款方式为：运营期的前 4 年等额还本、利息照付。建设期借款年利率为 6%；流动资金借款年利率为 4%。

表 5-1 拟建项目投资运营表

序号	项目	建设期		运营期					
		1	2	3	4	5	6	7	8
1	建设投资								
	资本金	1 200	340						
	借款本金		2 000						
2	流动资金								
	资本金			300					
	借款本金			100	400				
3	年销售量			60	120	120	120	120	120
4	年经营成本			1 900	3 648	3 648	3 648	3 648	3 648
				218	418	418	418	418	418

1. 编制建设期利息估算表

第二年建设期贷款利息：2 000÷2×6%＝60（万元），建设期利息估算表见表 5-2。

表 5-2　建设期利息估算表

序号	项目	合计	建设期	
			1	2
	建设期利息			
1	期初借款余额			0
2	当期借款		0	2 000
3	当期应计利息			60
4	期末借款余额		0	2 060

例 5-1 讲解(1)

2. 编制总成本费用估算表

(1)计算固定资产折旧费，其计算结果如下：

每年折旧费＝固定资产原值×(1－残值率)÷使用年限

$$＝(3\ 600－540)×(1－4\%)÷10＝293.76(万元/年)$$

(2)计算无形资产摊销费，其计算结果如下：

每年摊销费＝无形资产原值÷使用年限

$$＝540÷6＝90(万元/年)$$

(3)编制借款还本付息表(见表 5-3)。

1)建设期借款。第三年年初累计借款 2 060 万元，还款方式为运营期前 4 年等额还本、利息照付，则各年等额偿还本金＝第 3 年年初累计借款÷还款期＝2 060÷4＝515(万元)。

每年支付利息＝年初借款余额×年利率 6%

2)流动资金借款。

第三年借款 100 万元，利息＝100×4%＝4(万元)。

第四年新增借款 400 万元，利息＝500×4%＝20(万元)。

以后各年贷款均为 500 万元，利息等于 500×4%＝20(万元)。

贷款本金 500 万元在计算期最后一年偿还。

3)临时性借款。

第 3 年：营业收入＝60×36×1.17＝2 527.20(万元)

第 4～8 年：营业收入＝120×36×1.17＝5 054.40(万元)

第 3 年：增值税＝60×36×17%－218＝149.20(万元)

第 4～8 年：增值税＝120×36×17%－418＝316.40(万元)

第 3 年：增值税附加＝149.20×12%＝17.90(万元)

第 4～8 年：增值税附加＝316.40×12%＝37.97(万元)

支付利息＝建设期借款利息＋流动资金借款利息

$$＝2\ 060×6\%＋4＝127.6(万元)$$

总成本＝1 900＋293.76＋90＋127.6＝2 411.36(万元)

利润＝营业收入－增值税－增值税附加－总成本

$$＝2\ 527.20－149.2－17.9－2\ 411.36＝－51.26(万元)$$

第三年利润为负值，是亏损年份。该年不计所得税、不提取盈余公积金和可供投资者分配的股利，并需要临时借款。当年可用于偿还本金的资金来源只有折旧费和摊销费，90＋293.76＝383.76＜515，故需要临时性借款 515－90－293.76＋51.26＝182.5(万元)

表 5-3　借款还本付息表

序号	项目	建设期		运营期					
		1	2	3	4	5	6	7	8
1	建设投资借款								
1.1	期初借款余额			2 060.00	1 545.00	1 030.00	515.00		
1.2	当期还本付息			638.60	607.70	576.80	545.90		
	其中：还本			515.00	515.00	515.00	515.00		
	付息（6%）			123.60	92.70	61.80	30.90		
1.3	期末借款余额		2 060.00	1 545.00	1 030.00	515.00			
2	流动资金借款								
2.1	期初借款余额			100.00	500.00	500.00	500.00	500.00	500.00
2.2	当期还本付息			4.00	20.00	20.00	20.00	20.00	520.00
	其中：还本								500.00
	付息（4%）			4.00	20.00	20.00	20.00	20.00	20.00
2.3	期末借款余额			100.00	500.00	500.00	500.00	500.00	
3	临时借款								
3.1	期初借款余额				182.50				
3.2	当期还本付息				189.80				
	其中：还本				182.50				
	付息（4%）				7.30				
3.3	期末借款余额			182.50					
4	借款合计								
4.1	期初借款余额			2 160.00	2 227.50	1 530.00	1 015.00	500.00	500.00
4.2	当期还本付息			642.60	817.50	596.80	565.90	20.00	520.00
	其中：还本			515.00	697.50	515.00	515.00		500.00
	付息			127.60	120.00	81.80	50.90	20.00	20.00
4.3	期末借款余额		2 060.00	1 827.50	1 530.00	1 015.00	500.00	500.00	0

（4）编制总成本费用估算表。将以上各步数据填入总成本费用估算表 5-4 中即可。

表 5-4　总成本费用估算

序号	项目	运营期					
		3	4	5	6	7	8
1	经营成本	1 900.00	3 648.00	3 648.00	3 648.00	3 648.00	3 648.00
2	折旧费	293.76	293.76	293.76	293.76	293.76	293.76
3	摊销费	90.00	90.00	90.00	90.00	90.00	90.00
4	建设投资利息	123.60	92.70	61.80	30.90		
5	流动资金利息	4.00	20.00	20.00	20.00	20.00	20.00
6	临时借款利息		7.30				
7	总成本费用	2 411.36	4 151.76	4 113.56	4 082.66	4 051.76	4 051.76
	其中可抵扣进项税	218.00	418.00	418.00	418.00	418.00	418.00

3. 编制利润及利润分配表

若应付投资者各方股利按股东会事先约定计取：运营期前两年按可供投资者分配利润

例 5-1 讲解（2）

10％计取，以后各年按30％计取，亏损年份不计取；期初未分配利润作为企业继续投资或扩大生产的资金积累；不考虑计提任意盈余公积金。

(1)第三年利润为负值，是亏损年份。该年不计所得税、不提取盈余公积金和可供投资者分配的股利，并需要临时借款。

借款额＝(515－293.76－90)＋51.26＝182.5(万元)

(2)第四年应还本金＝515＋182.5＝697.50(万元)

第四年还款未分配利润＝697.50－293.76－90＝313.74(万元)

第四年可供投资者分配利润＝可供分配利润－盈余公积金

$$＝424.02－42.40＝381.62(万元)$$

第四年剩余的未分配利润＝381.62－38.16－313.74＝29.72(万元)

以后各年计算同第四年。

(3)将以上数据填入利润与利润分配表5-5中。

表 5-5　利润与利润分配表　　　　　　　　　　　　万元

序号	项目	运营期					
		3	4	5	6	7	8
1	营业收入	2 527.20	5 054.40	5 054.40	5 054.40	5 054.40	5 054.40
2	总成本费用	2 411.36	4 151.76	4 113.56	4 082.66	4 051.76	4 051.76
3	增值税	149.20	316.40	316.40	316.40	316.40	316.40
3.1	销项税	367.20	734.40	734.40	734.40	734.40	734.40
3.2	进项税	218.00	418.00	418.00	418.00	418.00	418.00
4	增值税附加	17.90	37.97	37.97	37.97	37.97	37.97
5	补贴收入						
6	利润总额(1－2－3－4＋5)	−51.26	548.27	586.47	617.37	648.27	648.27
7	弥补以前年度亏损		51.26				
8	应纳税所得额(6－7)	0.00	497.01	586.47	617.37	648.27	648.27
9	所得税(8)×25％	0.00	124.25	146.62	154.34	162.07	162.07
10	净利润	−51.26	424.02	439.85	463.03	486.20	486.20
11	期初未分配利润		0.00	29.72	166.67	277.14	500.30
12	可供分配利润(10＋11)	0.00	424.02	469.57	629.70	763.34	986.51
13	法定盈余公积金(10)×10％	0.00	42.40	43.99	46.30	48.62	48.62
14	可供投资者分配利润(12－13)	0.00	381.62	425.58	583.39	714.72	937.89
15	应付投资者各方股利	0.00	38.16	127.68	175.02	214.42	281.37
16	未分配利润(14－15)	0.00	343.46	297.91	408.38	500.30	656.52
16.1	用于还款未分配利润		313.74	131.24	131.24		
16.2	剩余利润(转下年未分配利润)	0.00	29.72	166.67	277.14	500.30	656.52
17	息税前利润(6＋当年利息)	76.34	668.27	668.27	668.27	668.27	668.27

4. 编制项目投资现金流量表

将以上计算出的数据填入表5-6中即可。

表 5-6   项目投资现金流量表　　　　　　　　　　　　　　　　　　　　　　**万元**

序号	项目	建设期		运营期					
		1	2	3	4	5	6	7	8
1	现金流入	0	0	2 527.2	5 054.4	5 054.4	5 054.4	5 054.4	7 151.84
1.1	营业收入			2 527.2	5 054.4	5 054.4	5 054.4	5 054.4	5 054.4
1.2	补贴收入								
1.3	回收固定资产余值								1 297.44
1.4	回收流动资金								800
2	现金流出	1 200	2 340	2 486.19	4 569.44	4 169.44	4 169.44	4 169.44	4 169.44
2.1	建设投资	1 200	2 340						
2.2	流动资金投资			400	400				
2.3	经营成本			1 900	3 648	3 648	3 648	3 648	3 648
2.4	增值税及附加			167.10	354.37	354.37	354.37	354.37	354.37
3	所得税前净现金流量	−1 200	−2 340	60.10	652.03	1 052.03	1 052.03	1 052.03	3 149.47
4	累计所得税前净现金流量	−1 200	−3 540	−3 479.90	−2 827.87	−1 775.84	−723.81	328.22	3 477.69
5	调整所得税			19.09	167.07	167.07	167.07	167.07	167.07
6	所得税后净现金流量(3—5)	−1 200	−2 340	41.01	484.96	884.96	884.96	884.96	2 982.40
7	累计所得税后净现金流量	−1 200	−3 540	−3 498.99	−3 014.03	−2 129.07	−1 244.11	−359.15	2 623.25

5. 编制项目资本金现金流量表

回收固定资产余值＝293.76×4＋3 060×4％＝1 297.44(万元)

全部流动资金＝300＋100＋400＝800(万元)

项目资本金现金流量表见表 5-7。

例 5-1 讲解(3)

表 5-7   项目资本金现金流量表　　　　　　　　　　　　　　　　　　　　　　**万元**

序号	项目	建设期		运营期					
		1	2	3	4	5	6	7	8
1	现金流入			2 527.2	5 054.4	5 054.4	5 054.4	5 054.4	7 151.84
1.1	营业收入			2 527.2	5 054.4	5 054.4	5 054.4	5 054.4	5 054.4
1.2	补贴收入								
1.3	回收固定资产余值								1 297.44
1.4	回收流动资金								800
2	现金流出	1 200	340	3 009.70	4 944.12	4 745.79	4 722.61	4 184.44	4 684.44
2.1	项目资本金	1 200	340	300					
2.2	借款本金偿还			515	697.5	515	515		500
2.3	借款利息支付			127.6	120	81.8	50.9	20	20

续表

序号	项目	建设期		运营期					
		1	2	3	4	5	6	7	8
2.4	经营成本			1 900	3 648	3 648	3 648	3 648	3 648
2.5	增值税及附加			167.10	354.37	354.37	354.37	354.37	354.37
2.6	维持运营投资								
2.7	所得税			0.00	124.25	146.62	154.34	162.07	162.07
3	净现金流量	−1 200	−340	−482.50	110.28	308.61	331.79	869.96	2 467.40

6. 编制资金计划现金流量表

第二年投资活动中建设投资现金流出：2 340＋60＝2 400（万元）

第三年投资活动中流动资金现金流出：300＋100＋4＝404（万元）

第四年投资活动中流动资金现金流出：400＋20＝420（万元）

资金计划现金流量表见表 5-8。

例 5-1 讲解(4)

表 5-8 资金计划现金流量表　　　　　　万元

序号	项目	建设期		运营期					
		1	2	3	4	5	6	7	8
1	经营活动净现金流量			460.1	927.78	905.41	897.69	889.96	889.96
1.1	现金流入			2 527.2	5 054.4	5 054.4	5 054.4	5 054.4	5 054.4
	营业收入			2 527.2	5 054.4	5 054.4	5 054.4	5 054.4	5 054.4
1.2	现金流出			2 067.1	4 126.62	4 148.99	4 156.71	4 164.44	4 164.44
	经营成本			1 900	3 648	3 648	3 648	3 648	3 648
	增值税及附加			167.10	354.37	354.37	354.37	354.37	354.37
	所得税			0.00	124.25	146.62	154.34	162.07	162.07
2	投资活动净现金流量	−1 200	−2 400	−404	−420	−20	−20	−20	−20
2.1	现金流入								
2.2	现金流出	1 200	2 400	404	420	20	20	20	20
	建设投资	1 200	2 400						
	流动资金			404	420	20	20	20	20
3	筹资活动净现金流量	1 200	2 400	−242.6	−355.66	−224.48	−240.92	265.58	−301.37
3.1	现金流入	1 200	2 400	400	500	500	500	500	500
	项目资本金投入	1 200	340	300					
	建设投资借款		2 060						
	流动资金借款			100	500	500	500	500	500
3.2	现金流出	0	0	642.6	855.66	724.48	740.92	234.42	801.37
	各种利息支出			127.6	120	81.8	50.9	20	20
	偿还债务本金			515	697.5	515	515		500
	应付利润				38.16	127.68	175.02	214.42	281.37
4	净现金流量	0	0	−186.5	152.12	660.93	636.77	1 135.54	568.59
5	累计盈余资金	0	0	−186.5	−34.38	626.55	1 263.32	2 398.86	2 967.45

7. 编制资产负债表

拟建项目投资运营表见表 5-9。将数据填入资产负债表即可，见表 5-10。

表 5-9　拟建项目投资运营表　　　　　　　　　万元

序号	项目	建设期		运营期					
		1	2	3	4	5	6	7	8
1	流动资金			400	800	800	800	800	800
	其中：流动资产			600	1 200	1 200	1 200	1 200	1 200
	流动负债			200	400	400	400	400	400

表 5-10　资产负债表　　　　　　　　　万元

序号	项目	1	2	3	4	5	6	7	8
1	资产	1 200	3 600	3 630.84	4 099.12	4 541.34	5 079.3	6 339.37	7 188.34
1.1	流动资产总额			414.6	1 266.64	2 092.62	3 014.54	4 658.17	5 890.9
	流动资产			600	1 200	1 200	1 200	1 200	1 200
	累计盈余资金	0	0	−185.4	27.13	677.52	1 314	2 449.45	3 018.08
	累计期初未分配利润			0	39.51	215.1	500.54	1 008.72	1 672.82
1.2	在建工程	1 200	3 600						
1.3	固定资产净值			2 766.24	2 472.48	2 178.72	1 884.76	1 591.2	1 297.44
1.4	无形资产摊销			450	360	270	180	90	0
2	负债及所有者权益	1 200	4 140	3 816.24	3 852.37	3 557.27	3 372.12	3 929.25	4 142.3
2.1	负债		2 600	1 976.24	1 930	1 415	900	900	400
	流动负债			200	400	400	400	400	400
	贷款负债		2 060	1 776.24	1 530	1 015	500	500	
2.2	所有者权益	1 200	1 540	1 840	1 922.37	2 142.27	2 472.12	3 029.25	3 742.3
	资本金	1 200	1 540	1 840	1 840	1 840	1 840	1 840	1 840
	累计盈余公积金				42.86	87.17	131.58	180.53	229.48
	累计未分配利润				39.51	215.1	500.54	1 008.72	1 672.82

8. 评价项目盈利能力

(1)若行业基准收益率为 8%，计算可得项目资本金财务净现值见表 5-11。由表可知，财务净现值＝709.43＞0，项目可行。

表 5-11　项目资本金财务净现值

序号	项目	建设期		运营期					
		1	2	3	4	5	6	7	8
3	净现金流量	−1 200	−340	−350.16	166.08	311.89	335.07	873.24	2 470.68
4	累计净现金流量	−1 200	−1 540	−1 890.16	−1 724.08	−1 412.19	−1 077.12	−203.88	2 266.8
5	折现系数 8%	0.925 9	0.857 3	0.793 8	0.735	0.680 6	0.630 2	0.583 5	0.540 3
6	折现净现金流量	−1 111.08	−291.48	−277.96	122.07	212.27	211.16	509.54	1 334.91
7	累计折现净现金流量	−111.08	−1 402.56	−1 680.52	−1 558.45	−1 346.18	−1 135.02	−625.48	709.43

(2)计算项目资本金动态回收期，其计算结果如下：

动态回收期 $=(8-1)+\dfrac{625.48}{1\,334.91}=7.47<8$，项目可行。

(3)若行业平均总投资收益率为10%。由利润与利润分配表可得：

总投资收益率 $(ROI)=668.27\div(3\,600+800)=15.29\%>10\%$，项目可行。

(4)若行业资本金净利润率为15%。由利润与利润分配表可得：

年平均净利润 $=\dfrac{-51.26+424.02+439.85+463.03+486.2+486.2}{6}=374.67$（万元）

资本金净利润率 $(ROE)=374.67\div(1\,540+300)=20.53\%>15\%$，项目可行。

9. 评价项目偿债能力

(1)计算各年利息备付率。由总成本费用估算表和利润与利润分配表可得各年利息备付率，见表5-12。

表5-12　利息备付率　　　　　　　　　　　　　　　　　万元

序号	项目	运营期					
		3	4	5	6	7	8
1	息税前利润(5+当年利息)	77.44	672.64	672.64	672.64	672.64	672.64
2	计入总成本的应付利息	0	127.6	117.95	81.8	50.9	20
	ICR	0	5.27	5.7	8.22	13.21	33.63

由表5-12数据可知，各年的 ICR 均大于1，表明项目偿债能力可行。

(2)计算各年偿债备付率。由总成本费用估算表、借款还本付息表、利润与利润分配表可得偿债备付率，见表5-13。

表5-13　偿债备付率　　　　　　　　　　　　　　　　　万元

序号	项目	运营期					
		3	4	5	6	7	8
1	息税前利润	77.44	672.64	672.64	672.64	672.64	672.64
	折旧费	293.76	293.76	293.76	293.76	293.76	293.76
	摊销费	90	90	90	90	90	90
	小计	461.2	1\,056.4	1\,056.4	1\,056.4	1\,056.4	1\,056.4
2	企业所得税		126.13	147.71	155.44	163.16	163.16
3	还本付息金额(PD)	642.6	764.19	596.8	565.9	20	520
	DSCR	0.72	1.22	1.52	1.59	44.66	1.72

由表5-13数据可知，正常生产年份的 DSCR 均大于1，表明项目偿债能力可行。

(3)计算资产负债率。由资产负债表可得资产负债率，见表5-14。

表5-14　资产负债表　　　　　　　　　　　　　　　　　万元

序号	项目	计算期							
		1	2	3	4	5	6	7	8
1	负债		2\,600	1\,976.24	1\,930	1\,415	900	900	400
2	资产	1\,200	3\,600	3\,630.84	4\,099.12	4\,541.34	5\,079.3	6\,339.37	7\,188.34
	LOAR		72.2	54.43	47.08	31.16	17.72	14.2	5.56

由表 5-14 数据可知，各年份的 $LOAR$ 均大于 5%，表明项目偿债能力可行。

10. 评价财务生存能力

根据财务计划现金流量表可知，正常生产年份的各年净现金流量和累计盈余资金均为正值，表明项目有足够的生存能力。

 与本项目内容相关的造价师职业资格考试内容及真题。每年动态调整。

直通职考(一级造价师)　　直通职考(二级造价师)

课后训练

一、选择题

1. 经营性项目的财务分析可分为融资前分析和融资后分析，下列说法正确的是（　　）。

　　A. 融资前分析只进行盈利能力分析

　　B. 融资后分析既包括盈利能力分析，又包括偿债能力分析和财务生存能力分析只进行静态分析

　　C. 在项目建议书阶段，可只进行融资前分析

　　D. 财务分析一般宜先进行融资前分析，考查项目方案设计本身的可行性

2. 工程项目投资方案现金流量表不包括（　　）。

　　A. 投资现金流量表　　　　　　　　B. 资本金现金流量表

　　C. 项目投资经济费用效益流量表　　D. 投资各方现金流量表

3. 以投资方案建设所需的总投资作为计算基础，反映投资方案在整个计算期内现金流入和流出的是（　　）。

　　A. 资本金现金流量表　　　　　　　B. 投资各方现金流量表

　　C. 财务计划现金流量表　　　　　　D. 投资现金流量表

4. 下列财务评价指标中，可用来判断项目盈利能力的是（　　）。

　　A. 资产负债率　　B. 流动比率　　C. 总投资收益率　　D. 速动比率

5. 下列指标中，反映企业偿付到期债务能力的是（　　）。

    A. 总投资收益率　　　　　　　　　B. 资产负债率

    C. 项目投资回收期　　　　　　　　D. 资本金收益率

6. 财务评价的具体流程正确的是（　　）。

    A. 编制财务分析报表→编制财务分析辅助报表→计算财务评价指标

    B. 编制财务分析辅助报表→编制财务分析报表→计算财务评价指标

    C. 编制财务分析辅助报表→计算财务评价指标→编制财务分析报表

    D. 编制财务分析报表→计算财务评价指标→编制财务分析辅助报表

7. 总成本与经营成本的关系正确的是（　　）。

    A. 总成本＝经营成本＋折旧费＋摊销费＋利息

    B. 总成本＝经营成本＋折旧费

    C. 总成本＝经营成本＋折旧费＋摊销费

    D. 总成本＝经营成本＋摊销费＋利息

8. 关于建设期利息，下列表述不正确的是（　　）。

    A. 在建设期只计息不偿还，到运营期才开始偿还

    B. 偿还方式有等额还本付息和等额还本、利息照付两种

    C. 有多种借款资金来源，每笔借款的年利率各不相同的项目，要按加权平均利率计算每笔借款的利息

    D. 在建设期开始偿还，到运营期结束必须偿还完利息和本金

9. 在项目财务分析中，一般要编制借款还本付息表，其中利息通常包括（　　）。

    A. 建设期借款利息、流动资金借款利息、长期借款利息

    B. 流动资金借款利息、临时性借款利息、短期借款利息

    C. 建设期借款利息、临时性借款利息、长期借款利息

    D. 建设期借款利息、流动资金借款利息、临时性借款利息

10. 下列财务评价指标中，不属于动态评价指标的是（　　）。

    A. 财务净现值

    B. 财务内部收益率

    C. 资本金净利润率

    D. 净现值率

二、简答题

1. 财务分析报表和财务分析辅助报表都包括哪些？

2. 运营期用于偿还借款本金的资金来源有哪些？

3. 利润总额、净利润、可供分配利润、可供投资者分配的利润、未分配利润的区别是什么？

4. 息税前利润与息税折旧摊销前利润的区别是什么？所得税与调整所得税的区别是什么？

5. 简述项目投资现金流量表与项目资本金现金流量表的区别与联系。

项目 6　设计方案的优化与评价

学习目标

1. 熟悉建设与建筑设计有关的技术经济指标。
2. 掌握建筑设计参数对工程造价的影响。
3. 熟悉建筑工业化。
4. 了解 BIM 技术在工程设计方面的应用。
5. 学会用价值工程法、全寿命期费用法、多因素评分法等进行设计方案优选。

重点难点

价值功能分析。

案例引入

　　天宇大厦的可行性研究报告经相关部门批复后，李总安排王某起草设计任务书。在天宇大厦取得上级主管部门的批文和城市规划管理部门同意设计的批文后，公司在对有意向的设计院进行企业业绩、设计团队情况、类似项目业绩、收费等情况比选后，委托了省设计院担任天宇大厦的设计工作。根据设计合同要求，设计师对主要部位的设计方案，要做出多种方案进行优选。在设计过程中，结构设计师给出了三种结构形式方案和三种屋面防水保温方案。请分析：该选用哪个为最佳方案？

　　(1)设计师提出的三种结构形式设计方案。方案一，结构方案为大柱网框架－剪力墙轻墙体系，采用预应力大跨度叠合楼板，墙体材料采用多孔砖及移动式可拆装式分室隔墙，窗户采用中空玻璃断桥铝合金窗，面积利用系数为 93%，单方造价为 1 438 元/m^2；方案二，结构方案同 A 方案，墙体采用内浇外砌，窗户采用双玻塑钢窗，面积利用系数为 87%，单方造价为 1 108 元/m^2；方案三，结构方案采用框架结构，采用全现浇楼板，墙体材料采用标准烧结普通砖，窗户采用双玻铝合金窗，面积利用系数为 79%，单方造价为 1 082 元/m^2。方案各功能的权重及各方案的功能得分见表 6-1。

表 6-1　方案各功能的权重及各方案的功能得分

功能项目	功能权重	各方案功能得分		
		A	B	C
结构体系	0.25	10	10	8
楼板类型	0.05	10	10	9
墙体材料	0.25	8	9	7
面积系数	0.35	9	8	7
窗户类型	0.10	9	7	8

（2）设计师提出的三种屋面工程设计方案。方案一，硬泡聚氨酯防水保温材料（防水保温二合一）；方案二，三元乙丙橡胶卷材加陶粒混凝土；方案三，SBS改性沥青卷材加陶粒混凝土。三种方案的综合单价、使用寿命、拆除费用等相关信息见表6-2。天宇大厦的使用寿命为50年，不考虑50年后其拆除费用及残值，不考虑物价变动因素。基准折现率为8%。

表6-2　相关信息

序号	项目	方案一	方案二	方案三
1	防水层综合单价/（元·m^{-2}）	合计260	90	80
2	保温层综合单价/（元·m^{-2}）		35	35
3	防水层寿命/年	合计30	15	10
4	保温层寿命/年		50	50
5	拆除费用/（元·m^{-2}）	按防水层、保温层费用的10%计	按防水层费用的20%计	按防水层费用的20%计

6.1　设计程序和内容

由于项目建设是一个较为复杂的生产过程，影响房屋设计和建造的因素又很多，因此必须在施工前有一个完整的设计方案，划分必要的设计阶段，综合考虑多种因素，这对提高建筑物的质量、控制工程造价是极为重要的。

6.1.1　设计前的准备工作

（1）落实设计任务。建设单位必须具有上级主管部门对建设项目的批文和城市规划管理部门同意设计的批文后，方可向建筑设计部门办理委托设计手续。

主管部门的批文是指建设单位的上级主管部门对建设单位提出的拟建报告和计划任务书的一个批准文件。该批文表明该项工程已被正式列入建设计划，文件中应包括工程建设项目的性质、内容、用途、总建筑面积、总投资、建筑标准（每 m^2 造价）及建筑物使用期限等内容。城市规划管理是经城镇规划管理部门审核同意工程项目用地的批复文件。该文件包括基地范围、地形图及指定用地范围（常称"红线"），该地段周围道路等规划要求及城镇建设对该建筑设计的要求（如建筑高度）等内容。

（2）熟悉计划任务书。具体开始设计前，需要熟悉计划任务书，以明确建设项目的设计要求，计划任务书的内容一般有：建设项目总要求和建造目的的说明；建筑物的具体使用要求、建筑面积及各类用途房间之间的面积分配；建设项目的总投资和单方造价；建设基地范围、大小，周围原有建筑、道路、地段环境的描述，并附有地形测量图；供电、供水、采暖、空调等设备方面的要求，并附有水源、电源接用许可文件；设计期限和项目的建设进程要求。

在设计过程中设计人员必须严格掌握建筑标准、用地范围、面积指标等有关限额指标。必要时，也可对任务书中的一些内容提出补充或修改意见，但须征得建设单位的同意，涉及用地、造价、使用面积的问题，还须经城市规划部门或主管部门批准。

（3）收集必要的设计原始数据。通常建设单位提出的设计任务书，主要是从使用要求、建设规模、造价和建设进度方面考虑的，但建筑的设计和建造还需要收集有关的原始数据和设计资料，因而，设计人员要在设计前收集必要的原始数据，主要有：气象资料，即所在地区的温度、湿度、日照、雨雪、风向、风速及冻土深度等；场地地形及地质水文资料，即场地地形标高，土壤种类及承载力、地下水水位及地震烈度等；水电等设备管线资料，即基地地下的给水、排水、电缆等主线布置，基地上的架空线等供电线路情况；设计规范的要求及有关定额指标，如学校教室的面积定额，学生宿舍的面积定额，以及建筑用地、用材等指标。

(4)设计前的调查研究。设计人员要在设计前做好调查研究，主要包括以下内容：

1)建筑物的使用要求。设计师要认真调查同类已有建筑物的实际使用情况，通过分析和总结，对所设计的建筑有一定了解。

2)所在地区建筑材料供应及结构施工等技术条件。设计师要了解预制混凝土制品以及门窗的种类和规格，掌握新型建筑材料的性能、价格及采用的可能性；结合建筑使用要求和建筑空间组合的特点，了解并分析不同结构方案的选型，当地施工技术和起重、运输等设备条件。

3)现场踏勘。设计师要深入了解基地和周围环境的现状及历史沿革，包括基地的地形、方位、面积和形状等条件，以及基地周围原有建筑、道路、绿化等多方面的因素，考虑拟建建筑物的位置和总平面布局的可能性。

4)了解当地传统建筑设计布局、创作经验和生活习惯。设计师要结合拟建建筑物的具体情况，创造出人们喜闻乐见的建筑形式。

6.1.2　初步设计阶段

初步设计是建筑设计的第一阶段，主要任务是提出设计方案，即在已定的基地范围内，按照设计要求、综合技术和艺术要求，提出设计方案。初步设计阶段的图纸和设计文件有：建筑总平面图，比例尺为1：500～1：2 000(建筑物在基地上的位置、标高、道路、绿化及基地上设施的布置和说明)；各层平面图及主要剖面图、立面图，比例尺为1：100～1：200(标出房屋的主要尺寸，房间的面积、高度及门窗位置，部分室内家具和设备的布置)；说明书(设计方案的主要意图，主要结构方案与构造特点，以及主要技术经济指标等)；建筑概算书；根据设计任务的需要，辅以必要的建筑透视图或建筑模型。

6.1.3　技术设计阶段

技术设计是初步设计具体化的阶段，其主要任务是在初步设计的基础上，进一步确定各设计工种之间的技术问题。一般对于不太复杂的工程可省去该设计阶段。技术设计阶段的图纸及设计文件包括：建筑工种的图纸要标明与具体技术工种有关的详细尺寸，并编制建筑部分的技术说明书；结构工种应有建筑结构布置方案图，并附初步计算说明；设备工种也应提供相应的设备图纸及说明书。

6.1.4　施工图设计阶段

施工图设计是建筑设计的最后阶段。在施工图设计阶段中，应确定全部工程尺寸和用料，绘制建筑、结构、设备等全部施工图纸，编制工程说明书、结构计算书和预算书。施工图设计阶段的图纸及设计文件有：建筑总平面图，比例尺为1：500(建筑基地范围较大时，也可用1：1 000、1：2 000，应详细标明基地上建筑物、道路、设施等所在位置的尺寸、标高，并附说明)；各层建筑平面图、各个立面图及必要的剖面图，比例尺为1：100～1：200；建筑构造节点详图，根据需要可采用1：1、1：5、1：10、1：20等比例尺(主要为檐口、墙身和各构件的连接点，楼梯、门窗及各部分的装饰大样等)；各工种相应配套的施工图，如基础平面图和基础详图、楼板及屋顶平面图和详图、结构构造节点详图等结构施工图，给水排水、电器照明及暖气或空气调节等设备施工图；建筑、结构及设备等的说明书；结构及设备的计算书；工程预算书。

6.2 与建筑设计有关的技术经济指标

6.2.1 建筑设计技术经济指标分类

建筑设计技术经济指标是指对设计方案的技术经济效果进行分析评价所采用的指标。这些指标可以有多种归类划分方式。

（1）按指标涉及的范围划分，有综合指标与局部指标两种。前者是反映整个设计方案技术经济情况的指标，如总投资、单位生产能力投资、单方造价、总产值、总产量、总用地、总面积、容积率、建筑密度、绿化率等；后者反映设计方案某个部分或某个侧面的技术经济效果，如总平面布置、工艺设计、建筑单体设计中所采用的各项指标。

（2）按指标的表现形态划分，有实物（使用价值）指标和货币（价值）指标两种。反映使用价值的指标如产品数量、质量、品种等，能直接地、较为准确地表现设计方案的技术经济效果。但实物形态千差万别，不同质的使用价值在数量上难以相互比较，故在使用中受到一定的限制。价值指标可以综合地反映设计方案在建设和使用过程中的技术经济情况，在数量上可以相互比较，综合计算，故应用较多，但对设计方案进行价值计算，要求价格体系合理，否则，它反映的经济效果就往往是近似的或不准确的。

（3）按指标的内容划分，有建设指标和使用指标两种。

（4）按指标的性质划分，有定性指标和定量指标两种。

6.2.2 几种常见技术经济指标

（1）总建筑面积与占地面积。总建筑面积是指在建设用地范围内单栋或多栋建筑物地面以上及地面以下各层建筑面积之总和，包含实用面积和公摊面积。对于建筑物而言，占地面积是指建筑占地面积物所占有或使用的土地水平投影面积，计算一般按底层建筑面积；对于平地而言，可以指到手的空白地皮的面积（平方米），即地块总面积，在最初进行报批立项时，会经常用到"占地面积"这个词，就是这个意思。

（2）容积率。容积率是指一个小区的地上总建筑面积与净用地面积的比率，又称建筑面积毛密度。净用地面积是指可以用于建设的土地面积，例如，开发商买了一块地，但由于市政或其他原因，需要占用一些土地，即常说的要扣路幅，还有如在土地边有高压线，国家规定就需退出多少才能建房的，所以，土地证面积并不一定是建设用地面积，土地证面积减去不能用的面积后就是规划建设净用地面积。对于开发商来说，容积率决定地价成本在房屋中占的比例，而对于住户来说，容积率直接涉及居住的舒适度。一个良好的居住小区，高层住宅容积率应不超过5，多层住宅容积率应不超过3，绿地率应不低于30%。但由于受土地成本的限制，并不是所有项目都能做到。容积率是衡量建设用地使用强度的一项重要指标，容积率的值是无量纲的比值。容积率越低，居民的舒适度越高；反之则舒适度越低。

（3）建筑密度。建筑密度是指在一定范围内，建筑物的基底面积总和与占用地面积的比例（%）具体指项目用地范围内所有建筑的基底总面积与规划建设用地面积之比（%），它可以反映出一定用地范围内的空地率和建筑密集程度。如一块地为 10 000 m²，其中建筑底层面积为 3 000 m²，这块用地的建筑密度就是 3 000/10 000＝30%。建筑密度一般不会超过

40%～50%，用地中还需要留出部分面积用作道路、绿化、广场、停车场等。

建筑密度与建筑容积率考量的对象不同，相对于同一建筑地块，建筑密度的考量对象是建筑物的面积占用率，建筑容积率的考量对象是建筑物的使用空间。

（4）绿化率。绿化率只是开发商宣传楼盘绿化时用的概念，并没有法律和法规依据。常指项目规划建设用地范围内的绿化面积与规划建设用地面积之比。法律法规中明确规定的衡量楼盘绿化状况的国家标准是绿地率。绿地率是指小区用地范围内各类绿地的总和与小区用地的比率，主要包括公共绿地、宅旁绿地、配套公建所属绿地和道路绿地等，其计算要比绿化率严格很多。

6.3 建筑设计参数对工程造价的影响

微课

设计阶段影响工业建筑的主要因素

6.3.1 工业项目

（1）总平面设计。总平面设计中影响工程造价的因素有占地面积、功能分区和运输方式的选择。占地面积的大小一方面影响征地费用的高低，另一方面也会影响管线布置成本及项目建成运营的运输成本；合理的功能分区既可以使建筑物的各项功能充分发挥，又可以使总平面布置紧凑、安全，避免场地挖填平衡工程量过大，节约用地，降低工程造价；不同的运输方式其运输效率及成本不同，从降低工程造价的角度来看，应尽可能选择无轨运输，可以减少占地，节约投资。

（2）工艺设计。工业项目的产品生产，工艺设计是工程设计的核心，是根据工业产品生产的特点、生产性质和功能来确定的。工艺设计一般包括生产设备的选择、工艺流程设计、工艺作业规范和定额标准的制定和生产方法的确定。在工业建筑中，设备及安装工程投资占有很大比例，设备的选型不仅影响着工程造价，而且对生产方法及产品质量也有着决定作用，因而，工艺设计标准高低不仅直接影响工程建设投资的大小和建设进度，还决定着未来企业的产品质量、数量和经营费用。在工艺设计过程中，影响工程造价的因素主要包括生产方法、工艺流程和设备选型。

（3）建筑设计。建筑设计部分要在考虑施工过程的合理组织和施工条件的基础上，决定工程的平面与竖向设计和结构方案的技术要求。在建筑设计阶段影响工程造价的主要因素有平面形状、流通空间、层高、建筑物层数、柱网布置、建筑物的体积与面积和建筑结构类型。具体内容如下：

1）一般来说，建筑物平面形状越简单、越规则，它的单位面积造价就越低，建筑物周长与建筑面积比 K 周（即单位建筑面积的外墙长度系数）越低，设计越经济。

2）在建筑面积不变的情况下，建筑层高增加会引起各项费用的增加。据有关资料分析，单层厂房层高每增加 1 m，单位面积造价增加 1.8%～3.6%；多层厂房的层高每增加 0.6 m，单位面积造价提高 8.3%左右。

3）建筑物层数对造价的影响，因建筑类型、形式和结构不同而不同。如果增加一个楼层不影响建筑物的结构形式，单位建筑面积的造价可能会降低。工业厂房层数的选择应该重点考虑生产性质和生产工艺的要求。确定多层厂房的经济层数主要有两个因素：一是厂房展开面积的大小，展开面积越大，层数越能提高；二是厂房宽度和长度，宽度和长度越大，则经济层数越能增高，造价也随之相应降低。

4）柱网布置是确定柱子的行距（跨度）和间距（每行柱子中相邻两个柱子间的距离）的依据。柱网布置是否合理，对工程造价和厂房面积的利用效率都有较大的影响。对于单跨厂房，当柱间距不变时，跨度越大，单位面积造价越低。对于多跨厂房，当跨度不变时，中跨数量越多越经济。

5)随着建筑物体积和面积的增加，工程总造价会提高。对于工业建筑来说，第一，在不影响生产能力的条件下，厂房、设备布置力求紧凑合理；第二，要采用先进工艺和高效能的设备，节省厂房面积；第三，要采用大跨度、大柱距的大厂房平面设计形式，提高平面利用系数。

6)建筑材料和建筑结构选择是否合理，不仅直接影响到工程质量、使用寿命、耐火和抗震性能，而且对施工费用有很大的影响。尤其是建筑材料，一般约占人工费、材料费、施工机具使用费合计的 60%，降低材料费用，也会导致企业管理费、利润、增值税的降低。

7)采用各种先进的结构形式和轻质高强建筑材料，能减轻建筑物自重，简化基础和结构工程，减少建筑材料和构配件的费用及运费，并能提高劳动生产率和缩短建设工期，经济效果十分明显。

6.3.2 民用项目

(1)居住小区规划。居住小区规划中影响工程造价的主要因素是占地面积和建筑群体的布置形式。

1)占地面积不仅直接决定着土地费用的高低，而且影响着小区内道路、工程管线长度和公共设备的多少，而这些费用对小区建设投资的影响通常很大。因而，用地面积指标在很大程度上影响小区建设的总造价。

2)建筑群体的布置形式对用地的影响也不容忽视，通过采取高低搭配，点线结合和前后错列布置、斜向布置或拐角单元等手法，既满足采光、通风、消防等要求，又能提高容积率、节省用地。在保证居住小区基本功能的前提下，适当集中公共设施，合理布置道路，充分利用小区内的边角用地，有利于提高建筑密度，降低小区的总造价。

(2)住宅建筑设计。住宅建筑设计中影响工程造价的主要因素有建筑物平面形状和周长系数、层高和净高、层数、单元组成、户型和住户面积、建筑结构等。

1)与工业项目建筑设计类似，虽然圆形建筑 K 周最小，但由于施工复杂，施工费用比矩形建筑增加 20%~30%，故其墙体工程量的减少不能使建筑工程造价降低，而且使用面积有效利用率不高，用户使用也不便。因此，一般都建造矩形住宅，既有利于施工，又能降低造价和使用方便。在矩形住宅建筑中，又以长：宽=2：1 为佳。一般住宅单元以 3~4个住宅单元、房屋长度 60~80 m 较为经济。

2)住宅的层高和净高直接影响工程造价。根据不同性质的工程综合测算住宅层高，每降低 10 cm，可降低造价 1.2%~1.5%。层高降低还可以提高居住小区的建筑密度，节约土地成本及市政设施配套费。但是，层高设计中还需考虑采光与通风问题，层高过低不利于采光及通风，因此，民用住宅的层高一般不宜低于 2.8 m。

3)随着住宅层数的增加，单方造价系数在逐渐降低，即层数越多越经济。但是边际造价系数也在逐渐减小，说明随着层数的增加，单方造价系数下降幅度减缓，当住宅达到7 层及 7 层以上，就要增加电梯费用，需要较多的交通面积(过道、走廊要加宽)和补充设备(供水设备和供电设备等)。特别是高层住宅，要经受强风和地震等水平荷载，需要提高结构强度，改变结构形式，使工程造价大幅度上升。因此，中小城市以建造多层住宅较为经济，大城市可沿主要街道建设高层住宅，以合理利用空间。对于土地特别昂贵的地区，为了降低土地费用，中、高层住宅是比较经济的选择。

4)衡量单元组成、户型设计的指标是结构面积系数(住宅结构面积与建筑面积之比)，

微课

设计阶段影响民用建筑的主要因素

系数越小，设计方案越经济。结构面积系数除与房屋结构形式有关外，还与房屋建筑形状及其长度和宽度有关，同时也与房间平均面积大小和户型组成有关。房屋平均面积越大，内墙、隔墙在建筑面积所占比重就越小。随着我国建筑工业化水平的提高，住宅工业化建筑体系的结构形式多种多样，应根据实际情况，因地制宜、就地取材，采用适合本地区的经济、合理的结构形式。

微课

厉害了我的国
——建筑工业
化改革

6.4 建筑工业化

6.4.1 建筑工业化的概念

建筑工业化，是指通过现代化的制造、运输、安装和科学管理的生产方式，来代替传统建筑业中分散的、低水平的、低效率的手工业生产方式。其主要标志是建筑设计标准化、构配件生产工厂化、施工机械化和组织管理科学化。以工业化的方式重新组织建筑业是提高劳动效率、提升建筑质量的重要方式，也是我国未来建筑业的发展方向。

6.4.2 建筑工业化的基本内容

建筑工业化的基本内容：采用先进、适用的技术、工艺和装备，科学合理地组织施工，发展施工专业化，提高机械化水平，减少繁重、复杂的手工劳动和湿作业；发展建筑构配件、制品、设备生产并形成适度的规模经营，为建筑市场提供各类建筑使用的系列化的通用建筑构配件和制品；制定统一的建筑模数和重要的基础标准(模数协调、公差与配合、合理建筑参数、连接等)，合理解决标准化和多样化的关系，建立和完善产品标准、工艺标准、企业管理标准、工法等，不断提高建筑标准化水平；采用现代管理方法和手段，优化资源配置，实行科学的组织和管理，培育和发展技术市场和信息管理系统，适应发展社会主义市场经济的需要。

6.4.3 建筑工业化的特征

(1)设计和施工的系统性。在实现一项工程的每一个阶段，从市场分析到工程交工都必须按计划进行。

(2)施工过程和施工生产的重复性。构配件生产的重复性只有当构配件能够适用于不同规模的建筑、不同使用目的和环境才有可能。构配件如果要进行批量生产就必须具有一种规定的形式，即定型化。

(3)建筑构配件生产的批量化。没有任何一种确定的工业化结构能够适用于所有的建筑营造需求，因此，建筑工业化必须提供一系列能够组成各种不同建筑类型的构配件。

6.4.4 与传统建筑生产方式的比较

传统建筑生产方式，是将设计与建造环节分开，设计环节仅从目标建筑体及结构的设计角度出发，而后将所需建材运送至目的地，进行露天施工，完工交底验收的方式；而建筑工业化生产方式，是从设计施工一体化的生产方式，标准化的设计，至构配件的工厂化生产，再进行现场装配的过程。

根据对比可以发现传统方式中设计与建造分离，设计阶段完成蓝图、扩初至施工图交底即目标完成，实际建造过程中的施工规范、施工技术等均不在设计方案之列。建筑工业化颠覆传统建筑生产方式，最大特点是体现全生命周期的理念，将设计施工环节一体化，设计环节成为关键，该环节不仅是设计蓝图至施工图的过程，而且需要将构配件标准、建造阶段的配套技术、建造规范等都纳入设计方案中，从而设计方案作为构配件生产标准及施工装配的指导文件。除此之外，PC构件生产工艺也是关键，在PC构件生产过程中需要考虑到诸如模具设计及安装、混凝土配合比等因素。与传统建筑生产方式相比，建筑工业化具有不可比拟的优势(图 6-1)。

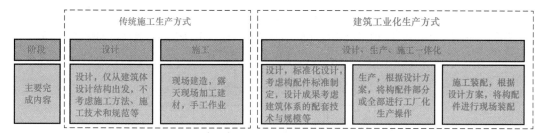

图 6-1　建筑工业化与传统施工生产方式比较

6.5　BIM 技术在工程设计方面的应用

6.5.1　工程设计中 BIM 技术的运用

传统工程界以 CAD 为主要的设计工具，但是随着建筑体量日益增大，结构日趋复杂，平面的交流与沟通方式在设计端已经不能满足需求。随着 BIM 技术的诞生，其对于数据的整合与分析能力大大提高，将传统设计中因 2D 图面信息表现力不足、沟通不畅等问题，进行了大幅改善。

(1)冲突分析(碰撞检查)。传统 CAD 设计是基于平面方式来作业的，建筑、结构、管线综合都是用 2D 图纸来进行表现的，而且每个专业都是各自为战，最后综合在一起。因为很难顾及其他专业，所以在进行模型的整合时经常出现结构与结构、结构和管线、风管和水管之间的碰撞，究其原因并不一定是人为错误，只是因为缺乏立体表现力，难以形成空间概念而已。通过 BIM 技术的导入，可以将这些数据纳入模型之中，建立可视化模型，再加之模型中的构件与现实都是一一相对的，可以充分表现出构件之间、结构之间、结构与构件之间的冲突点或者交叉点，从而提醒设计人员进行提前变更，减少设计环节的工作重复与人力浪费，大大缩短了设计周期，提高了设计质量。

(2)施工分析及模拟。在 CAD 时代，设计端只是负责设计的工作，至于后期施工不属于负责范围，往往是设计出来的图纸无法指导施工，造成设计变更，施工返工，浪费成本与拖延工期。BIM 技术导入之后，设计端不但可以建立 3D 可视化数据信息模型，还可以同通过相关的 BIM 软件进行施工前的可行性分析。因为模型中的构件与现实施工中的构件是1:1的，所以在设计端对于施工前的分析可以提供充分的施工数据，施工方可以通过设计端提供的模型数据及分析报告，提前制订施工方案。再加上，BIM 模型的拓展性，配合 4D (时间)元素，形成 BIM 4D 模型，不但可以进行事前的模拟，还可以对于施工的工序、工法、下料、施工节点等进行一一模拟，既提高了设计模型的可用性，也提高了施工的指导性。

(3)成本的概预算。在 CAD 时代，设计端的成本概预算基本都是依靠人工经验的判断，主要原因是所收集的数据不全，数据库承载能力不足及工具落后。BIM 技术导入之后，可以通过建立 BIM 模型或 BIM 数据库，将建筑构件中的属性等信息一一输入模型之中，让概预算有充分的数据支持。通过模型在设计中的不断变化，及时地调整数据，运用 BIM 软件进行运算，保证概预算的准确率，提高成本把控的能力。

6.5.2　BIM 技术与工业化 PC 建筑结合

目前，国家以预制装配建筑为主大力推动建筑工业化、产业化的发展，但是建筑工业化的发展是建立在信息化的基础上，而 BIM 技术正是建筑信息化的集成，为各参与方提供了一个信息共享的平台。因而，将 BIM 技术应用到预制装配式建筑中具有现实意义，如图 6-2 所示。

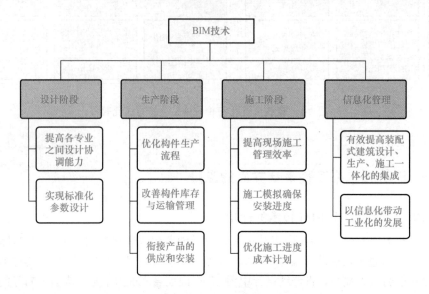

图 6-2　BIM 技术在装配式建筑各个阶段的应用

关于 BIM 的其他应用详见本书项目 14。

6.6　设计方案优化与评价

6.6.1　设计方案评价、比选的原则与内容

（1）设计方案对工程造价的影响。工程建设项目由于受资源、市场、建设条件等因素的限制，拟建项目可能存在建设场址、建设规模、产品方案、所选用的工艺流程等多个整体设计方案，而在一个整体设计方案中也可存在全厂总平面布置、建筑结构形式等多个设计方案。显然，不同的设计方案工程造价各不同，必须对多个若干不同设计方案进行全面的技术经济评价分析，为建设项目投资决策提供方案比选意见，推荐最合理的设计方案，才能确保建设项目在经济合理的前提下做到技术先进，从而为工程造价管理提供前提和条件，最终达到提高工程建设投资效果的目的。

另外，对于已经确定的设计方案，也可依据有关技术经济资料对设计方案进行评价，提出优化设计方案的建议与意见，通过深化、优化设计使技术方案更加经济合理，使工程造价的确定具有科学的依据，使建设项目投资获得最佳效果。

（2）设计方案评价、比选的原则。建设项目的经济评价应系统分析计算项目的效益和费用，通过多方案经济比选推荐最佳方案，对项目建设的必要性、财务可行性、经济合理性、投资风险等进行全面的评价。由此，作为寻求合理的经济和技术方案的必要手段——设计方案评价、比选应遵循以下原则：

1）要协调好技术先进性和经济合理性的关系。即在满足设计功能和采用合理先进技术的条件下，尽可能降低投入。

2)除考虑一次性建设投资外，还应考虑项目运营过程中的运维费用。即要评价、比选项目全寿命周期的总费用。

3)要兼顾近期与远期的要求。即建设项目的功能和规模应根据国家和地区远景发展规划，适当留有发展余地。

（3）设计方案评价、比选的内容。建设项目设计方案比选的内容在宏观方面有建设规模、建设场址、产品方案等，对于建设项目本身有厂区（或居民区）总平面布置、主题工艺流程选择、主要设备选型等。在具体项目的微观方面有工程设计标准、工业与民用建筑的结构形式、建筑安装材料的选择等。一般在具体的单项、单位工程项目设计方案评价、比选时，应以单位或分部分项工程为对象，通过主要技术经济指标的对比，确定合理的设计方案。

6.6.2 设计方案评价、比选的方法

情景剧视频

运用价值工程
优选设计方案

在建设项目多方案整体宏观方面的评价、比选，一般采用投资回收期法、计算费用法、净现值法、净年值法、内部收益率法，以及上述几种方法选择性综合使用等。对于具体的单项、单位工程项目多方案的评价、比选，一般采用价值工程法、全寿期费用法、多因素评分优选法等。

（1）价值工程法。价值工程是通过各相关领域的协作，对所研究对象的功能与成本进行系统分析，不断创新，旨在提高所研究对象价值的思想方法和管理技术。可以用以下公式表示：

$$V = F/C \qquad (6-1)$$

式中，V 为价值（Value），F 为功能（Function），C 为成本或费用（Cost）。

设计中应用价值工程的原理和方法，在保证建设工程功能不变或功能改善的情况下，力求节约成本，使建设工程的价值能够大幅提高，获得较高的经济效益，使建设工程的功能与成本合理匹配。具体来说，就是分析功能与成本之间的关系，以提高建设工程的价值系数。在多方案选优中使用价值工程的一般步骤如下：

1)确定各项功能的功能重要性系数。对功能重要性评分，并计算功能重要性系数（即功能权重）。

2)计算各方案的功能加权得分。根据专家对功能的评分表和功能重要性系数，分别计算各方案的功能加权得分。

3)计算各方案的功能指数 F_i。各方案的功能指数＝该方案的功能加权得分/各方案加权得分。

4)计算各方案的成本指数 C_i。各方案的成本指数＝该方案的成本或造价/各方案成本或造价。

5)计算各方案的价值指数 V_i。各方案的价值指数＝该方案的功能指数/该方案的成本指数。

6)判断选择。比较各方案的价值指数，选择价值指数最大的为最优方案。

【例 6-1】 某厂随着企业的不断发展壮大，职工人数逐年增加，职工住房条件日趋紧张。为改善职工居住条件，该厂决定在原有住宅区内新建住宅。为了使住宅扩建工程达到投资少、效益高的目的，厂后勤部工作人员认真分析了住宅扩建工程的功能，认为应将增加住房户数(F1)、改善居住条件(F2)、增加使用面积(F3)、利用原有土地(F4)、保护原有林木(F5)五项功能作为主要功能。后勤部与设计院沟通后提出两种方案：一是在原有住宅基础上修建后增加层数；二是将原住宅拆除后重建。该项目应选用哪种方案？

解： 第一步，邀请专家对两种方案的五项功能进行打分，满分10分。专家打分情况见表6-3。

表 6-3 专家打分表

功能	方案甲(修建后加层)	方案乙(拆除后重建)
F1	10	10
F2	7	10
F3	9	9
F4	10	6
F5	5	1

第二步,由于五种功能因素占有的地位不同,需确定各功能因素的权重系数。常用方法有:0—1 评分法、0—4 评分法。两者计算规则见表 6-4。

表 6-4 0—1 和 0—4 评分法的计算规则

方法	计算规则	备注
0—1	重要者得 1 分,不重要者得 0 分	
0—4	非常重要者得 4 分,另一方得 0 分; 重要者得 3 分,另一方得 1 分; 同等重要两者各得 2 分	自己与自己比较不得分 用"×"表示

本项目采用 0—4 评分法。经集体讨论,认为增加住房户数最重要,改善居住条件与增加使用面积同等重要,利用原有土地与保护原有林木不太重要。即 F1>F2=F3>F4=F5。评分结果见表 6-5。

表 6-5 功能评分表

功能	F1	F2	F3	F4	F5	得分	功能权重系数
F1	×	3	3	4	4	14	14÷40=0.350
F2	1	×	2	3	3	9	9÷40=0.225
F3	1	2	×	3	3	9	9÷40=0.225
F4	0	1	1	×	2	4	4÷40=0.100
F5	0	1	1	2	×	4	4÷40=0.100
合计						40	1.000

第三步,计算各方案的功能指数。各方案的功能指数=该方案的功能加权得分/各方案加权得分。其中,该方案的功能加权得分=∑该方案的各功能得分×各功能的权重系数。各方案的功能指数计算见表 6-6。

表 6-6 各方案的功能指数

功能	功能权重系数(1)	方案甲		方案乙	
		功能得分(2)	加权得分(1)×(2)	功能得分(3)	加权得分(1)×(3)
F1	0.350	10	3.5	10	3.5
F2	0.225	7	1.575	10	2.25
F3	0.225	9	2.025	9	2.025
F4	0.100	10	1	6	0.6
F5	0.100	5	0.5	1	0.1
方案功能加权得分			8.6		8.475
方案功能指数			0.5037		0.4963

方案甲的功能加权得分：3.5＋1.575＋2.025＋1＋0.5＝8.6

方案乙的功能加权得分：3.5＋2.25＋2.025＋0.6＋0.1＝8.475

方案甲功能指数＝8.6÷(8.6＋8.475)＝0.503 7

方案乙功能指数＝8.475÷(8.6＋8.475)＝0.496 3

第四步，计算各方案的成本指数。各方案的成本指数＝该方案的成本或造价/各方案成本或造价。若方案甲的成本为880万元，方案乙的成本为1 890万元。则各方案的成本指数为：

方案甲成本指数＝880÷(880＋1 890)＝0.317 7

方案乙成本指数＝1 890÷(880＋1 890)＝0.682 3

第五步，计算价值指数，判断最优方案。各方案的价值指数＝该方案的功能指数/该方案的成本指数。价值指数最大的方案为最优设计方案。

方案甲价值指数＝0.503 7÷0.317 7＝1.585

方案乙价值指数＝0.496 3÷0.682 3＝0.727

故该项目应选择方案甲为最优方案。

(2)全寿命期费用法。建设工程全寿命期费用除包括筹建、征地拆迁、咨询、勘察、设计、施工、设备购置及贷款支付利息等与工程建设有关的一次性投资费用外，还包括工程完成后交付使用期内经常发生的费用支出。这些费用统称为使用费，按年计算时称为年度使用费。全寿命期费用法考虑了资金的时间价值，是一种动态的价值指标评价方法。由于不同技术方案的寿命期不同，因此，应用全寿命期费用法计算费用时，不用净现值法，而用年度等值法，以年度费用最小者为最优方案。

运用全寿命期
费用法优选
设计方案

【例6-2】项目6"设计方案的优化与评价"的案例分析中，设计师提出的三种屋面工程设计方案，应选择哪个为最优方案？

解：方案一，采用硬泡聚氨酯防水保温材料(防水保温二合一)，现金流量图如图6-3所示。

图6-3 方案一现金流量图

方案一的综合单价现值＝260＋(260＋260×10%)×(P/F，8%，30)＝288.42(元/m²)

方案二，采用三元乙丙橡胶卷材加陶粒混凝土，现金流量图如图6-4所示。

图6-4 方案二现金流量图

方案二的综合单价现值＝90＋35＋(90＋90×20%)×[(P/F，8%，15)＋(P/F，8%，30)＋(P/F，8%，45)]＝173.16(元/m²)

方案三，采用SBS改性沥青卷材加陶粒混凝土，现金流量图如图6-5所示。

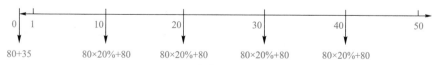

图6-5 方案三现金流量图

方案三的综合单价现值＝80＋35＋(80＋80×20％)×[(P/F，8％，10)＋(P/F，8％，20)＋(P/F，8％，30)＋(P/F，8％，40)]＝194.04(元/m²)

因方案二的综合单价现值最低，所以方案二为最优方案。

(3)多因素评分优选法。多因素评分优选法是多指标法与单指标法相结合的一种方法。对需要进行分析评价的设计方案设定若干个评价指标，按其重要程度分配权重，然后按照评价标准给各指标打分，将各项指标所得分数与其权重采用综合方法整合，得出各设计方案的评价总分，以获总分最高者为最佳方案。多因素评分优选法综合了定量分析评价与定性分析评价的优点，可靠性高，应用较广泛。

例 6-3 讲解

【例 6-3】 某智能大楼的一套设备系统有 A、B、C 三种采购方案，其有关数据见表 6-7。

表 6-7　设备系统各采购方案数据

项目方案	A	B	C
购置费和安装费/万元	520	600	700
年度使用费/(万元/年)	65	60	55
使用年限/年	16	18	20
大修周期/年	8	10	10
大修费/(万元/次)	100	100	110
残值/万元	70	75	80

问题：

拟采用加权评分法选择采购方案，对购置费和安装费、年度使用费、使用年限三个指标进行打分评价，打分规则为：购置费和安装费最低的方案得 10 分，每增加 10 万元扣 0.1 分；年度使用费最低的方案得 10 分，每增加 1 万元扣 0.1 分；使用年限最长的方案得 10 分，每减少 1 年扣 0.5 分；以上三个指标的权重依次为 0.5、0.4 和 0.1。应选择哪种采购方案较合理？

解： 根据表 6-7 中数据，计算 A、B、C 三种采购方案的综合得分，见表 6-8。

表 6-8　计算表

评价指标	权重	A	B	C
购置费和安装费	0.5	10	10−(600−520)/10×0.1=9.2	10−(700−520)/10×0.1=9.2
年度使用费	0.4	10−(65−55)×0.1=9	10−(60−55)×0.1=9.5	10
使用年限	0.1	10−(20−16)×0.5=8	10−(20−18)×0.5=9	10
综合得分		10×0.5+9×0.4+8×0.1=9.4	9.2×0.5+9.5×0.4+9×0.1=9.3	9.2×0.5+10×0.4+10×0.1=9.1

根据表 6-8 的计算结果可知，方案 A 的综合得分最高，故应选择 A 方案。

6.6.3　设计方案评价、比选应注意的问题

对设计方案进行评价、比选时需要注意以下几点：

(1)工期的比较。工程施工工期的长短涉及管理水平、投入劳动力的多少和施工机械的配备情况，故应在相似的施工资源条件下进行工期比较，并应考虑施工的季节性。由于工期缩短而工程提前竣工交付使用所带来的经济效益，应纳入分析评价范围。

(2)采用新技术的分析。设计方案采用某项新技术，往往在项目的早期经济效益较差，因为生产率的提高和生产成本的降低需要经过一段时间来掌握与熟悉新技术后方可实现。

故此进行设计方案技术经济分析评价时应预测其预期的经济效果，不能仅由于当前的经济效益指标较差而限制新技术的采用和发展。

(3)对产品功能的分析评价。对产品功能的分析评价是技术经济评价内容不可缺少而又常常被忽视的方面。必须明确方案经济性评价、比选应具有可比性。当参与对比的设计方案功能项目和水平不同时，应对其进行可比性处理，使其满足以下几方面的可比条件：需要可比；费用消耗可比；价格可比；时间可比。

6.7 限额设计

限额设计是指按照批准的可行性研究报告中的投资限额进行初步设计、按照批准的初步设计概算进行施工图设计、按照施工图预算编制施工图设计中各个专业设计文件的过程。

在限额设计中，工程使用功能不能减少，技术标准不能降低，工程规模也不能消减。因此，限额设计需要在投资额度不变的情况下，实现使用功能和建设规模的最大化。限额设计是工程造价控制系统中一个重要的环节。

6.7.1 限额设计工作内容

(1)合理确定设计限额目标。投资决策阶段是限额设计的关键。对政府工程而言，投资决策阶段的可行性研究报告是政府部门核准投资总额的主要依据，而批准的投资总额则是进行限额设计的重要依据。为此，应在多方案技术经济分析和评价后确定最终方案，提高投资信算准确度，合理确定设计限额目标。

(2)确定合理的初步设计方案。初步设计阶段需要依据最终确定的可行性研究方案和投资估算，对影响投资的因素按照专业进行分解，并将规定的投资限额下达到各专业设计人员。设计人员应用价值工程基本原理，通过多方案技术经济比选，创造出价值较高、技术经济性较为合理的初步设计方案，并将设计概算控制在批准的投资估算内。

(3)在概算范围内进行施工图设计。施工图是设计单位的最终成果文件，应按照批准的初步设计方案进行限额设计，施工图预算需控制在批准的设计概算范围内。

6.7.2 限额设计实施程序

限额设计强调技术与经济的统一，需要工程设计人员和工程造价管理专业人员密切合作。工程设计人员进行设计时，应基于建设工程全寿命期，充分考虑工程造价的影响因素，对方案进行比较，优化设计，工程造价管理专业人员要及时进行投资估算，在设计过程中协助工程设计人员进行技术经济分析和论证，从而达到有效控制工程造价的目的。限额设计的实施是建设工程造价目标的动态反馈和管理过程，可分为目标制定、目标分解、目标推进和成果评价四个阶段。

(1)目标制定。限额设计目标包括造价目标、质量目标、进度目标、安全目标及环保目标，各个目标之间既相互关联又相互制约，因此，在分析论证限额设计目标时，应统筹兼顾，全面考虑，追求技术经济合理的最佳整体目标。

(2)目标分解。分解工程造价目标是实行限额设计的一个有效途径和主要方法。首先，将上一阶段确定的投资额分解到建筑、结构、电气、给水排水和暖通等设计部门的各个专业；其次，将投资限额再分解到各个单项工程、单位工程、分部工程及分项工程。在目标分解过程中，要对设计方案进行综合分析与评价；最后，将各细化的目标明确到相应设计人员，制订明确的限额设计方案。通过层层目标分解和限额设计，实现对投资限额的有效控制。

(3)目标推进。目标推进通常包括限额初步设计和限额施工图设计两个阶段。

1)限额初步设计阶段。应严格按照分配的工程造价控制目标进行方案的规划和设计。在初步设计方案完成后，由工程造价管理人员及时编制初步设计概算，并进行初步设计方案的技术经济分析，直至满足限额要求。初步设计只有在满足各项功能要求并符合限额设计目标的情况下，才能作为下一阶段的限额目标给予批准。

2)限额施工图设计阶段。遵循各目标协调并进的原则，做到各目标之间的有机结合和统一，防止忽略其中任何一个。在施工图设计完成后，进行施工图设计的技术经济论证，分析施工图预算是否满足设计限额要求，以供设计决策者参考。

(4)成果评价。成果评价是目标管理的总结阶段。通过对设计成果的评价，总结经验和教训，作为指导和开展后续工作的重要依据。

思政育人

设计阶段进行多方案比选优化，是为了优中选优，增加投资决策的可靠性和稳妥性，减少由备选方案少、评价结论单一带来的决策不稳妥、不可靠乃至不科学的问题，这体现了脚踏实地、精益求精的大国工匠精神。在建筑业中处处都需要有这种精神，如建筑工业化的装配式施工与传统现浇的施工方式不同，从构件的精细化制作，到它的安装精度和安装误差，以及各个安装过程，都要有一丝不苟、精益求精的工匠精神，来确保每一道工序的质量。

2015年中央电视台播出《大国工匠》纪录片，讲述了24位不同岗位劳动者匠心筑梦的故事。这群不平凡的劳动者最终脱颖而出，跻身"国宝级"技工行列，成为某个领域不可或缺的人才，源于他们对精度的要求。如彭祥华，能够把装填爆破药量的呈送控制在远远小于规定的最小误差之内；高凤林，我国火箭发动机焊接第一人，能把焊接误差控制在0.16 mm之内，并且将焊接停留时间从0.1 s缩短到0.01 s；胡双钱，中国大飞机项目的技师，仅凭他的双手和传统铁钻床就可产生出高精度的零部件等。无数动人的故事告诉我们，弘扬工匠精神、培育大国工匠是提升我国制造品质与水平的重要环节。作为新时代大学生，要以大国工匠和劳动模范为榜样，做一个品德高尚而追求卓越的人，积极投身于中华民族伟大复兴的宏伟事业中。

直通职考 ➡ 与本项目内容相关的造价师职业资格考试内容及真题。每年动态调整。

直通职考(一级造价师)　　直通职考(二级造价师)

课后训练

一、选择题

1. 工业项目总平面设计中，影响工程造价的主要因素包括（　　）。
   A. 占地面积、功能分区、运输方式　　B. 产品方案、运输方式、柱网布置
   C. 占地面积、空间组合、建筑材料　　D. 功能分区、空间组合、设备选型

2. 住宅小区规划中影响工程造价的主要因素有(　　)。

    A. 建筑物平面形状、周长系数　　　B. 单元组成、建筑结构

    C. 户型、住户面积　　　　　　　　D. 占地面积、建筑群体的布置形式

3. 关于工程设计对造价的影响，下列说法中正确的有(　　)。

    A. 周长与建筑面积比越大，单位造价越高

    B. 流通空间的减少，可相应地降低造价

    C. 层数越多，则单位造价越低

    D. 房屋长度越大，则单位造价越低

    E. 结构面积系数越小，设计方案越经济

4. 某项目设计过程所作的下列工作中，不属于限额设计工作内容的是(　　)。

    A. 编制项目投资可行性研究报告　　B. 设计人员创作出初步设计方案

    C. 设计单位绘制施工图　　　　　　D. 编制项目施工组织方案

5. 工程项目限额设计的实施程序包括(　　)。

    A. 目标实现　　　B. 目标制订　　　C. 目标分解

    D. 目标推进　　　E. 成果评价

6. 工程项目设计方案评价方法单指标法中，比较常用的有(　　)。

    A. 综合费用法　　　B. 净现值分析法　C. 全寿命期费用法

    D. 价值工程法　　　E. 多因素评分优选法

7. 设计方案评价、比选应遵循的原则有(　　)。

    A. 协调好技术先进性和经济合理性的关系

    B. 除考虑一次性建设投资，还应考虑项目运营过程中的运维费用

    C. 建立合理的指标体系，采取有效的评价方法进行方案优化

    D. 要兼顾近期与远期的要求

8. 对设计方案进行评价、比选时需注意(　　)。

    A. 在相似的施工资源条件下进行工期比较，并应考虑施工的季节性

    B. 不能仅由于当前的经济效益指标较差而限制新技术的采用和发展

    C. 必须明确方案经济性评价、比选应具有可比性

    D. 进行设计方案技术经济分析评价时不应预测其预期的经济效果

9. 对于具体的单项、单位工程多方案的评价、比选，一般不采用下列哪种方法?
(　　)

    A. 价值工程法　　　　　　　　　　B. 全寿命期费用法

    C. 多因素评分优选法　　　　　　　D. 计算费用法

10. 建筑设计技术经济指标是指对设计方案的技术经济效果进行分析评价所采用
的指标。按指标涉及的范围划分，有综合指标与局部指标两种。下列不属于
综合指标的有(　　)。

    A. 单位生产能力投资　B. 单方造价　C. 容积率　　　D. 总平面布置

二、简答题

1. 简述建筑工业化的特征。

2. 工程设计中 BIM 技术可运用于哪些方面?

3. 设计方案评价、比选的方法有哪些?

项目 7　设计概算编制

学习目标

1. 学会编制单位工程概算。
2. 学会编制单项工程综合概算和建设项目总概算。
3. 熟悉设计概算审核与调整的主要内容。

重点难点

单位建筑工程概算的编制。

案例引入

天宇大厦初步设计完成后，设计院经济师依据初步设计方案编制了项目设计总概算。李总召开内部审核会议，对总概算进行了审核，包括是否有符合规定的"三级概算"、各单位建筑工程概算和设备安装工程概算的编制方法选用是否正确、编制依据是否符合现行规定、工程建设其他费的计取标准及范围是否按有关部门规定计算等内容。请思考：

（1）天宇大厦是否需要编制"三级概算"？

（2）单位建筑工程概算的编制方法有哪些？天宇大厦应采用哪种编制方法？

（3）单位设备安装工程概算的编制方法有哪些？天宇大厦应采用哪种编制方法？

设计概算
编制内容

设计概算是以初步设计文件为依据，按照规定的程序、方法和依据，对建设项目总投资及其构成进行的概略计算。设计概算的成果文件称为设计概算书，也简称为设计概算。设计概算书是设计文件的重要组成部分，在报批设计文件时必须同时报批设计概算文件。

7.1　单位工程概算的编制

设计概算可分为单位工程概算、单项工程综合概算和建设项目总概算三级。三者之间的关系：若干个单位工程概算汇总后成为单项工程概算，若干个单项工程概算和工程建设其他费用、预备费、建设期利息等汇总成为建设项目总概算。单项工程概算和建设项目总概算仅是一种归纳、汇总性文件，因此，最基本的计算文件是单位工程概算书。

单位建筑
工程概算编制

单位工程概算是以单位工程为对象编制的设计概算，分为建筑工程概算、设备及安装工程概算。建筑工程概算包括：土建工程概算，给水排水与采暖工程概算，通风与空调工程概算，动力与照明工程概算，弱电工程概算，特殊构筑物工程概算等；设备及安装工程概算包括：机械设备及安装工程概算，电气设备及安装工程概算，热力设备及安装工程概算，工具、器具及生产家具购置费概算等。

7.1.1　单位建筑工程概算的编制方法

（1）概算定额法。概算定额法又称扩大单价法或扩大结构定额法，是利用概算定额编制单位工程概算的方法。

概算定额是预算定额的综合和扩大，它将预算定额中有联系的若干个分项工程项目综合为一个概算定额项目。例如，砖基础概算定额项目，就是以砖基础为主，综合了平整场地、挖地槽、铺设垫层、砌砖基础、铺设防潮层、回填土及运土等预算定额中分项工程项目。概算定额与预算定额的相同之处在于，它们都是以建(构)筑物各个结构部分和分部分项工程为单位表示的，内容也包括人工、材料和机具台班使用量三个基本部分，并列有基准价。某钢筋混凝土矩形柱概算定额见表 7-1。

表 7-1 某钢筋混凝土矩形柱概算定额
工作内容：模板安拆、钢筋绑扎安放、混凝土浇捣养护。 m³

定额编号			3002	3003	3004	3005	3006
项　目			现浇钢混凝土柱				
			矩形				
			周长 1.5m 以内	周长 2.0m 以内	周长 2.5m 以内	周长 3.0m 以内	周长 3.0m 以外
			m³	m³	m³	m³	m³
工、料、机名称(规格)		单位	数量				
人工	混凝土工	工日	0.818 7	0.818 7	0.818 7	0.818 7	0.818 7
	钢筋工	工日	1.103 7	1.103 7	1.103 7	1.103 7	1.103 7
	木工(装饰)	工日	4.767 6	4.083 2	3.059 1	2.179 8	1.492 1
	其他工	工日	2.034 2	1.790 0	1.424 5	1.110 7	0.865 3
材料	泵送预拌混凝土	m³	1.015 0	1.015 0	1.015 0	1.015 0	1.015 0
	木模板成材	m³	0.036 3	0.031 1	0.023 3	0.016 6	0.014 4
	工具式组合钢模板	kg	9.708 7	8.315 0	6.229 4	4.438 8	3.038 5
	扣件	只	1.179 9	1.010 5	0.757 1	0.539 4	0.369 3
	零星卡具	kg	3.735 4	3.199 2	2.396 7	1.707 8	1.169 0
	钢支撑	kg	1.290 0	1.104 9	0.827 7	0.589 8	0.403 7
	柱箍、梁夹具	kg	1.957 9	1.676 8	1.256 3	0.895 2	0.612 8
	钢丝 18#～22#	kg	0.902 4	0.902 4	0.902 4	0.902 4	0.902 4
	水	m³	1.276 0	1.276 0	1.276 0	1.276 0	1.276 0
	圈钉	kg	0.747 5	0.640 2	0.479 6	0.341 8	0.234 0
	草袋	m³	0.086 5	0.086 5	0.086 5	0.086 5	0.086 5
	成型钢筋	t	0.193 9	0.193 9	0.193 9	0.193 9	0.193 9
	其他材料费	%	1.090 6	0.957 9	0.746 7	0.552 3	0.391 6
机械	汽车式起重机 5t	台班	0.028 1	0.024 1	0.018 0	0.012 9	0.008 8
	载重汽车 4t	台班	0.042 2	0.036 1	0.027 1	0.019 3	0.013 2
	混凝土输送泵车 75m³/h	台班	0.010 8	0.010 8	0.010 8	0.010 8	0.010 8
	木工圆锯机 φ500mm	台班	0.010 5	0.009 0	0.006 6	0.004 8	0.003 3
	混凝土振捣器　插入式	台班	0.100 0	0.100 0	0.100 0	0.100 0	0.100 0

概算定额的基本使用方法与预算定额相近，具体步骤为：根据设计图纸资料和概算定

额的项目划分计算出工程量，然后套用概算定额单价（基价），计算汇总后再计取有关费用，便可得出单位工程概算造价。

该方法适用于设计达到一定深度，建筑结构尺寸比较明确，能按照设计的平面、立面、剖面图纸计算出楼地面、墙身、门窗和屋面等分项工程（或扩大分项工程或扩大结构构件）工程量的项目。这种方法编制出的概算精度较高，但是编制工作量大，需要大量的人力和物力。具体步骤与工程定额计价模式相似。

（2）概算指标法。概算指标法是利用概算指标编制单位工程概算的方法。

概算指标是以整个建筑物或构筑物为对象，以"m²""m³"或"座"等为计量单位，规定了人工、材料、机具台班的消耗指标的一种标准。概算指标的内容和形式没有统一的格式，一般包括以下内容：

1）工程概况，包括建筑面积、建筑层数、建筑地点、时间，工程各部位的结构及做法等；

2）工程造价及费用组成；

3）每平方米建筑面积的工程量指标；

4）每平方米建筑面积的工料消耗指标。

某地区砖混结构住宅概算指标见表 7-2。

表 7-2　某地区砖混结构住宅概算指标

工程名称	××住宅	结构类型		砖混结构		建筑层数		6 层
建筑面积	3 800 m²	施工地点		××市		竣工日期		1996 年 6 月
结构特征	基础		墙体		楼面		地面	
	混凝土带形基础		240 空心砖墙		预应力空心板		混凝土地面，水泥砂浆面层	
	屋面		门窗		装饰		电照	给排水
	炉渣找坡，油毡防水		钢窗、木窗、木门		混合砂浆抹内墙面、瓷砖墙裙、外墙彩色弹涂面		槽板明敷线路、白炽灯	镀锌给水钢管、铸铁排水管、蹲式大便器

概算指标法的具体步骤为：用拟建的厂房、住宅的建筑面积（或体积）乘以技术条件相同或基本相同工程的概算指标，得出人工费、材料费、施工机具使用费合计，然后按规定计算出企业管理费、利润和增值税等（表 7-3），编制出单位工程概算。

表 7-3　工程造价及费用构成

项目		平方米指标 /(元·m⁻²)	其中各项费用占总造价百分比/%							
			直接费					间接费	利润	税金
			人工费	材料费	机械费	措施费	直接费			
工程总造价		1 340.80	9.26	60.15	2.30	5.28	76.99	13.6	6.28	3.08
其中	土建工程	1 200.80	9.49	59.68	2.44	5.31	76.92	13.6	6.34	3.08
	给水排水工程	82.20	5.85	68.52	0.65	4.55	79.57	12.3	5.01	3.07
	电照工程	60.10	7.03	63.17	0.48	5.48	76.16	14.7	6.00	3.06

该方法的适用范围是设计深度不够，不能准确地计算出工程量，但工程设计技术比较成熟而又有类似工程概算指标可以利用。计算出的费用精确度不高，往往只起到控制性作用。由于拟建工程（设计对象）往往与类似工程的概算指标的技术条件不尽相同，而且概算

指标编制年份的设备、材料、人工等价格与拟建工程当时当地的价格也不会相同。如果想要提高精确度，需对指标进行调整。以下列举几种调整方法：

1）设计对象的结构特征与概算指标有局部差异时的调整：

$$结构变化修正概算指标（元/m^2）=J+Q_1P_1-Q_2P_2 \qquad (7-1)$$

式中　J——原概算指标；

Q_1——概算指标中换入结构的工程量；

Q_2——概算指标中换出结构的工程量；

P_1——换入结构的单价指标；

P_2——换出结构的单价指标。

2）设备、人工、材料、机械台班费用的调整：

$$\binom{设备、人工、材料、}{机械修正概算费用}=\binom{原概算指标的设备、}{人工、材料、机械费用}+\sum\binom{换入设备、人工、}{材料、机械数量}\times\binom{拟建地区}{相应单价}-$$
$$\sum\binom{换出设备、人工、}{材料、机械数量}\times\binom{原概算指标设备}{人工、材料、机械单价} \qquad (7-2)$$

以上两种方法，前者是直接修正结构件指标单价；后者是修正结构件指标人工、材料、机械数量。需要特别注意的是，换入部分与其他部分可能存在因建设时间、地点、经济政策等条件不同引起的价格差异。在进行指标修正时，要消除要素价格差异的影响，保证各部分价格是同条件下的可比价格。

（3）类似工程预算法。类似工程预算法是利用技术条件相类似工程的预算或结算资料，编制拟建单位工程概算的方法。其适用于拟建工程设计与已完工程或在建工程的设计相类似而又没有可用的概算指标时采用，但必须对建筑结构差异和价差进行调整。建筑结构差异的调整方法与概算指标法的调整方法相同，价差调整有两种方法：

1）类似工程造价资料有具体的人工、材料、机械台班的用量时，可按类似工程预算造价资料中的主要材料用量、工日数量、机械台班用量乘以拟建工程所在地的主要材料预算价格、人工单价、机械台班单价，计算出人工、材料、机械费用合计，再取相关税费，即可得出所需的造价指标。

2）类似工程预算成本包括人工费、材料费、施工机具使用费和其他费（指管理等成本支出）时，可按下面公式调整：

$$D=A\cdot K \qquad (7-3)$$
$$K=a\%K_1+b\%K_2+c\%K_3+d\%K_4 \qquad (7-4)$$

式中　D——拟建工程成本单价；

A——类似工程成本单价；

K——成本单价综合调整系数；

$a\%$、$b\%$、$c\%$、$d\%$——类似工程预算的人工费、材料费、施工机具使用费、其他费占预算造价的比重，如 $a\%=$ 类似工程人工费（或工资标准）/类似工程预算造价$\times100\%$，$b\%$、$c\%$、$d\%$类同；

K_1、K_2、K_3、K_4——拟建工程地区与类似工程预算造价在人工费、材料费、施工机具使用费和其他费之间的差异系数，如 $K_1=$ 拟建工程概算的人工费（或工资标准）/类似工程预算人工费（或地区工资标准），K_2、K_3、K_4类同。

7.1.2　单位设备及安装工程概算的编制方法

单位设备及安装工程概算包括设备购置费概算和设备安装工程费概算两部分。

单位设备及安装
工程概算编制

（1）设备购置费概算的编制。计算方法详见本书相关内容。

（2）设备安装工程费概算的编制。其应根据初步设计深度和要求所明确的程度而采用不同的编制方法。

1）预算单价法。当初步设计较深，有详细的设备和具体满足预算定额工程量清单时，可直接按工程预算定额单价编制安装工程概算，或者对于分部分项组成简单的单位工程也可采用工程预算定额单价编制概算，编制程序基本同于施工图预算编制。该方法具有计算比较具体、精确性较高的优点。

2）扩大单价法。当初步设计深度不够，设备清单不完备，只有主体设备或仅有成套设备重量时，可采用主体设备、成套设备的综合扩大安装单价来编制概算。

3）设备价值百分比法，也称安装设备百分比法。当设计深度不够，只有设备出厂价而无详细规格、重量时，安装费可按占设备费的百分比计算。其百分比值（即安装费费率）由相关主管部门制定或由设计单位根据已完类似工程确定。该方法常用于价格波动不大的定型产品和通用设备产品。其计算公式为

$$设备安装费＝设备原价×安装费费率（\%）\tag{7-5}$$

4）综合吨位指标法。当设计文件提供的设备清单有规格和设备重量时，可采用综合吨位指标法编制概算，综合吨位指标由主管部门或由设计院根据已完类似工程资料确定。该方法常用于设备价格波动较大的非标准设备和引进设备的安装工程概算，或者安装方式不确定，没有定额或指标。其计算公式为

$$设备安装费＝设备吨重×每吨设备安装费指标（元／t）\tag{7-6}$$

7.2 单项工程综合概算和建设项目总概算的编制

7.2.1 单项工程综合概算的编制

单项工程综合概算是以初步设计文件为依据，在单位工程概算基础上汇总而成的成果文件，是总概算的组成部分，一般只包括单项工程的工程费用，不包括用于整个建设项目中的工程建设其他费、预备费等。单项工程综合概算是以单项工程所包括的各个单位工程概算为基础，采用"综合概算表"进行汇总编制而成，见表7-4。综合概算表由建筑工程和设备及安装工程两大部分组成。

表 7-4　单项工程综合概算表

序号	概算编号	工程项目或费用名称	设计规模和主要工程量	建筑工程费	安装工具费	设备购置费	合计	其中：引进部分		主要技术经济指标		
								美元	折合人民币	单位	数量	单位价值
一		主要工程										
1	××	××××										
2	××	××××										
二		辅助工程										
1	××	××××										
三		配套工程										
1	××	××××										
2	××	××××										

7.2.2 建设项目总概算的编制

建设项目总概算是以初步设计文件为依据,在单项工程综合概算基础上汇总而成的成果文件,是设计概算书的主要组成部分,由各单项工程综合概算、工程建设其他费用概算、预备费和建设期利息汇总编制而成的。一般来说,一个完整的建设项目应按三级编制设计概算(单位工程概算→单项工程综合概算→建设项目总概算)。对于建设单位仅增建一个单项工程项目时,可不需要编制综合概算,直接编制总概算,也就是按二级编制设计概算(单位工程→建设项目总概算)。

总概算文件应包括编制说明、总概算表、各单项工程综合概算书、工程建设其他费用概算表、主要建筑安装材料汇总表。独立装订成册的总概算文件宜加封面、签署页(扉页)和目录。总概算表见表7-5。编制时需要注意以下问题:

表7-5　总概算表

总概算编号:　　　　　　工程名称:　　　　　单位:　万元　　共　页　第　页

序号	概算编号	工程项目或费用名称	建筑工程费	安装工程费	设备购置费	其他费用	合计	其中:引进部分		占总投资比例/%
								美元	折合人民币	
一		工程费用								
1		主要工程								
2		辅助工程								
3		配套工程								
二		工程建设其他费用								
1										
2										
三		预备费								
四		建设期利息								
五		流动资金								

编制人:　　　　　　　　审核人:　　　　　　　　　　审定人

(1)工程费用按单项工程综合概算组成编制,采用二级编制的按单位工程概算组成编制。市政民用建设项目一般排列顺序为主体建(构)筑物、辅助建(构)筑物、配套系统;工业建设项目一般排列顺序为主要工艺生产装置、辅助工艺生产装置、公用工程、总图运输、生活管理服务性工程、生活福利工程、厂外工程。

(2)其他费用一般按其他费用概算顺序列项。主要包括建设用地费、建设管理费、勘察设计费、可行性研究费、环境影响评价费、劳动安全卫生评价费、场地准备及临时设施费、工程保险费、联合试运转费、生产准备及开办费、特殊设备安全监督检验费、市政公用设施建设及绿化补偿费、引进技术和引进设备材料其他费、专利及专有技术使用费、研究试验费等。

(3)预备费包括基本预备费和价差预备费。基本预备费以总概算第一部分"工程费用"和

第二部分"其他费用"之和为基数的百分比计算；价差预备费按公式计算。

(4)应列入项目概算总投资中的几项费用一般包括建设期利息、铺底流动资金等。

7.3 设计概算审核与调整

7.3.1 设计概算审核

(1)审查设计概算的编制依据。

1)审查编制依据的合法性。采用的各种编制依据必须经过国家和授权机关的批准，符合国家有关的编制规定，未经批准的不能采用。

如何审查
设计概算

2)审查编制依据的时效性。各种依据，如定额、指标、价格、取费标准等都应根据国家有关部门的现行规定进行，注意有无调整和新的规定；如有，应按新的调整办法和规定执行。

3)审查编制依据的适用范围。

(2)审查概算的编制深度。

1)审查概算的编制说明。审查概算的编制说明可以检查概算的编制方法、深度和编制依据等重大原则问题，若编制说明有差错，具体概算必有差错。

如何审查
施工图预算

2)审查概算的编制深度。一般大中型项目的设计概算应有完整的编制说明和"三级概算"(即总概算表、单项工程综合概算表、单位工程概算表)，并按有关规定的深度进行编制。审查是否有符合规定的"三级概算"；各级概算的编制、核对、审核是否按规定签署；有无随意简化；有无把"三级概算"简化为"二级概算"。

3)审查概算的编制范围。审查概算的编制范围及具体内容是否与主管部门批准的建设项目范围及具体工程内容一致；审查分期建设项目的建筑范围及具体工程内容有无重复交叉，是否重复计算或漏算；审查其他费用应列的项目是否符合规定，静态投资、动态投资和经营性项目铺底流动资金是否分别列出等。

(3)审查概算的内容。

1)审查概算的编制是否符合国家的方针、政策，是否根据工程所在地地势条件编制。

2)审查建设规模(投资规模、生产能力等)、建设标准(用地指标、建筑标准等)、配套工程、设计定员等是否符合原批准的可行性研究报告或立项批文的标准。对总概算投资超过批准投资估算的10%以上的，应查明原因，重新上报审批。

3)审查编制方法、计价依据和程序是否符合现行规定，包括定额或指标的适用范围和调整方法是否正确；补充定额或指标的项目划分、内容组成、编制原则等是否与现行的定额规定相一致等。

4)审查工程量是否正确，工程量的计算是否根据初步设计图纸、概算定额、工程量计算规则和施工组织设计的要求进行，有无多算、重算和漏算，尤其对工程量大、造价高的项目要重点审查。

5)审查材料用量和价格，审查主要材料(钢材、木材、水泥、砖)的用量数据是否正确，材料预算价格是否符合工程所在地的价格水平，材料价差调整是否符合现行规定及其计算是否正确等。

6)审查设备规格、数量和配置是否符合设计要求，是否与设备清单相一致，设备预算价格是否真实，设备原价和运杂费的计算是否正确，非标准设备原价的计价方法是否符合规定，进口设备的各项费用的组成及其计算程序、方法是否符合国家主管部门的规定。

7)审查建筑安装工程各项费用的计取是否符合国家或地方有关部门的现行规定，计算程序和取费标准是否正确。

8)审查综合概算、总概算的编制内容、方法是否符合现行规定和设计文件的要求，有无设计文件外项目，有无将非生产性项目以生产性项目列入。

9)审查总概算文件的组成内容，是否完整地包括了建设项目从筹建到竣工投产为止的全部费用组成。

10)审查工程建设其他费用项目，这部分费用内容多、弹性大，占项目总投资的15%～25%，要按国家和地区规定逐项审查，不属于总概算范围的费用项目不能列入概算，具体费率或计取标准是否按国家、行业有关部门规定计算，有无随意列项、有无多列、交叉计列和漏项等。

11)审查项目的"三废"治理。拟建项目必须同时安排"三废"（废水、废气、废渣）的治理方案和投资，对于未做安排或漏项或多算、重算的项目，要按国家有关规定核实投资，以满足"三废"排放达到国家标准。

12)审查技术经济指标计算方法和程序是否正确，综合指标和单项指标与同类型工程指标相比是偏高还是偏低，其原因是什么，并予纠正。

13)审查投资经济效果，设计概算是初步设计经济效果的反映，要按照生产规模、工艺流程、产品品种和质量，从企业的投资效益和投产后的运营效益全面分析，是否达到了先进可靠、经济合理的要求。

7.3.2　设计概算的批准

经审查合格后的设计概算提交审批部门复核，复核无误后就可以批准，一般以文件形式正式下达审批概算。审批部门应具有相应的权限，按照国家、地方政府，或者是行业主管部门规定，不同的部门具有不同的审批权限。

7.3.3　设计概算的调整

批准后的设计概算一般不得调整。由于以下原因引起的设计和投资变化可以调整概算，但要严格按照调整概算的有关程序执行：

(1)超出原设计范围的重大变更。凡涉及建设规模、产品方案、总平面布置、主要工艺流程、主要设备型号规格、建筑面积、设计定员等方面的修改，必须由原批准立项单位认可，原设计审批单位复审，经复核批准后方可变更。

(2)超出基本预备费规定范围，不可抗拒的重大自然灾害引起的工程变动或费用增加。

(3)超出工程造价调整预备费，属国家重大政策性变动因素引起的调整。

由于上述原因需要调整概算时，应当由建设单位调查分析变更原因报主管部门，审批同意后，由原设计单位核实编制调整概算，并按有关审批程序报批。由于设计范围的重大变更而需调整概算时，还需要重新编制可行性研究报告，经论证评审可行审批后，才能调整概算。建设单位(项目业主)自行扩大建设规模、提高建设标准等而增加费用不予调整。需要调整概算的工程项目，影响工程概算的主要因素已经清楚，工程量完成了一定量后方可进行调整，一个工程只允许调整一次概算。

7.4　设计概算编制案例

【例7-1】　某市拟建一座12 000m² 教学楼，请按给出的工程量和扩大单价表7-6编制出该教学楼土建工程设计概算造价和平方米造价。已知企业管理费费率为人工、材料、机械费用之和的 15%，利润率为人工、材料、机械费用与企业管理费之和的 8%，增值税税率为 10%。

表 7-6　某教学楼土建工程量和扩大单价

分部工程名称	单位	工程量	扩大单价/元
基础工程	10 m³	250	3 600
混凝土及钢筋混凝土	10 m³	260	7 800
砌筑工程	10 m³	470	3 900
地面工程	100 m²	54	2 400
楼面工程	100 m²	90	2 700
屋面工程	100 m²	60	5 500
门窗工程	100 m²	65	9 500
石材饰面	10 m²	150	3 600
脚手架	100 m²	280	900
措施	100 m²	120	2 200
注：表中价格为人工、材料、机械费用，均不含管理费、利润、增值税。			

　　解：根据已知条件和表 7-6 数据及扩大单价，求得该教学楼土建工程概算造价见表 7-7。

表 7-7　某教学楼土建工程概算造价计算表

序号	分部工程或费用名称	单位	工程量	扩大单价/元	合价/元
1	基础工程	10 m³	250	3 600	900 000
2	混凝土及钢筋混凝土	10 m³	260	7 800	2 028 000
3	砌筑工程	10 m³	470	3 900	1 833 000
4	地面工程	100 m²	54	2 400	129 600
5	楼面工程	100 m²	90	2 700	243 000
6	屋面工程	100 m²	60	5 500	330 000
7	门窗工程	100 m²	65	9 500	617 500
8	石材饰面	10 m²	150	3 600	540 000
9	脚手架	100 m²	280	900	252 000
10	措施	100 m²	120	2 200	264 000
A	人工、材料、机械费用小计	以上 9 项之和			7 137 100
B	管理费	A×15%			1 070 565
C	利润	(A+B)×8%			656 613
D	增值税	(A+B+C)×10%			886 428
	概算造价	A+B+C+D			9 750 706
	平方米造价/(元/m²)	9 750 706/12 000			812.56

　　【例 7-2】 假设新建单身宿舍一座，其建筑面积为 3 500 m²，按概算指标和地区材料预算价格等计算出综合单价为 738 元/m²，其中，一般土建工程 640 元/m²，采暖工程

32 元/m²，给水排水工程 36 元/m²，照明工程 30 元/m²。新建单身宿舍设计资料与概算指标相比较，其结构构件有部分变更。设计资料表明，外墙为 1.5 砖外墙，而概算指标中外墙为 1 砖墙。根据当地土建工程预算定额计算，外墙带形毛石基础的综合单价为 147.87 元/m³，1 砖外墙的综合单价为 177.10 元/m³，1.5 砖外墙的综合单价为 178.08 元/m³；概算指标中每 100 m² 中含外墙带形毛石基础为 18 m³，1 砖外墙为 46.5 m³。新建工程设计资料表明，每 100 m² 中含外墙带形毛石基础为 19.6 m³，1.5 砖外墙为 61.2 m³。请计算调整后的概算综合单价和新建宿舍的概算造价。

例 7-2 讲解

解： 对土建工程中结构构件的变更和单价调整，见表 7-8。

表 7-8　结构变更引起的单价调整

序号	结构名称	单位	数量（每 100 m² 含量）	单价/元	合价/元
	土建工程人工、材料、机械费				640
	换出部分				
1	外墙带形毛石基础	m³	18	147.87	2 661.66
2	1 砖外墙	m³	46.5	177.10	8 235.15
	合计	元			10 896.81
	换入部分				
3	外墙带形毛石基础	m³	19.6	147.87	2 898.25
4	1.5 砖外墙	m³	61.2	178.08	10 898.5
	换入合计	元			13 796.75
单位造价修正系数：640−10 896.81/100＋13 796.75/100＝669（元）					

其余的单价指标都不变，因此经调整后的概算综合单价：669＋32＋36＋30＝767（元/m²）。

新建宿舍的概算造价＝767×3 500＝2 684 500（元）

【例 7-3】 某地拟建一工程，与其类似的已完工程单方工程造价为 4 500 元/m²，其中，人工、材料、施工机具使用费分别占工程造价的 15％、55％ 和 10％，拟建工程地区与类似工程地区人工、材料、施工机具使用费差异系数分别为 1.05，1.03 和 0.98。假定以人工、材料、施工机具使用费之和为基数取费，综合费费率为 25％。用类似工程预算法计算拟建工程适用的综合单价。

例 7-3 讲解

解： 先使用调差系数计算出拟建工程的工料单价。

类似工程的工料单价＝4 500×80％＝3 600（元/m²）

在类似工程的工料单价中，人工、材料、施工机具使用费的比重分别为 18.75％、68.75％ 和 12.5％。

拟建工程的工料单价＝3 600×（18.75％×1.05＋68.75％×1.03＋12.5％×0.98）
＝3 699（元/m²）

则：拟建工程适用的综合单价＝3 699×（1＋25％）＝4 623.75（元/m²）

思政育人

经批准的设计概算是控制工程项目投资的最高限额，也是编制建设项目投资计划的依据，为防止出现概算超估算、预算超概算、决算超预算的"三超"风险，国家对设计概算的审核与调整进行严格规定，增强风险防范意识。现代社会是一个充满风险的社会，大到国家、小到每个人，都需要有应对风险与危机的意志力、凝聚力与向心力，致力于将我国建成富强、民主、文明、和谐美丽的社会主义现代化强国。

直通职考 ⟶ 与本项目内容相关的造价师职业资格考试内容及真题。每年动态调整。

直通职考(一级造价师)　　直通职考(二级造价师)

课后训练

一、选择题

1. 下列原因中，不能据以调整设计概算的是(　　)。
   A. 超出原设计范围的重大变更
   B. 超出承包人预期的货币贬值和汇率变化
   C. 超出基本预备费规定范围的不可抗拒重大自然灾害引起的工程变动和费用增加
   D. 超出预备费的国家重大政策性调整

2. 在建设项目各阶段的工程造价中，一经批准将作为控制建设项目投资最高限额的是(　　)。
   A. 投资估算　　　B. 设计概算　　　C. 施工图预算　　D. 竣工结算

3. 按照国家有关规定，作为年度固定资产投资计划、计划投资总额及构成数额的编制和确定依据的是(　　)。
   A. 经批准的投资估算　　　　　　B. 经批准的设计概算
   C. 经批准的施工图预算　　　　　D. 经批准的工程决算

4. 当建设项目为一个单项工程时，其设计概算应采用的编制形式是(　　)。
   A. 单位工程概算、单项工程综合概算和建设项目总概算三级
   B. 单位工程概算和单项工程综合概算二级
   C. 单项工程综合概算和建设项目总概算二级
   D. 单位工程概算和建设项目总概算二级

5. 下列属于单位建筑工程概算的内容的是(　　)。
   A. 一般土建工程概算　　　　　　B. 给水排水、采暖工程概算
   C. 通风、空调工程概算　　　　　D. 弱电工程概算
   E. 电气设备及安装工程概算

6. 某建设项目由若干单项工程构成，应包含在其中某单项工程综合概算中的费用项目是（　　）。

A. 工器具及生产家具购置费　　　　B. 办公和生活用品购置费

C. 研究试验费　　　　　　　　　　D. 基本预备费

7. 在建筑工程初步设计文件深度不够、不能准确计算出工程量的情况下，可采用的设计概算编制方法是（　　）。

A. 概算定额法　　　B. 概算指标法　　　C. 预算单价法　　　D. 综合吨位指标法

8. 审查工程设计概算时，总概算投资超过批准投资估算（　　）以上的，需重新上报审批。

A. 5%　　　　　　　B. 8%　　　　　　　C. 10%　　　　　　　D. 15%

二、计算题

某地拟建一幢建筑面积为 2 500 m² 办公楼。已知建筑面积为 2 700 m² 的类似工程预算成本为 216 万元，其中人工费、材料费、施工机具使用费、企业管理费占预算成本的比重分别为 20%、50%、10%、15%。拟建工程和类似工程地区的人工费、材料费、施工机具使用费、企业管理费之间的差异系数分别是 1.1、1.2、1.3、1.15，综合费费率为 4%，该拟建工程概算造价为多少？

三、简答题

1. 三级概算包括哪些内容？有何区别？

2. 单位建筑工程概算编制方法有哪些？适用条件是什么？

3. 简述概算定额与预算定额的区别与联系。

模块 3　工程招投标阶段造价的管理与控制

在工程建设领域，招投标的目的主要是优选施工单位、签订施工合同，后续的施工阶段实际上是发承包双方履行合同的过程。由此可见，招投标阶段造价的管理与控制直接影响到后续的施工阶段。

本模块以天宇大厦建设为主线，介绍工程招投标阶段造价管理与控制的主要工作。知识架构如下所示。

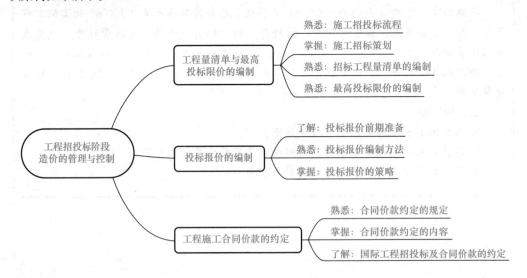

项目 8　工程量清单与最高投标限价的编制

⁂ 学习目标

1. 熟悉招投标流程及各阶段工作内容。
2. 掌握施工招标策划的核心内容。
3. 熟悉工程量清单、最高投标限价的编制要求。

》》 重点难点

招标策划中施工标段的划分。

　　天宇大厦具备招标条件后，通过对企业业绩、实力、人员情况等比选后，确定了一家公司代理施工招标工作。王某与招标代理公司一起做了施工招标策划方案报李总审批后，李总要求招标代理公司按计划的开工日期尽快制定招标流程及关键时间节点，同时又安排造价咨询公司在招标文件发放前完成工程量清单及招标控制价的编制。请思考：

　　(1)施工招标策划包括哪些内容？

　　(2)招投标的关键时间节点有哪些？

　　(3)编制工程量清单和招标控制价时要注意哪些问题？

8.1　施工招投标流程

　　工程招标投标是国际上广泛采用的建设项目业主择优选择工程承包商或材料设备供应商的主要交易方式。《中华人民共和国招标投标法》(以下简称《招标投标法》)和《中华人民共和国政府采购法》是规范我国境内招标采购活动的两大基本法律，在此基础上，2012年2月开始施行的《招标投标法实施条例》和2015年3月开始施行的《政府采购法实施条例》作为两大法律的配套行政法规，对招标投标制度做了补充、细化和完善，进一步健全和完善了我国招标投标制度。招标人和投标人均需按照招标投标法律和法规的规定进行招标投标活动。招标程序是指招标单位或委托招标单位开展招标活动全过程的主要步骤、内容及其操作顺序。

招投标流程

　　《招标投标法》明确规定，招标可分为公开招标和邀请招标两种方式。公开招标与邀请招标在招标程序上的差异主要是使承包商获得招标信息的方式不同，对投标人资格审查的方式不同。公开招标与邀请招标均要经过招标准备、资格审查与投标、开标评标与授标三个阶段。典型的施工招标程序(主要工作步骤和工作内容)见表8-1。

表8-1　施工招标主要工作步骤和工作内容

阶段	主要工作步骤	主要工作内容	
		招标人	投标人
招标准备	项目的招标条件准备	招标人需要完成项目前期研究与立项、图纸和技术要求等技术文件准备、项目相关建设手续办理等工作	组成投标小组进行市场调查投标机会研究与跟踪
	招标审批手续办理	按照国家有关规定需要履行项目审批、核准手续的依法必须进行招标的项目，其招标范围、招标方式、招标组织形式应当报项目审批、核准部门审批、核准	
	组建招标组织	自行建立招标组织或招标代理机构	
	策划招标方案	施工标段划分，合同计价方式、合同类型选择，潜在竞争程度评价，投标人资格要求，评标方法设置要求等	

施工招标方式

阶段	主要工作步骤	主要工作内容	
		招标人	投标人
招标准备	发布招标公告（资格预审公告）或发出投标邀请	明确招标公告（资格预审公告）内容，发布招标公告（资格预审公告）或者选择确定受邀单位，发出投标邀请函	组成投标小组 进行市场调查 投标机会研究与跟踪
	编制标底或确定最高投标限价	自行或委托专业机构编制标底或最高投标限价，完成相关评审并最终确定	
	准备招标文件	编制资格预审文件和招标文件，并完成相关评审或备案手续	
资格审查与投标	发售资格预审文件（实行资格预审）	发售资格预审文件	购买资格预审文件 填报资格预审材料
	进行资格预审（实行资格预审）	分析评价资格预审材料 确定资格预审合格者 通知资格预审结果	回函收到资格预审结果
	发售招标文件	发售招标文件	购买招标文件
	现场踏勘、标前会议（必要时）	组织现场踏勘和标前会议（必要时） 进行招标文件的澄清和补遗	参加现场踏勘和标前会议或自主开展现场踏勘 对招标文件提出质疑
	投标文件的编制、递交和接收	接收投标文件（包括投标保证金或投标保函）	编制投标文件、递交投标文件（包括投标保证金或投标保函）
开标评标与授标	开标	组织开标会议	参加开标会议
	评标	组建评标委员会 投标文件初评（符合性鉴定） 投标文件详评（技术标、商务标评审） 要求投标人提交澄清资料（必要时） 资格后审（实行资格后审） 编写评标报告	提交澄清资料（必要时）
	授标	确定中标选人 公示中标读选人 发出中标通知书 签订施工合同 退还投标保证金	提交履约保函 施工合同 收回投标保证金

8.2 施工招标策划

施工招标策划是指建设单位及其委托的招标代理机构在准备招标文件前，根据工程项目特点及潜在投标人情况等确定招标方案。招标策划的好坏，关系到招标的成败，直接影响投标人的投标报价乃至施工合同价。因此，招标策划对于施工招标投标过程中的工程造价管理起着关键作用。施工招标策划主要包括施工标段划分、合同计价方式及合同类型选择等内容。

8.2.1 施工标段划分

工程项目施工是一个复杂的系统工程，有些项目不能或很难由一个投标人完成，这时需要将该项目分成几个部分进行招标，这些不同的部分就是不同的标段。当然，并不是所有的项目都必须划分标段。标段划分既要满足工程项目的本身特征、管理和投资等方面的需要，又要遵守相关法律法规的规定，并受各种客观及主观因素的影响。

招标策划中
标段的划分

(1)建筑规模。对于占地面积、建筑面积较小的单体建筑物，或者较为集中的建筑单体规模小的建筑群体，可以不分标段；对于建筑规模较大的建筑物，则要按照建筑结构的独立性进行分割划分标段；对于较为分散的建筑群体，可以按照建筑规模大小组合而定标段。

(2)专业要求。如果项目的几部分内容专业要求接近，则该项目可以考虑作为一个整体进行招标，如建筑、装修工程；如果项目的几部分内容专业要求相距甚远，且工作界面可以明晰划分的，应单独设立标段，如弱电智能化、消防、外幕墙、设备安装等。

(3)管理要求。如果一个项目各专业内容相互之间干扰不大，方便招标人对其统一进行管理，就可以考虑对各部分内容分别进行招标；反之，由于专业之间的相互干扰会引起各个承包商之间的协调管理十分困难，这时应当考虑将整个项目发包给一个总承包商，由总包进行分包后统一进行协调管理。

(4)投资要求。标段划分对工程投资也有一定的影响，这种影响是由多方面的因素造成的，但直接影响是由管理费的变化引起的。一个项目整体招标，承包商会根据需要再进行分包，虽然分包的价格比招标人直接发包的价格高，但是总包有利于承包商的统一管理，人工、机械设备、临时设施等可以统一使用，又可能降低费用。因此，应当具体情况具体分析。

(5)各项工作的衔接。在划分标段时还应当考虑项目在建设过程中的时间和空间的衔接，应当避免产生平面或者立面交接工作责任的不清。如果建设项目各项工作的衔接、交叉和配合少，责任清楚，则可考虑分别发包；反之，则应考虑将项目作为一个整体发包给一个承包商，因为此时由一个承包商进行协调管理容易做好衔接工作。

(6)法律要求。《中华人民共和国建筑法》第24条规定，不得将应当由一个承包单位完成的建筑工程肢解成若干部分发包给几个承包单位。这里的"应当"体现在标段的合理划分上，因为标段数量过多，必将增加招标人实施招标、评标、合同管理、工程实施管理的工作量，也会增加现场施工工作界面的交叉干扰数量和管理层级数量，进而影响到整体进度、质量、投资和现场施工管理控制。

总之，应通过合理、科学的划分标段，使标段具有合理适度的规模，既要避免标段规模过小，管理及施工单位固定成本上升，增加招标项目的投资，并有可能导致潜在大型企业、有能力的企业失去参与投标竞争的积极性，又要避免标段规模过大，使符合资格能力条件的竞争单位数量过少而不能进行充分竞争，或者具有资格能力条件的潜在投标单位因受自身施工能力及经济承受能力的限制，而无法保质保量按期完成项目，增加合同履行的风险。

8.2.2 合同类型分类与选择

施工合同中计价方式可分为三种，即总价方式、单价方式和成本加酬金方式。相应的施工合同也称为总价合同、单价合同和成本加酬金合同。

（1）合同类型分类。

1）单价合同。单价合同是发承包双方约定以工程量清单及其综合单价进行合同价款计算、调整和确认的建设工程施工合同。实行工程量清单计价的工程，一般应采用单价合同方式，即合同中的清单综合单价在合同约定的条件内固定不变，超过合同约定条件时，要依据合同约定进行调整；工程量清单项目及工程量依据承包人实际完成且应予计量的工程量确定。

2）总价合同。总价合同是发承包双方约定以施工图及其预算和有关条件进行合同价款计算、调整和确认的建设工程施工合同。总价合同是以施工图为基础，在工程内容明确、发包人的要求条件清楚、计价依据确定的条件下，发承包双方依据承包人编制的施工图预算商谈确定合同价款。当合同约定工程施工内容和有关条件不发生变化时，发包人付给承包人的合同价款总额就不发生变化。当工程施工内容和有关条件发生变化时，发承包双方根据变化情况和合同约定调整合同价款，但对工程量变化引起的合同价款调整应遵循以下原则：若合同价款是依据承包人根据施工图自行计算的工程量确定时，除工程变更造成的工程量变化外，合同约定的工程量是承包人完成的最终工程量，发承包双方不能以工程量变化作为合同价款调整的依据；若合同价款是依据发包人提供的工程量清单确定时，发承包双方依据承包人最终实际完成的工程量（包括工程变更、工程量清单的错、漏）调整确定合同价款。

3）成本加酬金合同。成本加酬金合同是承包双方约定以施工工程成本再加合同约定酬金进行合同价款计算、调整和确认的建设工程施工合同。

（2）合同类型选择。依据计价方式不同，施工合同可分为单价合同、总价合同及成本加酬金合同。合同类型不同，双方的义务和责任不同，各自承担的风险也不尽相同。建设单位应综合考虑以下因素来选择适合的合同类型：

1）工程项目复杂程度。建设规模大且技术复杂的工程项目，承包风险较大，各项费用不易准确估算，因而不宜采用固定总价合同。最好是对有把握的部分采用固定总价合同，估算不准的部分采用单价合同或成本加酬金合同。有时，在同一施工合同中采用不同的计价方式，是建设单位与施工承包单位合理分担施工风险的有效方法。

2）工程项目设计深度。工程项目的设计深度是选择合同类型的重要因素。如果已完成工程项目的施工图设计，施工图纸和工程量清单详细而明确，则可选择总价合同；如果实际工程量与预计工程量可能有较大出入时，应优先选择单价合同；如果只完成工程项目地初步设计，工程量清单不够明确时，则可选择单价合同或成本加酬金合同。

3）施工技术先进程度。如果在工程施工中有较大部分采用新技术、新工艺，建设单位和施工承包单位对此缺乏经验又无国家标准，为了避免投标单位盲目地提高承包价款，或由于对施工难度估计不足而导致承包亏损，不宜采用固定总价合同，而应选用成本加酬金合同。

4）施工工期紧迫程度。对于一些紧急工程（如灾后恢复工程等）要求尽快开工，且工期较紧时，可能仅有实施方案还没有施工图纸，施工承包单位不可能报出合理的价格，此时选择成本加酬金合同较为合适。

总之，对于一个工程项目而言，究竟采用何种合同类型，不是固定不变的。在同一个工程项目中，不同的工程部分或不同阶段可以采用不同类型的合同，在进行招标策划时必须依据实际情况权衡各种利弊，再做出最佳决策。

情景剧视频

招标策划中
合同类型选择

8.3 招标工程量清单的编制

8.3.1 招标工程量清单的作用

工程量清单是载明建设工程分部分项工程项目、措施项目、其他项目的名称和相应数量，以及规费、增值税项目等内容的明细清单。其中，由招标人根据国家标准、招标文件、设计文件及施工现场实际情况编制的，随招标文件发布供投标人投标报价的工程量清单称为招标工程量清单。而构成合同文件组成部分的投标文件中已标明价格，并经承包人确认的工程量清单称为已标价工程量清单。招标工程量清单是编制工程最高投标限价、投标报价、计算或调整工程量、索赔等的依据。投标人根据招标工程量清单进行报价，形成的已标价工程量清单是支付工程款、调整合同价款、办理竣工结算等的关键依据。

8.3.2 招标工程量清单的构成

招标工程量清单作为招标文件的组成部分，主要由分部分项工程量清单、措施项目清单、其他项目清单、规费和增值税项目清单组成。工程量清单编制的成果文件应包括工程量清单封面、总说明、工程项目汇总表、单项工程汇总表、单位工程汇总表、分部分项工程汇总表、措施项目清单表、其他项目清单表、规费和增值税项目清单表等。

(1)分部分项工程量清单的编制。分部分项工程项目清单为闭口清单，未经允许投标人对清单内容不允许做任何更改。分部分项工程项目清单必须载明项目编码、项目名称、项目特征、计量单位和工程量。分部分项工程项目清单必须根据各专业工程计算规范规定的项目编码、项目名称、项目特征、计量单位和工程量计算规则进行编制。其格式见表8-2。在分部分项工程量清单的编制过程中，由招标人负责前六项内容的填列，金额部分在编制最高投标限价或投标报价时分别由招标人或投标人填列。

表8-2　分部分项工程和单价措施项目清单与计价表

序号	项目编码	项目名称	项目特征	计量单位	工程量	综合单价	合价	其中：暂估价
			0101 土石方工程					
1	010101003001	挖沟槽土方	三类土，垫层底宽 2 m，挖土深度<4 m，弃土运距<10 km	m³				
			......					
			分部小计					

(2)措施项目清单的编制。措施项目是指为完成工程项目施工，发生于该工程施工准备和施工过程中的技术、生活、安全、环境保护等方面的项目。措施项目清单应根据相关工程现行国家计算规范的规定编制，并应根据拟建工程的实际情况列项。例如，《房屋建筑与装饰工程工程量计算规范》(GB 50854—2013)中规定的措施项目，包括脚手架工程、混凝土模板及支架(撑)、垂直运输、超高施工增加、大型机械设备进出场及安拆、施工排水、施工降水、安全文明施工及其他措施项目。

措施项目费用的发生与使用时间、施工方法或者两个以上的工序相关,如安全文明施工费,夜间施工,非夜间施工照明,二次搬运,冬、雨期施工,地上、地下设施和建筑物的临时保护设施,已完工程及设备保护等。但是,有些措施项目是可以计算工程量的,如脚手架工程,混凝土模板及支架(撑),垂直运输、超高施工增加,大型机械设备进出场及安拆,施工排水、降水等,这类措施项目按照分部分项工程量清单的方式采用综合单价计价,更有利于措施费的确定和调整。措施项目中可以计算工程量的项目(单价措施项目)宜采用分部分项工程项目清单的方式编制,列出项目编码、项目名称、项目特征、计量单位和工程量(见表 8-2);不能计算工程量的项目(总价措施项目),以"项"为计量单位进行编制(见表 8-3)。

表 8-3 总价措施项目清单与计价表

工程名称: 　　　　　　　　标段: 　　　　　　　第 页 共 页

序号	项目编码	项目名称	计算基础	费率/%	金额/元	调整费率/%	备注
		安全文明施工费	定额人工费				
		夜间施工增加费	定额人工费				
		二次搬运费	定额人工费				

编制人(造价人员): 　　　　　复核人(造价工程师):

措施项目清单的编制需考虑多种因素,除工程本身的因素外,还涉及水文、气象、环境、安全等因素。鉴于工程建设施工特点和承包人组织施工生产的施工装备水平、施工方案及其管理水平的差异,同一工程、不同承包人组织施工采用的施工措施有时是不一致的,所以措施项目清单应根据拟建工程的实际情况列项。若出现清单计算规范中未列的项目,可根据工程实际情况补充。

措施项目清单的编制依据主要有:

1)施工现场情况、地勘水文资料、工程特点;

2)常规施工方案;

3)与建设工程有关的标准、规范、技术资料;

4)拟定的招标文件;

5)建设工程设计文件及相关资料。

(3)其他项目清单的编制。其他项目清单是指分部分项工程量清单、措施项目清单所包含的内容以外,因招标人的特殊要求而发生的与拟建工程有关的其他费用项目和相应数量的清单。工程建设标准的高低、工程的复杂程度、施工工期的长短、工程的组成内容、发包人对工程管理要求等都直接影响其他项目清单的具体内容。其他项目清单包括暂列金额、暂估价(包括材料暂估单价、工程设备暂估单价、专业工程暂估价)、计日工、总承包服务费。其他项目清单宜按照表 8-4 的格式编写,出现未包括在表格中的项目内容,可根据工程实际情况补充。

表 8-4　其他项目清单

工程名称：　　　　　　　　　　标段：　　　　　　　　第　页　共　页

序号	项目名称	金额/元	结算金额	备注
1	暂列金额			
2	暂估价			
2.1	材料(工程设备)暂估价/估算价	—		
2.2	专业工程暂估价/结算价			
3	计日工			
4	总承包服务费			
	合计			

(4)规费和增值税项目清单的编制。规费、增值税项目清单应按照下列内容列项：社会保险费，包括养老保险费、失业保险费、医疗保险费、工伤保险费、生育保险费，住房公积金。出现计价规范中未列的项目，应根据省级政府或省级有关权力部门的规定列项。规费和增值税必须按国家或省级、行业建设主管部门的规定计算不得作为竞争性费用。规费、增值税项目清单与计价表见表 8-5。

表 8-5　规费、增值税项目清单与计价表

工程名称：　　　　　　　　　　标段：　　　　　　　　共　页　第　页

1	规费	定额人工费		
1.1	社会保险费	定额人工费		
(1)	养老保险费	定额人工费		
(2)	失业保险费	定额人工费		
(3)	医疗保险费	定额人工费		
(4)	工伤保险费	定额人工费		
(5)	生育保险费	定额人工费		
1.2	住房公积金	定额人工费		
2	增值税	分部分项工程费＋措施项目费＋其他项目费＋规费－按规定不计税的工程设备金额		
	合计			

8.3.3　招标工程量清单的编制要求

根据《建设工程工程量清单计价规范》(GB 50500—2013)，工程量清单的编制应符合以下要求：

(1)招标人应负责编制招标工程量清单，若招标人不具有编制招标工程量清单的能力，可委托具有工程造价咨询资质的工程造价咨询企业编制。

(2)招标工程量清单是招标文件的重要组成部分，招标人对编制的招标工程量清单的准确性和完整性负责，投标人依据招标工程量清单进行投标报价。

(3)招标工程量清单是招标文件的组成部分，招标人在编制工程量清单时必须做到五个统一，即统一项目编码、统一项目名称、统一计量单位、统一工程量计算规则及统一基本格式。

(4)招标工程量清单与计价表中列明的所有需要填写单价和合价的项目，投标人均应填写且只允许有一个报价。未填写单价和合价的项目，视为此项费用已包含在已标价工程量

清单中其他项目的单价和合价之中。当竣工结算时，此项目不得重新组价予以调整。

8.4 最高投标限价的编制

8.4.1 最高投标限价的概念

最高投标限价又称招标控制价，是招标人根据国家或省级、行业建设主管部门颁发的有关计价依据和办法，依据拟订的招标文件和招标工程量清单，结合工程具体情况发布的对投标人的投标报价进行控制的最高价格。

最高投标限价和标底是两个不同的概念。标底是招标人的预期价格，最高投标限价是招标人可接受的上限价格。招标人不得以投标报价超过标底上下浮动范围作为否决投标的条件，但是投标人报价超过最高投标限价时将被否决。标底需要保密，最高投标限价则需要在发布招标文件时公布。

8.4.2 最高投标限价的作用

最高投标限价的编制可有效限制投资，防止通过围标、串标方式恶性哄抬报价，给招标人带来投资失控的风险。最高投标限价或其计算方法需要在招标文件中明确，因此最高投标限价的编制提高了透明度，避免了暗箱操作等违法活动的产生。

8.4.3 最高投标限价的编制要求

最高投标限价的编制工作本身是一项较为系统的工程活动，编制人员除具备相关造价知识外，还需对工程的实际作业有全面的了解。若将其编制的重点仅仅集中在计量与计价上，忽视了对工程本身系统的了解，则很容易造成最高限价与事实不符的情况发生，使得招标与投标单位都面临较大的风险。最高投标限价的编制内容包括分部分项工程费、措施项目费、其他项目费、规费和增值税，各个部分有不同的计价要求。

(1)分部分项工程费的编制要求。

1)分部分项工程费应根据拟定的招标文件中的分部分项工程量清单及有关要求，按《建设工程工程量清单计价规范》(GB 50500—2013)有关规定确定综合单价计价。

2)工程量依据招标文件中提供的分部分项工程量清单确定。

3)招标文件提供了暂估单价的材料，应按暂估单价计入综合单价。

4)为使最高投标限价与投标报价所包含的内容一致，综合单价中应包括招标文件中要求投标人所承担的风险内容及其范围产生的风险费用，文件中没有明确的，应提请招标人明确。

(2)措施项目费的编制要求。

1)措施项目费中的安全文明施工费应当按照国家或省级、行业建设主管部门的规定标准计价，该部分不得作为竞争性费用。

2)不同工程项目、不同施工单位会有不同的施工组织方法，所发生的措施费也会有所不同。因此，对于竞争性措施项目费的确定，招标人应依据工程特点，结合施工条件和施工方案，考虑其经济性、实用性、先进性、合理性和高效性。

3)措施项目应按招标文件中提供的措施项目清单确定，措施项目可分为以"量"计和以"项"计两种。对于可精确计量的措施项目，以"量"为单位，按其工程量与分部分项工程量清单单价相同的方式确定综合单价；对于不可精确计量的措施项目，则以"项"为单位，采用费率法按有关规定综合取定。

(3)其他项目费的编制要求。

1)暂列金额。暂列金额可根据工程的复杂程度、设计深度、工程环境条件(包括水文、气候条件等)进行估算。

2)暂估价。暂估价中的材料和工程设备单价应按照工程造价管理机构发布的工程造价信息中的材料和工程设备单价计算，如果发布的部分材料和工程设备单价为一个范围，宜遵循就高原则编制最高投标限价；工程造价信息未发布的材料和工程设备单价，其单价参考市场价格估算；暂估价中的专业工程暂估价应分不同专业，按有关计价规定计算。

3)计日工。计日工包括人工、材料和施工机械。在编制最高投标限价时，对计日工单价和施工机械台班单价应按省级、行业建设主管部门或其授权的工程造价管理机构公布的单价计算。

①如果人工单价、费率标准等有浮动范围可供选择时，应在合理范围内选择偏低的人工单价和费率值，以缩小最高投标限价与合理成本价的差距。

②材料应按工程造价管理机构发布的工程造价信息中的材料单价计算，如果发布的部分材料单价为一个范围，宜遵循就高原则编制最高投标限价；工程造价信息未发布的材料单价，其价格应在确保信息来源可靠的前提下，按市场调查、分析确定的单价计算，并取一定的企业管理费和利润。

③未采用工程造价管理机构发布的工程造价信息时，需在招标文件或答疑补充文件中对最高投标限价采用的与造价信息不一致的市场价格予以说明。

④总承包服务费。在编制最高投标限价时，总承包服务费应按照省级或行业建设主管部门的规定计算，或者根据行业经验标准计算。

(4)规费和增值税的编制要求。规费和增值税应按国家或省级、行业建设主管部门的规定计算，不得作为竞争性费用。

思政育人

招投标制度使市场主体在平等条件下公平竞争，优胜劣汰，遵循公开、公平、公正和诚实信用原则，从而实现资源的优化配置。公平正义是衡量一个国家或社会文明发展的尺度，社会公平正义是广大民众追求的一种美好生活状态，也是人们所向往的社会进步的理想目标，古今中外仁人贤士都在追求这种公平正义的美好生活。维护社会公平正义需要从我做起，树立正确的价值观。

 与本项目内容相关的造价师职业资格考试内容及真题。每年动态调整。

直通职考(一级造价师)　　直通职考(二级造价师)

课后训练

一、选择题

1. 在工程项目招标过程中，划分标段时应考虑的因素有(　　)。

A. 管理要求　　　B. 法律要求　　　C. 工地管理

D. 建设资金到位率　　E. 履约保证金的数额

2. 对工艺成熟的一般性项目,设计专业不多时,可考虑采用(   )的发包方式。

    A. 施工总承包　　　B. 平行承包　　　C. 设计施工承包　D. 工程分包

3. 实际工程量与预计工程量可能有较大出入时,建设单位应优先采用的合同计价方式是(   )。

    A. 单价合同　　　　　　　　　　　B. 成本加固定酬金合同

    C. 总价合同　　　　　　　　　　　D. 成本加浮动酬金合同

4. 关于建设工程施工合同类型选择的说法中,下列正确的是(   )。

    A. 建设规模大且技术复杂的工程项目,应当采用固定总价合同

    B. 如果已完成工程项目的施工图设计,施工图纸和工程量清单详细而明确,不宜选择总价合同

    C. 对于一些紧急工程,要求尽快开工且工期较紧时,不宜采用成本加酬金合同

    D. 如果实际工程量与预计工程量可能有较大出入时,应优先选择单价合同

5. 下列工程项目中,不宜采用固定总价合同的有(   )。

    A. 建设规模大且技术复杂的工程项目

    B. 施工图纸和工程量清单详细而明确的项目

    C. 施工中有较大部分采用新技术且施工单位缺乏经验的项目

    D. 施工工期紧的紧急工程项目

    E. 承包风险不大,各项费用易于准确估算的项目

6. 工程量清单是招标文件的组成部分工程量清单的组成不包括(   )。

    A. 分部分项工程量清单　　　　　　B. 措施项目清单

    C. 其他项目清单　　　　　　　　　D. 直接工程费用清单

7. 在工程量清单中,最能体现分部(分项)工程项目自身价值的本质是(   )。

    A. 项目特征　　　B. 项目编码　　　C. 项目名称　　　D. 项目计量单位

8. 关于招标控制价及其编制,下列说法中正确的是(   )。

    A. 招标人不得拒绝高于招标控制价的投标报价

    B. 当重新公布招标控制价时,原投标截止期不变

    C. 经复核认为招标控制价误差大于±3%时,投标人应责令招标人改正

    D. 投标人经复核认为招标控制价未按规定编制的,应在招标控制价公布后5日内提出投诉

9. 根据《建设工程工程量清单计价规范》(GB 50500—2013)的规定,工程量清单的组成内容包括(   )等。

    A. 规费和增值税项目清单表　　　　B. 合同主要条款

    C. 封面　　　　D. 总说明　　　　E. 分部(分项)工程汇总表

二、简答题

1. 在施工招标投标工作中,招标人和投标人都需要完成哪些主要工作?

2. 施工招标策划包括哪些内容?

3. 简述总价合同、单价合同和成本加酬金合同的特点。

4. 招标工程量清单由哪几部分组成?其编制要求有哪些?

5. 最高投标限价的作用是什么?其编制要求有哪些?

项目 9　　投标报价的编制

1. 熟悉投标报价前期的准备工作。
2. 掌握投标报价编制方法。
3. 学会运用投标报价策略。

重点难点

投标报价策略的运用。

🔊 **案例引入**

天宇大厦施工招标工作如期进行，有数十家施工企业前来投标。如果你是施工企业预算员，为提高中标率应如何做好投标报价的编制工作？可采取哪些投标报价策略？

9.1　投标报价前期准备

任何一个施工项目的投标报价都是一项复杂的系统工程，需要周密思考、统筹安排。在取得招标信息后，投标人首先要决定是否参加投标。如果参加投标，即进行一系列前期工作，然后进入询价与编制阶段。

9.1.1　研究招标文件

投标人取得招标文件后，为保证工程量清单报价的合理性，应对投标人须知、合同条件、技术规范、图纸和工程量清单等重点内容进行分析，以满足《招标投标法》中"能够最大限度地满足招标文件中规定的各项综合评价标准"或"能够满足招标文件的实质性要求"的规定。

(1)投标人须知。投标人须知反映了招标人对投标的要求，特别要注意项目的资金来源、投标书的编制和递交、投标保证金、更改或备选方案、评标方法等，重点在于防止投标被否决。

(2)合同分析。

1)合同背景分析。投标人有必要了解与自己承包的工程内容有关的合同背景，了解监理方式，了解合同的法律依据，为报价和合同实施及索赔提供依据。

2)合同形式分析。主要分析承包方式(如分项承包、施工承包、设计与施工总承包和管理承包等)，计价方式(如单价方式、总价方式、成本加酬金方式等)。

3)合同条款分析。其主要包括：承包商的任务、工作范围和责任；工程变更及相应的合同价款调整；付款方式、时间。合同条款分析时要注意关于工程预付款、材料预付款的规定，根据这些规定和预计的施工进度计划，计算出占用资金的数额和时间，从而计算出需要支付的利息数额并计入投标报价。

4)施工工期。合同条款中关于合同工期、竣工工期、部分工程分期交付工期等规定，这是投标人制订施工进度计划的依据，也是报价的重要依据。要注意合同条款中有无工期奖罚的规定，尽可能做到在工期符合要求的前提下报价有竞争力，或在报价合理的前提下工期有竞争力。

5)业主责任。投标人所制订的施工进度计划和做出的报价，都是以业主履行责任为前提的。所以，应注意合同条款中关于业主责任措辞的严密性，以及关于索赔的有关规定。

(3)技术标准和要求分析。工程技术标准是按工程类型来描述工程技术和工艺内容特点，对设备、材料、施工和安装方法等所规定的技术要求，有的是对工程质量进行检验、试验和验收所规定的方法与要求。它们与工程量清单中各子项工作密不可分，报价人员应在准确理解招标人要求的基础上对有关工程内容进行报价。任何忽视技术标准的报价都是不完整、不可靠的，有时可能导致工程承包重大失误和亏损。

(4)图纸分析。图纸是确定工程范围、内容和技术要求的重要文件，也是投标人确定施工方案的主要依据。图纸的详细程度取决于招标人提供的施工图设计所达到的深度和所采用的合同形式。详细的设计图纸可使投标人比较准确地估价，而不够详细的图纸则需要估价人员采用综合估价方法，其结果一般不很精确。

9.1.2 调查工程现场

招标人在招标文件中一般会明确进行工程现场踏勘的时间和地点。投标人对一般区域调查重点注意以下几个方面：

(1)自然条件调查。其主要包括对气象资料，水文资料，地震、洪水及其他自然灾害情况，地质情况等的调查。

(2)施工条件调查。其主要包括：工程现场的用地范围、地形、地貌、地物、高程，地上或地下障碍物，现场的三通一平情况；工程现场周围的道路、进出场条件、有无特殊交通限制；工程现场施工临时设施、大型施工机具、材料堆放场地安排的可能性，是否需要二次搬运；工程现场邻近建筑物与招标工程的间距、结构形式、基础埋深、新旧程度、高度；市政给水及污水、雨水排放管线位置、高程、管径、压力、废水、污水处理方式，市政、消防供水管道管径、压力、位置等；当地供电方式、方位、距离、电压等；当地燃气供应能力，管线位置、高程等；工程现场通信线路的连接和铺设；当地政府有关部门对施工现场管理的一般要求、特殊要求及规定，是否允许节假日和夜间施工等。

(3)其他条件调查。其主要包括各种构件、半成品及商品混凝土的供应能力和价格，以及现场附近的生活设施、治安等情况的调查。

9.1.3 询价

询价是投标报价的基础，它为投标报价提供可靠的依据。投标人在投标报价之前，必须通过各种渠道，采用多种方式获得准确的价格信息，以便在报价过程中对工程材料、施工机具等要素进行及时、正确的定价，从而保证准确控制投资额、节省投资、降低成本。询价时要特别注意两个问题，一是产品质量必须可靠，并满足招标文件的有关规定；二是供货方式、时间、地点，有无附加条件和费用。

(1)询价的渠道。直接与生产厂商联系；了解生产厂商的代理人或从事该项业务的经纪人；了解经营该项产品的销售商；向咨询公司进行询价，通过咨询公司所得到的询价资料比较可靠，但需要支付一定的咨询费用，也可向同行了解；通过互联网查询；自行进行市场调查或信函询价。

（2）生产要素询价。

1）材料询价。其内容包括调查对比材料价格、供应数量、运输方式、保险和有效期、不同买卖条件下的支付方式等。询价人员在施工方案初步确定后，立即发出材料询价单，并催促材料供应商及时报价。收到询价单后，询价人员应将从各种渠道所询得的材料报价及其他有关资料汇总整理。对同种材料从不同经销部门所得到的所有资料进行比较分析，选择合适、可靠的材料供应商的报价，提供给工程报价人员使用。

2）施工机械询价。在外地施工需用的机具，有时在当地租赁或采购可能更为有利，因此事前有必要进行施工机具的询价。必须采购的机械机具，可向供应厂商询价。对于租赁的机械机具，可向专门从事租赁业务的机构询价，并应详细了解其计价方法。

3）劳务询价。其主要有两种情况：一种是成建制的劳务公司，相当于劳务分包，一般费用较高，但素质较可靠，工效较高，承包商的管理工作较轻；另一种是劳务市场招募零散劳动力，根据需要进行选择，这种方式虽然劳务价格低廉，但有时素质达不到要求或工效较低，且承包商的管理工作较繁重。投标人应在对劳务市场充分了解的基础上决定采用何种方式，并以此为依据进行投标报价。

（3）分包询价。总承包商在确定了分包工作内容后，就将分包专业的工程施工图纸和技术说明送交预先选定的分包单位，请他们在约定的时间内报价，以便进行比较选择，最终选择合适的分包人。对分包人询价应注意以下几点：分包标函是否完整，分包工程单价所包含的内容，分包人的工程质量、信誉及可信赖程度，质量保证措施，分包报价。

9.1.4　复核工程量

工程量的大小是投标报价编制的直接依据。在投标时间允许的情况下可以对主要项目的工程量进行复核，对比与招标文件提供的工程量差距，从而考虑相应的投标策略，决定报价尺度。投标人复核工程量，要与招标文件所给的工程量进行对比，应注意以下几个方面：

（1）应认真根据招标说明、图纸、地质资料等招标资料，计算主要清单工程量，复核工程量清单。

（2）为响应招标文件，投标人复核工程量的目的不是修改工程量清单，即使有误，投标人也不能修改工程量清单中的工程量。对于工程量清单中存在的错误，投标人可以向招标人提出，由招标人统一修改并把修改情况通知所有投标人。

（3）针对工程量清单中工程量的遗漏或错误，是否向招标人提出修改意见取决于投标策略。投标人可以运用一些报价技巧提高报价质量，以此获得更大的收益。

（4）通过工程量计算复核能准确地确定订货及采购物资的数量，防止由于超量或少购带来的浪费、积压和停工待料。同时，形成对整个工程施工规模的整体概念，并据此投入相应的劳动力数量，采用合适的施工方法，选择适用的施工设备等。

9.1.5　制定项目管理规划

项目管理规划是工程投标报价的重要依据，应分为项目管理规划大纲和项目管理实施规划。当承包商以编制施工组织设计代替项目管理规划时，施工组织设计应满足项目管理规划的要求，具体细则见《建设工程项目管理规范》（GB/T 50326—2017）。

9.2　投标报价编制方法

投标报价的编制过程，应首先根据招标人提供的工程量清单编制分部分项工程和措施项目清单计价表、其他项目清单与计价汇总表、规费、增值税项目计价表，计算完毕之后，汇总得到单位工程投标报价汇总表，再逐层汇总，分别得出单项工程投标报价汇总表、建设工程项目投标总价汇总表和投标总价。在编制过程中，投标人应按招标人提供的工程量清单填报价格。填写的项目编码、项目名称、项目特征、计量单位、工程数量必须与招标人提供的一致。

9.3 投标报价的策略

投标报价策略是指投标人在投标竞争中的系统工作部署及参与投标竞争的方式和手段。对投标人而言，投标报价策略是投标取胜的重要方式、手段和艺术。投标报价策略可分为基本策略和报价技巧两个层面。

9.3.1 基本策略

(1)可选择报高价的情形。投标单位遇到下列情形时，其报价可高一些：施工条件差的工程(如条件艰苦、场地狭小或地处交通要道等)；专业要求高的技术密集型工程且投标单位在这方面有专长，声望也较高；总价低的小工程，以及投标单位不愿做而被邀请投标，又不便不投标的工程；特殊工程，如港口码头、地下开挖工程等；投标对手少的工程；工期要求紧的工程；支付条件不理想的工程。

(2)可选择报低价的情形。投标单位遇到下列情形时，其报价可低一些：施工条件好的工程，工作简单、工作量大但其他投标人都可以做的工程(如大量土方工程、一般房屋建筑工程等)；投标单位急于打入某一市场、某一地区，或虽已在某一地区经营多年，但即将面临没有工程的情况，机械设备无工地转移时；附近有工程而本项目可利用该工程的设备、劳务或有条件短期内突击完成的工程；投标对手多，竞争激烈的工程；非急需工程；支付条件好的工程。

9.3.2 报价技巧

报价技巧是指投标中具体采用的对策和方法，常用的方法有不平衡报价法、多方案报价法、无利润报价法和突然降价法等。

(1)不平衡报价法。不平衡报价法是指在不影响工程总报价的前提下，通过调整内部各个项目的报价，以达到既不提高总报价、不影响中标，又能在结算时得到更理想的经济效益的报价方法。

(2)多方案报价法。多方案报价法是指在投标文件中报两个价：一个是按招标文件的条件报价；另一个是加注解的报价，即如果某条款做某些改动，报价可降低多少，以此降低总报价，吸引招标人。

(3)无利润报价法。对于缺乏竞争优势的承包单位，在不得已时可采用根本不考虑利润的报价方法，以获得中标机会。

(4)突然降价法。先按照一般情况报价或表现出自己对该工程兴趣不大，等到投标截止时，再突然降价。采用此报价方法，可以迷惑对手，提高中标概率。但对投标单位的分析判断和决策能力要求较高。

(5)增加建议方案法。招标文件中有时规定，可提一个建议方案，即可以修改原设计方案，提出投标单位的方案。这时投标单位应抓住机会，组织一批有经验的设计师和施工工程师，仔细研究招标文件中的设计和施工方案，提出更为合理的方案以吸引建设单位，促进自己的方案中标。

(6)其他报价技巧。针对计日工、暂定金额、可供选择的项目使用不同的报价手段，以此获得更高收益。同时，投标报价中附带优惠条件也是一种行之有效的手段。另外，投标单位可采用分包商的报价，将分包商的利益与自己捆绑在一起，不但可以防治分包商事后反悔和涨价，还能迫使分包商报出较合理的价格，以便共同争取中标。

思政育人

在投标过程中，投标文件的编制起着至关重要的作用，评委能从一份投标文件中较为全面地看到投标人的综合实力。而投标文件编制水平的高低直接影响了中标结果，现实中的"废标"现象很多就是编制人员不细心导致投标文件出现错误引起的，如未按招标文件要求签名、盖章；未按招标文件要求装订、投标报价中规费和税金未按规定计取等。正如习近平总书记勉励青年大学生"志存高远、脚踏实地"，既要有远大理想、有崇高的追求，同时也要踏实务实、从小事做起，戒骄戒躁。

 与本项目内容相关的造价师职业资格考试内容及真题。每年动态调整。

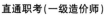

直通职考(一级造价师)　　直通职考(二级造价师)

课后训练

一、选择题

1. 施工投标报价的主要工作有：①复核工程量；②研究招标文件；③确定基础标价；④编制投标文件。其正确的工作流程是(　　)。
   A. ①②③④　　　B. ②③①④　　　C. ①②④③　　　D. ②①③④
2. 投标人为使报价具有竞争力，有关生产要素询价的做法，下列正确的是(　　)。
   A. 在投标报价之后进行询价　　　B. 尽量向咨询公司进行询价
   C. 不论何时何地尽量使用自有机械　　　D. 劳务市场招募零散工有利于管理
3. 建设工程施工投标报价程序中，确定基础标价的紧后工作是(　　)。
   A. 标书编制　　　　　　　　　B. 选择报价策略调整标价
   C. 招标文件研究　　　　　　　D. 计算投标报价
4. 材料询价的内容包括(　　)。
   A. 材料价格　　　B. 供应数量　　　C. 运输方式
   D. 保险和有效期　　　E. 种类和销量
5. 研究招标文件应做的工作包括(　　)。
   A. 研究工程量清单和技术规范　　　B. 熟悉并详细研究设计图样
   C. 研究合同主要条款　　　　　　　D. 调查投标环境
   E. 熟悉投标单位须知

6. 招标人在招标文件中一般会明确进行工程现场踏勘的时间和地点。投标人对一般区域调查应重点注意的是（　　）。

    A. 自然条件调查

    B. 施工条件调查

    C. 市场条件调查

    D. 现场附近的生活设施、治安等情况的调查

7. 某投标单位急于打入某一地区的市场时，可选择的报价策略有（　　）。

    A. 选择报高价   B. 选择多方案报价   C. 选择突然降价法   D. 选择报低价

8. 投标人复核工程量清单时，要注意哪些方面？（　　）

    A. 计算全部清单工程量

    B. 发现工程量清单有错误时直接修改

    C. 发现工程量清单遗漏或错误时，必须向招标人提出修改意见

    D. 对于工程量清单中存在的错误，可以向招标人提出，由招标人统一修改并将修改情况通知所有投标人

二、简答题

1. 投标人在对招标文件中的合同进行分析时，主要应从哪几个方面进行？

2. 投标报价的策略与技巧有哪些？每种策略的适用条件是什么？

3. 简述投标报价的编制方法。

项目 10　　工程施工合同价款的约定

学习目标

1. 知道签约合同价与中标价的关系。

2. 掌握合同价款约定的主要内容。

3. 了解国际工程合同价款的约定。

重点难点

合同价款约定的主要内容。

案例引入

通过公开招标，省五建中标天宇大厦 A 标段的施工。恒信公司与省五建各派代表进行了合同商谈，在谈判过程中对合同经济条款进行了详细的约定。请思考：

(1)发承包双方应在合同条款中对哪些事项进行约定？

(2)谈判人员应掌握哪些谈判策略？

10.1 合同价款约定的规定

合同价款是合同文件的核心要素，建设项目无论是招标发包还是直接发包，合同价款的具体数额均在"合同协议书"中载明。

10.1.1 签约合同价与中标价的关系

签约合同价是指合同双方签订合同时在协议书中列明的合同价格，对于以单价合同形式招标的项目，工程量清单中各种价格的总计即合同价。合同价就是中标价。因为中标价是指评标时经过算术修正的，并在中标通知书中申明招标人接受的投标价格。法理上，经公示后招标人向投标人所发出中标通知书(投标人向招标人回复确认中标通知书已收到)后，中标的中标价就受到法律保护，招标人不得以任何理由反悔。这是因为，合同价格属于招标投标活动中的核心内容，根据《招标投标法》第四十六条有关"招标人和中标人应当……按照招标文件和中标人的投标文件订立书面合同，招标人和中标人不得再行订立背离合同实质性内容的其他协议"的规定，发包人应根据中标通知书确定的价格签订合同。

合同经济
条款约定(上)

10.1.2 合同价款约定的时限及规定

招标人和中标人应当在投标有效期内，并在自中标通知书发出之日起30天内，按照招标文件和中标人的投标文件订立书面合同。中标人无正当理由拒签合同的，招标人取消其中标资格，其投标保证金不予退还；给招标人造成的损失超过投标保证金数额的，中标人还应当对超过部分予以赔偿。发出中标通知书后，招标人无正当理由拒绝签合同的，招标人向中标人退还投标保证金，给中标人造成损失的，还应当赔偿损失招标人。

10.2 合同价款约定的内容

10.2.1 合同价款类型的选择

实行招标的工程，合同价款应由发承包双方依据招标文件和中标人的投标文件在书面合同中约定。合同约定不得违背招标、投标文件中关于工期、造价、质量等方面的实质性内容。招标文件与中标人投标文件不一致的地方应以投标文件为准。不实行招标的工程，合同价款应在发承包双方认可的工程价款基础上，由发承包双方在合同中约定。

根据《建设工程工程量清单计价规范》(GB 50500—2013)的规定：实行工程量清单计价的工程，应采用单价合同；建设规模较小，技术难度较低，工期较短，且施工图设计已审查批准的建设工程可采用总价合同；紧急抢险、救灾及施工技术特别复杂的建设工程可采用成本加酬金合同。

合同经济
条款约定(下)

10.2.2 合同价款约定的主要内容

发承包双方应在合同条款中对下列事项进行约定：
(1)预付工程款的数额、支付时间及抵扣方式；
(2)安全文明施工措施的支付计划、使用要求等；
(3)工程计量与支付进度款的方式、数额及时间；
(4)合同价款的调整因素、方法、程序、支付及时间；
(5)索赔的程序、金额确认与支付时间；
(6)承担计价风险的内容、范围；
(7)竣工结算编制与审核、支付时间；

(8)工程质量保证金的数额、预留方式及时间；

(9)违约责任及发生工程价款争议的解决方法及时间；

(10)与履行合同、支付价款有关的其他事项等。

10.2.3 预付款的数额、支付时间及抵扣方式

工程预付款是指建设工程施工合同订立后，由发包人按照合同约定，在正式开工前预先付给承包人的工程款，是施工准备和所需材料、结构件等流动资金的主要来源，国内习惯上又称为预付备料款。在施工合同专用条款中，一般要对以下内容进行约定：

(1)支付比例或金额。

1)根据工程类型及承包范围，包工包料工程的预付款比例不低于合同额(扣除暂列金额)的10%，不高于合同额(扣除暂列金额)的30%；形式可以是绝对数或额度(百分数)。如"工程预付款为50万元""工程预付款为合同金额的10%"。

2)对于先期材料用量大的项目，也可利用下列公式计算预付款数额：

$$工程预付款数额=\frac{年度工程造价×材料比例(\%)}{年度施工天数}×材料储备定额天数 \qquad (10-1)$$

式中，年度施工天数按365日历天；材料储备定额天数由当地材料供应的在途天数、加工天数、整理天数、供应间隔天数、保险天数等因素决定。

【例10-1】 某工程合同总价为5 000万元，合同工期为180天，材料费占合同总价的60%，材料储备定额天数为25天，材料供应在途天数为5天，则预付款为多少万元？

解： 工程预付款数额$=\frac{5\,000×60\%}{180}×25=417(万元)$

(2)支付期限。预付款最迟应在开工通知载明的开工日期7天前支付。发包人逾期支付预付款超过7天的，承包人有权向发包人发出要求预付的催告通知，发包人收到通知后7天内仍未支付的，承包人有权暂停施工。用时间轴表示如图10-1所示。

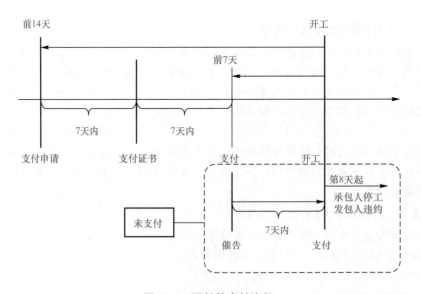

图10-1 预付款支付流程

(3)预付款扣回方式。预付款是发包人为帮助承包人顺利启动项目而提供的一笔无息贷款，属于预支性质，因此，合同中要约定抵扣方式，在进度款支付时按此约定方式扣回。扣款方法有以下两种：

1)双方在合同中直接约定：在承包人完成金额累计达到合同总价的一定比例后，发包人从每次应付给承包人的金额中扣回，发包人至少在合同规定的完工期前将预付款的总金额逐次扣回。

2)双方约定利用公式计算起扣点：是指从未施工工程尚需的主要材料及构件的价值相当于工程预付款数额时起扣，此后每次结算工程款时，按材料所占比重扣减工程，至竣工前全部扣清。其计算公式为

$$T = P - \frac{M}{N} \tag{10-2}$$

微课
预付款担保

式中　T——起扣点（即预付款开始扣回时）的累计完成工程额；

　　　P——承包合同总额；

　　　M——工程预付款总额；

　　　N——主要材料及构件所占比重（双方合同中约定）。

在应用公式计算预付款扣还时，要特别注意第一次（起扣月）和最后一次的扣还额。其计算公式为

$$\text{第一次（起扣月）扣还预付款额} = \left(\sum_{i=1}^{t} T_i - T\right) \times N \tag{10-3}$$

$$\text{第二次及以后各次扣还预付款额} = T_i \times N \tag{10-4}$$

$$\text{最后一次扣还预付款额} = M - \text{以前个月扣还预付款的总额} \tag{10-5}$$

式中　T_i——第 i 月已完工程款；

　　　t——开工月份至起扣月之间的时间（月）；

　　　T——起扣点；

　　　N——主要材料及构件所占比重（双方合同中约定）；

　　　$\sum\limits_{i=1}^{t} T_i$——开工至起扣月之间已完工程款的总额。

难题讲解
例10-2讲解

【例10-2】　某建设项目施工合同2月1日签订，合同总价为6 000万元，合同工期为6个月，双方约定3月1日正式开工。合同中规定：预付款为合同总价的30%，工程预付款应从未施工工程尚需主要材料及构配件价值相当于工程预付款数额时起扣，每月以抵充工程款方式陆续收回（主要材料及设备费比重为60%）。物价指数与各月工程款数据见表10-1。问题：预付款是多少万元？应以第几个月起扣？如何扣？

表10-1　工程结算数据

项目	3月	4月	5月	6月	7月	8月
计划工程款	1 000	1 200	1 200	1 200	800	600
实际工程款	1 000	800	1 600	1 200	860	580
人工费指数	100	100	100	103	115	120
材料费指数	100	100	100	104	130	130

解：预付款：6 000×30%＝1 800（万元）

起扣点：6 000－1 800/0.6＝3 000（万元），因3、4、5月累计工程款为3 400万元，故从5月起扣。

5月扣：(3 400－3 000)×60%＝240（万元）

6月扣：1 200×60%＝720（万元）

7月扣：860×60%＝516（万元）

8月扣：1 800－(240＋720＋516)＝324（万元）

10.3　国际工程招投标及合同价款的约定

国际工程承包是指一个国家的政府部门、公司、企业或项目所有人委托国外的工程承包人负责按规定的条件承担某项工程任务。近年来，随着"一带一路"倡议的不断推进，沿线国家诸多大型工程正在大批兴建，为实施"走出去"战略、开拓国际市场创造了良好的机遇，同时在工程承包过程中成功的招投标经验和有效地合同纠纷处理，也为国际工程承包合同价款的约定提供了典型示范作用。在国际工程中，通过招标选择承包商是最重要的发包方式，许多国际机构都制定了招投标程序，其中世界银行的招投标程序最为完善、最有影响、适用范围也最大。

10.3.1　世界银行贷款项目的采购原则

世界银行贷款项目的采购原则和采购程序由《国际复兴开发银行贷款和国际开发协会信贷采购指南》(以下简称《采购指南》)规定，既适用于土建工程，也适用于货物和咨询服务，其基本原则为：在项目采购中，必须注意经济性和效率性；世界银行贷款项目为合格的投标人承包项目提供平等的竞争机会，无论投标人来自发达国家还是发展中国家；世界银行作为一个开发机构，其贷款项目应促进借款国的制造业和承包业的发展。

10.3.2　国际竞争性招标

微课

鲁布革水
电站工程

国际竞争性招标(International Competitive Bidding，ICB)，是指邀请世界银行成员国的承包商参加投标，从而确定最低评标价的投标人为中标人，并与之签订合同的整个程序和过程。世界银行贷款项目采购程序如下：

(1)总采购公告。公开通告投标机会是世界银行及其他国际开发机构所要求的，目的是使所有合格而且有能力、符合要求的投标人不受歧视地能有公平的投标机会，同时，使业主或购货人能进一步了解市场供应情况，有助于经济、有效地达到采购的目的。世界银行要求，贷款项目中心以国际竞争性方式采购的货物和工程，借款人必须准备并交世界银行一份总采购公告。

(2)资格预审和资格定审。凡采购大而复杂的工程，以及在例外情况下采购专为用户设计的复杂设备或特殊服务，在正式投标前宜先进行资格预审，对投标人是否有资格和能力承包这项工程或制造这种设备先期进行审查，以便缩小投标人的范围。资格预审首先要确定投标人是否有投标资格(Eligibility)，在有优惠待遇的情况下，也可确定其是否有资格享受本国或地区优惠待遇。经过评审后，凡符合标准的，都应准予投标，而不应限定预审合格的投标人的数量。

资格预审一结束，就应将招标文件发给预审合格的投标人，其间的时间间隔不宜太长。因为相距时间太长，时过境迁，原来已合格的可能不再合格，原来不合格的可能又具备了合格条件，这样，正式投标时将不得不重新进行资格预审或至少再进行资格定审。资格定审的标准应在招标文件中明确规定，其内容与资格预审的标准相同。如果评标价最低的投标人不符合资格要求，就应拒绝这一投标，而对次低标的投标人进行资格定审。

(3)准备招标文件。招标文件的各项条款应符合《采购指南》的规定。世界银行虽然并不"批准"招标文件，但需其表示"无意见"(No objection)后招标文件才可以公开发售。招标文件的内容必须明白确切，应说明工程内容、工程所在地点、所需提供的货物、交货及安装地点、交货或竣工进程表、保修和维修要求、在评标时除报价外需考虑的其他因素及其他有关的条件和条款。如有必要，招标文件还应规定将采用的测试标准及方法，用以测定交付使用的设备是否符合规格要求。如果允许对设计方案、使用原材料、支付条件、竣工日程等提出替代方案，招标文件应明确说明可以接受替代方案的条件和评标方法。招标文件发出后如有任何补充、澄清、勘误或更改，包括对投标人提出的问题所做出的答复，都必须在距投标截止期足够长的时间以前，发送原招标文件的每一个收件人。

(4)具体合同招标广告(投标邀请书)。除总采购通告外，借款人应将具体合同的投标机会及时通知国际社会。为此，应及时刊登具体合同的招标广告，即投标邀请书。鼓励刊登在联合国《发展商务报》上，至少应刊登在借款人国内广泛发行的一种报纸上，如有可能也应刊登在官方公报上。招标广告的副本，应转发给有可能提供所需采购的货物或工程的合格国家的驻当地代表(如使馆的商务处)，也应发给那些看到总采购通告后表示感兴趣的国内外厂商。一般从刊登招标广告或发售招标文件(两个时间中以较晚的时间为准)算起，给予投标商准备投标的时间不得少于45天。

(5)开标。在招标文件"投标人须知"中应明确规定投交标书地址、投标截止时间和开标时间及地点。提交标书的方式不得加以限制(如规定必须寄交某邮政信箱)，以免延误。开标时间一般应是投标截止时间或紧接在截止时间之后。招标人应按规定时间当众开标，标书是否附有投标保证金或保函也应当众读出，不能因为标书未附投标保证金或保函而拒绝开启。标书的详细内容是不可能也不必全部读出的。开标应做出记录，列明到会人员及宣读的有关标书的内容。开标时一般不允许提问或做任何解释，但允许记录和录音。在投标截止期以后收到的标书，尤其是已经开始宣读标书以后收到的标书，无论出于何种原因，都加以拒绝。

上述公开开标的程序是竞争性招标最常采用的开标程序，也是世界银行要求其贷款项目采用国际竞争性招标方法时必须遵循的程序。公开开标也有其他变通办法，如"两个信封制度"(Two Envelope System)，即要求投标书的技术性部分密封装入一个信封，将报纸装入另一个密封信封。第一次开标会时先开启技术性标书的信封；然后将各投标人的标书交评标委员会评比，视其是否在技术方面符合要求。这一步骤所需时间短至几小时，长至几个星期。如标书在技术上不符合要求，即通知该标书的投标人。第二次开标会时再将技术上符合要求的标书报价公开读出。技术上不符合要求的标书，其第二个信封不再开启。如果采购合同简单，两个信封也可能在一次会议上先后开启。

(6)评标。评标主要有审标、评标、资格定审三个步骤。

1)审标。审标是先将各投标人提交的标书就一些技术性、程序性的问题加以澄清并初步筛选。例如，投标人是否具备投标资格，是否附有要求缴纳的投标保证金，是否已规定签字，是否在主要方面均符合招标文件提出的要求，是否有重大的计算错误，其他方面是否都符合规定等。

2)评标。按招标文件所明确规定的标准和评标方法，评定各标书的评标价。评标时既要考虑报价，也要考虑其他因素。投标书如有各种与招标文件所列要求非重大偏离者，应按招标文件规定办法在评标中加以计算。有些问题则可以通过双方一同举行澄清会议，寻求一致意见，加以解决。然后按评标价高低，由低至高，评定各标书的评标次序。

3)资格定审。如果未经资格预审，则应对评标价最低的投标人进行资格定审。定审结果，如果认定该投标人有资格，又有足够的人力、财力资源承担合同任务，就应报送世界银行，建议授予合同。如发现该投标人不符合要求，则再对评标价次低的投标人进行资格定审。

评标只是对标书的报价和其他因素，以及标书是否符合招标程序要求和技术要求进行评审，而不是对投标人是否具备实施合同的经验、财务能力和技术能力的资格进行评审。

对投标人的资格审查应在资格预审或资格定审中进行。在评标考虑的因素中，不应将属于资格审查的内容包括进去。

（7）授予合同或拒绝所有投标。按照招标文件规定的标准，对所有符合要求的标书进行评标，得出结果后，应将合同授予其标书评标价最低，并有足够的人力、财力资源的投标人。在正式授予合同之前，借款人应将评标报告，连同授予合同的建议，送交世界银行审查，征得其同意。招标文件一般都规定借款人有拒绝所有投标的权利。

（8）合同谈判和签订合同。中标人确定后，应尽快通知中标的投标人准备谈判。在正式通知授予合同后，业主或购货人就须与承包商或供应商进行合同谈判。但合同谈判并不是重新谈判投标价格和合同双方的权利与义务，因为对投标价格必要的调整已在评标的过程中确定；双方之间的权利与义务及其他有关商务条款，招标文件中都已明确规定。而且《采购指南》还规定："要求投标人承担技术规格书中没有规定的工作责任，也不得要求其修改投标内容作为授予合同的条件"。也就是说，合同价格是不容谈判的，也不得在谈判中要求投标人承担额外的任务。但有些技术性或商务性的问题是可以而且应该在谈判中确定的。例如，原招标文件中规定采购的设备、货物或工程的数量可能有所增减，合同总价也随之可按单价计算而有增减；投标人的投标，对原招标文件中提出的各种标准及要求，总会有一些非重大性的差异。如技术规格上某些的差别，交货或完工时间提前或推迟，工程预付款的多少及支付条件，损失赔偿的具体规定，价格调整条款及所依据的指数的确定等，都应在谈判中进一步明确。

合同谈判结束，中标人接到授标信后，即应在规定时间内提交履约担保。双方应在投标有效期内签署合同正式文本，一式两份，双方各执一份，并将合同副本送世界银行。

（9）采购不当。如果不按照借款人与世界银行在贷款协定中商定的采购程序进行采购，世界银行的政策就认为这种采购属于"采购不当"。世界银行将不支付货物或工程的采购价款，并将从贷款中取消原分配给此项采购的那一部分贷款额。

10.3.3　承揽国际工程时投标报价计算

国际上既没有统一的概预算定额，也没有统一的预算价格和取费标准，报价完全由投标人根据招标文件、技术规范、工程所在国有关的法律法规、税收政策、市场信息、现场情况及自己的技术力量、经营管理水平、投标策略等动态因素和恰当的计算方法来确定，力求计算出既能在竞争中获胜又能盈利的标价。

国际工程招标一般采用最低价中标或合理低价中标方式，工程投标报价可分为准备阶段和标价计算阶段的工作。准备阶段的工作包括组织报价小组、研究招标文件、参加标前会议及工程现场勘察、编制施工规划、核算工程量及工程询价。标价计算阶段的工作有基础单价的计算、直接费与间接费的计算、分项工程单价计算、标价汇总、标价分析与调整及报价策略等。投标标价由直接费用、间接费用、利润和风险费等其他费用组成。

（1）直接费的计算。直接费是由工程本身因素决定的费用，其构成受市场现行物价影响，但不受经营条件的影响。在直接费的计算中，主要的是确定人工、材料、机械台班的单价。

1）人工工日单价的计算。人工工日单价需根据工人来源情况确定。在国外承包工程，人工工日单价就是指国内派出工人和当地雇用工人的平均工资单价。这是以工程用工量和两种工人完成工日所占比例进而加权得到的平均工资单价。考虑工效的综合人工工日单价，计算公式为

综合人工工日单价＝国内派出工人人工工日单价×国内工人工日占总工日数百分比/工
　　　　　　　　效比＋雇用当地工人人工工日单价×当地工人工日占总工日百分
　　　　　　　　比/工效比　　　　　　　　　　　　　　　　　　　　　　　　（10-6）

①国内派出工人人工工日单价。其计算公式为

国内派出工人人工工日单价＝一个工人出国的总费用/出国工作天数 （10-7）

出国期间的总费用包括出国准备到回国修整结束后的全部费用。主要包括：国内工资，包括标准工资、附加工资和补贴；派出工人的企业收取的管理费；服装费、卧具及住房费；国内、国际差旅费；国外津贴费和伙食费；奖金及加班费；福利费；工资预涨费，按国内现行工资规定计算(工期较短的工程可不考虑)；保费，按当地工人保险费标准计算。

②国外雇用工人人工工日单价。主要包括：基本工资，按当地政府或市场价格计算；带薪法定假日、带薪休假日工资，若月工资未包括此项，应另行计算；夜间施工享加班的增加工资；税金和保险费，按当地规定计算；雇工招募和解雇应支付的费用，按当地规定计算；工人上下班交通费，按当地规定和雇用合同规定计算。

2)材料、设备单价的计算。国外承包工程中的材料、设备的来源渠道有三种，即当地采购、国内采购和第三国采购。承包商在材料、设备采购中，采用何种采购方式，要根据材料、设备的价格、质量、供货条件、技术规范标准和当地有关规定等情况来确定。

①当地采购的材料、设备单价的计算。在国际工程中，当地材料商供应到现场的材料、设备单价一般以材料商的报价为依据，并考虑材料预涨费(当工期较长时)的因素，综合计算单价。自行采购的材料、设备单价的计算公式为

材料、设备单价＝市场价格＋运杂费＋采购保管费＋运输保管损耗费 （10-8）

②本国或第三国采购的材料、设备单价的计算。与直接从国外进口和当地购买进口商品相比，在本国或第三国采购的材料、设备价格更为便宜。但是，直接从国外进口材料，又受其海关税、港口税和进口数量等因素的影响，因此，要对比后做出决策，其价格计算公式为

材料、设备单价＝到岸价格＋海关税＋港口费＋运杂费＋运输保管损耗费＋其他费

（10-9）

3)施工机械台班单价的计算。在计算施工机械台班单价时，基本折旧费的计算一般应根据当时的工程情况考虑5年折旧期，较大工程甚至一次折旧完毕。因此，也就不计算大修理费用。在国外承包工程，承包商必须在开工时投入资金自行购买施工机械(除去租赁机械)。施工机械台班单价一般采用两种方法计算：一种是单列机械费用，即把施工中各类机械的使用台班(或台时)与台班单价相乘，得出机械费；另一种是根据施工机械使用的实际情况，分摊台班费。单列机械费时的台班单价的计算公式为

台班单价＝(年基本折旧费＋运杂费＋装拆费＋维修费＋保险费＋机上人工费＋

运力燃料费＋管理费＋利润)/年台班数 （10-10）

(2)间接费的计算。国际工程的间接费项目多、费率变化大，标价的高低几乎取决于间接费的取费。在计算间接费之前，应仔细研究招标文件中是否已列入了相关的费用，如临时道路费、保险费等，如已计列就不再计入间接费中。不同的工程，间接费包括的内容可能有所不同，常见的费用包括以下几种：

1)投标期间开支的费用，如购买招标文件费、投标期间差旅费、投标文件编制费等。

2)保函手续费，如承包工程的履约保函、预付款保函、保留金保函等。在为承包商出具这些保函时，银行要按保函金额收取一定的手续费，如中国银行一般收取保函金额0.4％～0.6％的年手续费；外国银行一般收取保函金额1％的年手续费。

3)保险费。承包工程中一般保险项目有工程保险、施工机械保险、第三者责任险、人身意外保险、材料和永久设备运输保险、施工机械运输保险。其中，后三种保险已计入人工、材料和永久设备、施工机械单价中，不能重复计算；而工程保险、第三者责任险、施

工机械保险、人身意外保险的费用，一般为合同总价的 0.5%～1.0%。

4)税金。税金应按招标文件规定及工程所在国的法律计算。如承包国外工程时，由于各国对承包工程的征税办法及税率相差极大，应预先做好调查。一般常见的税金项目有合同税、利润所得税、增值税、社会福利税、社会安全税、养路及车辆牌照税、关税、商检等。上述税种中额度最大的是利润所得税或增值税，有的国家分别达到 30%或 40%以上。

5)经营业务费。其主要包括工程师费(承包商为工程师创造的现场工作、生活条件而发生的开支)、代理人佣金、法律顾问费。

6)临时设施费。有的招标文件将临时设施费单独立项记入总价。

7)贷款利息。其主要是指承包商为筹集维持正常施工预先垫付的流动资金所支付的利息。对于规模大、施工周期长而支付条件苛刻的项目，承包商在报价时对这笔费用应认真核算。

8)施工管理费。其包括现场职员工资和补贴、办公费、旅差费、医疗费、文体费、业务经营费、劳动保护费、生活用品费、固定资产使用费、工具用具使用费、检验和试验费等，应根据实际需要逐项计算其费用，一般情况下为投标总价的 1%～2%。

(3)其他费用的计算。其他费用包括分包费、暂定金额、上级单位管理费、利润及风险费用等。

1)分包费。在国际工程标价中，对分包费的处理有两种方法：一种方法是将分包费列入直接费中，即考虑间接费时包含了对分包的管理费；另一种方法是将分包费与直接费、间接费平行并列，在估算分包费时适当加入对分包商的管理费即可。

2)暂定金额。暂定金额是指发包人在招标文件中并在工程量清单中以备用金标明的金额，是供任何部分施工，或提供货物、材料、设备及服务，或供不可预料事件使用的一项金额。投标人的投标报价中只能把暂定金额列入工程总报价，不能以间接费的方式分推进入各项目单价中。承包商无权使用此金额，而是按工程师的指示来决定是否动用。

3)上级单位管理费。上级单位管理费是指上级单位管理部门或公司总部对现场施工项目经理部收取的管理费，一般按工程直接费的 3%～5%收取。

4)盈余。盈余包括利润和风险费两部分。利润可根据工程具体情况灵活确定，也可根据投标策略可高可低，若采用低利政策则可将毛利定在 5%～10%，风险费是承包商对未知的诸如物价上涨、各种不可预见事件的发生的金额。在风险费估计不足时，就要由承包商从预计获得的利润中来补贴。因此，承包商的标价中一定要认真预测利润率和风险费率，这既涉及承包商能否在竞争中夺标，又涉及承包商的盈利或亏损，如果工程所在国规定利润要缴纳所得税，则应在计算利润时加以考虑。

(4)单价分析与标价汇总。投标报价的最终确定要经过标价的计算、分析直至汇总。标价的形成过程是先按照费用的算标方法由算标人员计算待定标价，再由决策人员对该标价的利益和风险进行多方面的分析研究，然后进行调整从而获得最终报价。

1)单价分析。单价分析也称为单价分解，即研究如何计算不同分项的直接费和间接费、利润和风险费等得出分项工程的单价。一个有经验的承包商应该对那些工程量大、对工程成本起重大影响或没有经验的项目进行单价分解，使标价建立在一个可靠的基础上。单价分析一般通过列表进行，表中往往包括人工费、材料设备费、机械台班使用费和间接费费率。直接费是利用人工费、材料设备费、机械台班使用费三者的基础单价分别乘以相应数量汇总而得。间接费以直接费为基数，间接费费率要根据工程所在国的法律、经济、物价、税收、银行、保险、运输、气候等因素及承包商自身的经营管理能力、技术能力等情况，认真分析研究后确定。

$$\text{分项工程单价}＝\text{分项单位工程直接费}\times(1＋\text{间接费费率}) \tag{10-11}$$
$$\text{分项工程合价}＝\text{分项工程单价}\times\text{本分项工程量} \tag{10-12}$$

2)标价汇总。将分部分项工程单价与工程量相乘，得到各分部分项工程价格，汇总各分部分项工程价格，再加上分包商的报价即总报价。有经验的承包商在汇总时常常将整个工程的人工费、材料设备费、机械台班使用费和间接费分别进行汇总，并计算出每项占总标价的比例，将此比例与公司过去的经验数据进行分析比较。然后视情况通过调整间接费费率，使各项费用更合理。

思政育人

1. 工程施工合同的订立、履行，应遵守法律、行政法规，尊重社会公德，不得扰乱社会经济秩序，损害社会公共利益。"不以规矩，不成方圆"，任何事物都不能缺少束缚它的规则，否则就会方寸大乱。古往今来，我们都生活在一个有规则有制度的社会环境中，国家有制度，社会有规章，家庭有家规，正是这些看似无形的规则，保障了人们生活的稳定有序，我们也须遵守这些规则，做一个知法、守法、懂法的好公民。

2. 世界银行招投标程序是国际适用范围最大、最有影响的。"一带一路"倡议的不断推进，为开拓建筑业国际市场创造了机遇。我们要把握"一带一路"倡议契机，积极拓展建筑业海外市场，发挥我国建筑企业在高速铁路、高层建筑等工程建设方面的优势，加大市场拓展力度，打造"中国制造"品牌。大学生要将自己的梦想融入伟大的"中国梦"中，将"个人梦"和"中国梦"相结合，担负起自己的使命与责任，刻苦学习、全面发展。

与本项目内容相关的造价师职业资格考试内容及真题。每年动态调整。

直通职考(一级造价师)

直通职考(二级造价师)

课后训练

一、选择题

1. 招标人和中标人应当在投标有效期内，并在自中标通知书发出之日起（   ）天内，按照招标文件和中标人的投标文件订立书面合同。

A. 20　　　　　B. 30　　　　　C. 60　　　　　D. 90

2. 实行招标的工程，合同约定不得违背招标、投标文件中关于（   ）等方面的实质性内容。

A. 工期　　　　　　　　B. 质量

C. 造价　　　　　　　　D. 信息

3. 发承包双方应在合同条款中对( )事项进行约定。
   A. 安全文明施工措施的支付计划、使用要求
   B. 承担计价风险的内容、范围
   C. 竣工结算编制与审核、支付及时间
   D. 工程质量保证金的数额、预留方式及时间
   E. 违约责任及发生工程价款争议的解决方法及时间
4. 已知某工程承包合同价款总额是3 000万元，其主要材料及构件所占比重为60%，预付款总金额为工程价款总额的20%，则预付款起扣点是( )万元。
   A. 1 000　　　　　B. 1 400　　　　　C. 1 500　　　　　D. 2 000
5. 根据我国现行的关于工程预付款的相关规定，下列说法中正确的是( )。
   A. 当约定需提交预付款保函时则保函的担保金额必须大于预付款金额
   B. 预付款是发包人为解决承包人在施工过程中资金周转问题而提供的协助
   C. 预付款的担保金额通常与发包人的预付款是等值的
   D. 预付款担保的主要形式为现金
6. 按《建设工程价款结算暂行办法》，预付款比例不低于合同金额的( )。
   A. 5%　　　　　B. 10%　　　　　C. 15%　　　　　D. 20%
7. 凡采购大而复杂的工程，以及在例外情况下采购专为用户设计的复杂设备或特殊服务，在正式投标前宜先进行( )，以便缩小投标人的范围。
   A. 资格定审　　　B. 资格后审　　　C. 资格预审　　　D. 资格审查
8. 除总采购通告外，借款人应将具体合同的投标机会及时通知国际社会。一般从刊登招标广告或发售招标文件算起，给予投标商准备投标时间不得少于( )天。
   A. 30　　　　　B. 15　　　　　C. 60　　　　　D. 45
9. 国际工程招标一般采用最低价中标或合理低价中标方式，标价由( )等其他费用组成。
   A. 直接费用　　　B. 间接费用　　　C. 利润　　　　D. 风险费
10. 承揽国际工程投标报价计算时投标人的投标报价中只能把( )列入工程总报价，不能以间接费的方式分摊进入各项目单价中。
    A. 暂定金额　　　　　　　　　　　B. 分包费
    C. 上级单位管理费　　　　　　　　D. 施工管理

二、简答题
1. 简述签约合同价与中标价的关系。
2. 简述合同价款约定的主要内容。
3. 简述合同中约定的预付款扣回方式。

模块4　工程施工和竣工阶段造价的管理与控制

　　施工阶段是实现建设工程价值的主要阶段，也是资金投入量较大的阶段。由于工程变更、索赔、工程计量方式的差别，以及工程实施中各种不可预见因素的存在，使得施工阶段造价控制难度加大，因此该阶段要综合考虑项目工期、质量、安全、环保等全要素成本，有效控制工程造价。

　　本模块以天宇大厦建设为主线，主要介绍了工程施工和竣工阶段造价的管理与控制。知识架构如下所示。

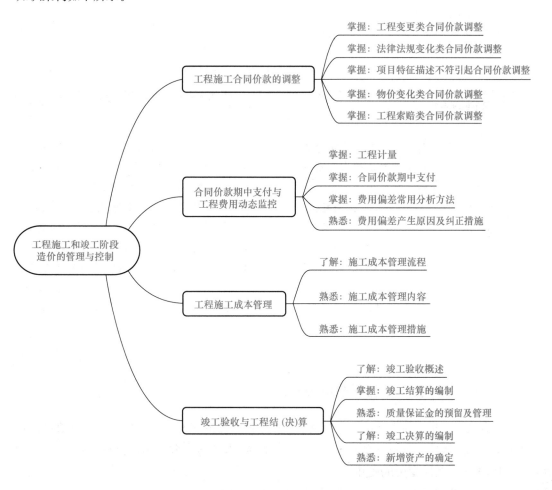

项目 11　　工程施工合同价款的调整

学习目标

1. 学会计算因工程变更引起的合同价款调整。
2. 学会计算因法律法规变化引起的合同价款调整。
3. 学会计算因物价变化引起的合同价款调整。
4. 学会计算因索赔发生引起的合同价款调整。

重点难点

1. 工程变更后综合单价的确定。
2. 采用造价信息调整合同价款。
3. 工期索赔计算。

案例引入

　　天宇大厦如期开工，恒信公司李总主持召开了第一次工地会议，特别强调了工程变更的管理流程，并安排造价咨询公司尚工对现场各方管理人员进行了工程变更估价计算方法的培训。在施工过程中，发生了几件比较典型的事件，尚工该如何处理？

　　(1)定额站发布了人工单价调整文件，施工单位预算员提出了人工费调整的申请；

　　(2)天宇大厦进度款审核时，尚工发现施工单位预算员对钢筋单价的调整数额不对；

　　(3)天宇大厦招标时，地板砖按暂估价计入的，施工中由甲方、施工方、监理、造价咨询等各方共同考察后购进，施工方预算员申请进度款时要求对地板砖项目的价格进行调整；

　　(4)施工过程中，发生了现场停电、甲供钢材延期、砂浆搅拌机损坏等事件，施工单位预算员及时提交了索赔申请。

11.1　工程变更类合同价款调整

　　工程变更是指合同实施过程中由发包人批准的对合同工程的工作内容、工程数量、质量要求、施工顺序与时间、施工条件、施工工艺或其他特征及合同条件等的改变。

11.1.1　工程变更的范围

(1)增加或减少合同中任何工作，或追加额外的工作；

(2)取消合同中任何工作，但转由他人实施的工作除外；

(3)改变合同中任何工作的质量标准或其他特性；

(4)改变工程的基线、标高、位置和尺寸；

(5)改变工程的时间安排或实施顺序。

合同价款
调整程序

在通常情况下，招标工程量清单中出现缺项、工程量偏差等都属于工程变更。

11.1.2　工程变更权

发包人和工程师(指监理人、咨询人等业主授权的第三方，下同)均可以提出变更。变更指示均通过工程师发出，工程师发出变更指示前应征得发包人同意。承包人收到经发包人签认的变更指示后，方可实施变更。未经许可，承包人不得擅自对工程的任何部分进行变更。涉及设计变更的，应由设计人提供变更后的图纸和说明。如变更超过原设计标准或批准的建设规模时，发包人应及时办理规划、设计变更等审批手续。

情景剧视频

工程变更流程

11.1.3　工程变更引起分部分项工程费变化的调整方法

工程变更发生后，会引起分部分项工程费发生变化，公式为

变化后的分部分项工程费＝变更后的工程量×变更后的综合单价

根据《建设工程工程量清单计价规范》(GB 50500—2013)第 8.2.2 条：施工中因工程变更引起工程量增减时，应按承包人在履行合同义务中完成的工程量计算。由此可知，变更后的工程量应按照实际完成的工程量计算，因此关键是变更后综合单价的确定。在《建设工程工程量清单计价规范》(GB 50500—2013)中，对变更后综合单价的确定分为以下三种情况：

(1)变更后的项目在合同中已有适用子目。实践中，这类变更主要涉及工程量的变化，包括以下两种情况：

1)工程量的变化。由于设计图纸深度不够或招标工程量清单计算有偏差，导致在实施过程中工程量产生变化。

2)工程量的变更。施工中由于工程变更使某些工作的工程量单纯地进行增减，不改变施工工艺、材质等，如某办公楼工程墙面贴瓷砖，合同中约定工程量是 3 000 m^2，在实际施工中业主进行变更，增加了墙面贴瓷砖工程，面积增加至 3 200 m^2。

对于这类工程量出现偏差的变更，价款调整原则如图 11-1 所示。

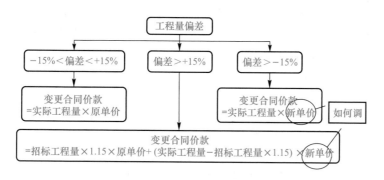

图 11-1　工程量偏差时价款的调整

从图 11-1 可知，如何确定新的综合单价是关键。通常有两种方法：发承包双方协商确定，或者与招标控制价相联系计算而得。与招标控制价相联系确定新的综合单价，分为以下三种情况：

①承包人填报的该项综合单价<招标控制价中相应项目的综合单价×(1−报价浮动率)×(1−15%)时，即

$$调整后综合单价＝招标控制价中相应项目的综合单价×(1−L)×(1−15\%)\qquad(11\text{-}1)$$

②承包人填报的该项综合单价>招标控制价中相应项目的综合单价×(1+15%)时，即

$$调整后综合单价＝招标控制价中相应项目的综合单价×(1+15\%)\qquad(11\text{-}2)$$

③招标控制价中相应项目的综合单价×(1−报价浮动率)×(1−15％)＜承包人填报的该项综合单价＜招标控制价中相应项目的综合单价×(1＋15％)时，即

$$调整后综合单价＝承包人在工程量清单中填报的该项综合单价 \quad (11-3)$$

注意，报价浮动率就是中标价招标控制价的偏差率，公式为

招标工程：$\quad\quad L＝(1−中标价/招标控制价)×100\％ \quad (11-4)$

非招标工程：$\quad\quad L＝(1−报价值/施工图预算)×100\％ \quad (11-5)$

综上所述，当变更后的项目在合同中已有适用子目时，要先判断偏差是否超过15％，再调整综合单价，具体流程如图11-2所示。

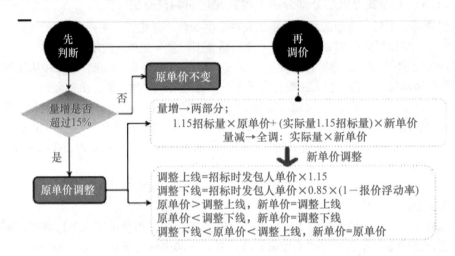

图11-2 综合单价调整流程

【例11-1】 某工程项目招标工程量清单数量为1 520 m³，报价浮动率为6％。问题：(1)施工中由于设计变更调增为1 824 m³，增加20％，该项目招标控制价综合单价为350元，投标报价为406元，应如何调整？(2)施工中由于设计变更调减为1 216 m³，减少20％，该项目招标控制价综合单价为350元，投标报价为287元，应如何调整？

解：(1)406÷350＝1.16，偏差为16％，综合单价调整：

350×(1＋15％)＝402.5(元)＜406(元)，变更后综合单价为402.5元。

$S＝1.15×1 520×406＋(1 824−1.15×1 520)×402.5$

$＝709 688＋76×402.5＝740 278(元)$

(2)330×(1−6％)×(1−15％)＝279.65(元)＜287(元)，综合单价不调整。

$S＝1 216×287＝348 992(元)$

【例11-2】 某工程项目变更工程量偏差超过15％，招标控制价中综合单价为350元，投标报价下浮率为6％。问题：(1)若中标综合单价为287元，变更后综合单价如何调整？(2)若中标综合单价为406元，变更后综合单价如何调整？

解：(1)350×(1−6％)×(1−15％)＝279.65(元)

由于287＞279.65，该项目变更后的综合单价可不予调整。

(2)350×(1＋15％)＝402.5(元)

由于406＞402.5，该项目变更后的综合单价应调整为402.5元。

(2)变更后的项目在合同中没有适用子目，但有类似子目。实践中，此类变更主要包括以下两种情况：

1)变更项目与合同中已有的工程量清单项目，两者的施工方法、材料、施工环境不变，只是尺寸更改引起工程量变化，如水泥砂浆找平层厚度的改变。这种情形有比例分配法和数量插入法两种计算方法。

①比例分配法，是将变更前后价差与量差近似为线性关系考虑，计算公式为

变更后综合单价＝投标综合单价×(变更后的量/变更前的量)　　　　　(11-6)

【例11-3】 某道路工程在挖方、填方及路面三项子目的合同工程量清单表中，水泥路面原设计厚度为20 cm，单价为24元/m²，现设计变更厚度为22 cm，则变更后的路面单价是多少？

解： 由于施工工艺、材料、施工条件均未发生变化，只改变了水泥路面的厚度，所以只需将水泥路面的单价按比例进行调整即可。

$$24×22/20＝26.4(元/m^2)$$

②数量插入法，需要测算新增部分净成本，计算麻烦，但精确度高，计算公式为

变更后综合单价＝原综合单价＋新增部分综合单价　　　　　(11-7)

新增部分综合单价＝新增部分净成本×(1＋管理费费率＋利润率)　　　　　(11-8)

【例11-4】 某合同中墙面水泥砂浆抹灰厚度为6 cm，综合单价为25元/m²，现变更墙面抹灰厚度为8 cm。经测定水泥砂浆抹灰增厚1 cm的净成本是8元/m²，测算原综合单价的管理费费率为6%，利润率为5%，则调整后的单价是多少？

解： 变更新增部分单价＝8×2×(1＋6%＋5%)＝17.76(元/m²)

调整后单价＝17.76＋25＝42.76(元/m²)

2)变更项目与合同中已有项目，两者的施工方法、施工环境、尺寸不变，只是材料改变，如混凝土的强度等级由C20变为C25。这种情形类似于设计材料的强度等级、强度与定额不同时的换算，计算公式为

变更后综合单价＝原综合单价＋变更前后材料价格差×材料消耗量　　　　　(11-9)

【例11-5】 某综合楼工程，现浇混凝土梁原设计为C25混凝土，C25混凝土梁清单综合单价为260元/m³，合同约定C25混凝土材料单价为200元/m³，参照山东省16消耗量定额报价。施工中设计变更调整为C30混凝土，甲乙双方认可的C30混凝土市场价为230元/m³。问题：变更后C30混凝土梁的综合单价为多少？

解： 查消耗量定额可知，现浇C25混凝土梁子目中C25混凝土消耗量为：1.01 m³/m³。

C30梁综合单价＝260＋(230－200)×1.01＝290.3(元/m³)

(3)变更后的项目在合同中没有适用子目，也没有类似子目。对于此类变更通常按照"成本加利润"原则，并考虑报价浮动率的方法计算变更后综合单价。

【经验提示】 为何要考虑报价浮动率因素？原因是若单纯以"成本加利润"原则确定综合单价，会导致一部分应由承包人承担的风险转移到发包人，这是由于承包人在进行投标报价时中标价往往低于招标控制价，降低价格中有一部分是承包人为了低价中标自愿承担的让利风险；另一部分是承包人实际购买和使用的材料价格往往低于市场上的询价价格，承包人自愿承担的正常价差风险。前面关于工程量变化超过15%时综合单价调整公式中引入报价浮动率，也是基于同样的原因。

1)成本和利润的确定。成本一般采用定额组价法，由承包人根据国家或地方颁布的定额标准和相关的定额计价依据，根据变更工程资料、计量规则和计价办法、工程造价管理机构发布的信息价格(若工程造价管理机构发布的信息价缺价的，由承包人通过市场调查取得合法依据的市场价格)确定；利润根据行业利润率确定，可参照当地费用定额中的利润率。

2)报价浮动率的确定。计算方法见式(11-4)和式(11-5)。

【例 11-6】 某工程图纸中有 C25 混凝土圈梁 23 m³，但招标工程量清单中缺少该项目，如何处理？

解: 招标工程量清单缺项的风险由发包人承担，承包人应按照工程变更中关于分部分项工程费的调整方法，调整合同价款，引起措施项目变化时应同时调整措施费。经查阅招投标时基础资料，承包商投标报价中人工单价为 76 元/工日，管理费费率为 5.1%、利润率为 6%。招投标时当地工程造价管理机构发布的信息价格中 C25 混凝土为 350 元/m³，水费为 1 元/m³，草袋为 3 元/m²，混凝土振捣器为 360 元/台班。工程所在地现行消耗量定额中圈梁相关定额项目见表 11-1。

例 11-6 讲解

表 11-1　消耗量定额中圈梁项目

工作内容：混凝土浇筑、振捣、养护。　　　　　　　　　　　　　　　　　　　　10 m²

定额编号			4—2—26
项目			圈梁
名称		单位	数量
人工	综合工日	工日	21.61
材料	现浇混凝土 C25	m³	10.15
	草袋	m³	8.260 0
	水	m³	1.670 0
机械	混凝土振捣器	台班	0.6700

套用定额 4—2—26，C25 混凝土圈梁，2.3(10 m³)工料分析后人材机价格为

人工：2.3×21.61×76＝3 777.43(元)

现浇混凝土 C25：2.3×10.15×350＝8 170.75(元)

草袋：2.3×8.26×3＝57.0(元)

水：2.3×1.67×1＝3.84(元)

混凝土振捣器：2.3×0.67×360＝554.76(元)

人材机费用合计：3 777.43＋8 170.75＋57.0＋3.84＋554.76＝12 563.78(元)

管理费：12 563.78×5.1%＝640.75(元)

利润：(12 563.78＋640.75)×6%＝792.27(元)

该圈梁项目综合单价：(12 563.78＋640.75＋792.27)÷23＝608.56(元/m³)

圈梁项目缺失会引起混凝土模板的变化，因此还应调整措施费。由于混凝土模板属于单价措施项目，调整方法同圈梁混凝土项目，在此不再赘述。

11.1.4　工程变更引起措施项目工程费变化的调整方法

措施项目包括总价措施项目和单价措施项目，通常能够引起措施费变化的情况有招标工程量清单缺项、工程量偏差等情况。根据《建设工程工程量清单计价规范》(GB 50500—2013)规定，措施项目区分三种情况(安全文明施工费、单价计算的措施项目、总价计算的措施项目)分别进行调整。

(1)单价措施项目费的调整方法。采用单价计算的措施项目包括脚手架费、混凝土模板及支架费、垂直运输费、超高施工增加费、大型机械设备进出场及安拆费、施工排水降水费 6 项。此类费用确定方法与工程变更分部分项工程费的确定方法相同。

（2）总价措施项目费的调整方法。采用总价计算的措施项目费包括夜间施工增加费、非夜间施工照明费、二次搬运费、地上地下建筑物的临时保护费、已完工程及设备保护费。其计算公式为

$$调整后措施项目费＝变更前措施项目费±计算基数变化量×原措施费费率×$$
$$(1－报价浮动率) \tag{11-10}$$

（3）安全文明施工费的确定方法。安全文明施工费必须按照国家、行业建设主管部门的规定计算，不得作为竞争性费用，除非变更导致其计价基数的变化。计算方法同总价措施项目费。

综上所述，工程变更引起合同价款调整的方法汇总如图 11-3 所示。

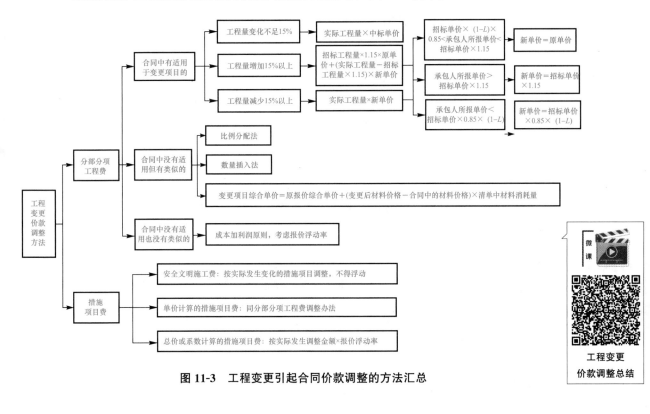

图 11-3　工程变更引起合同价款调整的方法汇总

11.2　法律法规变化类合同价款调整

根据《建设工程工程量清单计价规范》（GB 50500—2013）规定，引起合同价款调整的法律法规变化总共有国家法律、法规、规章和政策三类；省级或行业建设主管部门发布的价格指导信息；政府定价或政府指导价的原材料。

法律法规变化属于发包人完全承担的风险，因此在合同签订时，应事前约定风险分担原则，详细规定调价范围、基准日期、价款调整的计算方法等。根据《建设工程工程量清单计价规范》（GB 50500—2013）规定可知，法律法规的变化属于发包人承担的风险，但并不是说任何时候发生这三类情况都要调整合同价款，是否调整还要根据风险划分界限来判断。风险划分是以基准日为界限，如图 11-4 所示。

法律法规变化
引起的合同
价款调整

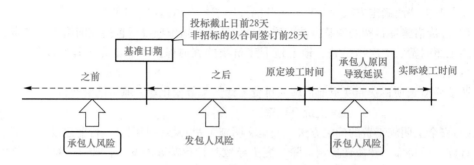

图 11-4　法律法规变化风险分担

11.2.1　法律法规变化引起规费、税金和安全文明施工费的调整

由于规费、税金和安全文明施工措施费为不可竞争性费用，发承包双方应按文件中的调整方法进行合同价款的调整。

11.2.2　法律法规变化引起人工费的调整

省级或行业建设主管部门发布的人工费调整（投标报价中的人工费或人工单价高于发布的除外），应由发包人承担，投标报价中的人工费或人工单价高于发布的除外。可分为两种情况：

（1）当承包人投标报价中的人工费或人工单价小于新发布的人工成本信息时，用新人工费减去原投标报价人工费的差额计入。

（2）当承包人投标报价中的人工费或人工单价大于新发布的人工单价时，人工费不予调整。

【例 11-7】　某工程于 2014 年 12 月 5 日发标，2014 年 12 月 25 日开标，2014 年 12 月 29 日发承包方签订施工合同，约定发、承包双方执行国家有关调价文件。在开工之前住房和城乡建设主管部门下发了人工单价调价文件，规定将建筑工程的人工单价由原 53 元/工日调整为 76 元/工日。中标价中土建工程的分部分项工程费为 4 896 500.00 元，其中含人工费 865 200.00 元。施工单位投标时承诺：除安全文明施工措施费、规费、税金应按规定计取以外，其余措施项目费、管理费、利润等均按相应规定费率下浮 6％计取；人工单价为 50 元/工日。按上述条件和相关规定，调整并计算该工程土建分部分项工程费中的人工差价应为多少？

解：人工差价＝（865 200.00÷50）×（76－53）＝397 992.00（元）

11.2.3　由政府定价或政府指导价管理的原材料等价格发生变化

《建设工程工程量清单计价规范》（GB 50500—2013）附录 A.2：施工期内，因人工、材料和工程设备、施工机械台班价格波动影响合同价格时，人工、机械使用费按照国家或省、自治区、直辖市建设行政管理部门、行业建设管理部门或其授权的工程造价管理机构发布的人工成本信息、机械台班单价或机械使用费系数进行调整。因此，政府定价或政府指导价管理的原材料等价格发生变化时，已经包含在物价波动事件的调价公式中，不再单独予以考虑。

11.3　项目特征描述不符引起合同价款调整

11.3.1　项目特征描述不符的主要表现

项目特征是构成分部分项工程项目、措施项目自身价值的本质特征，是区分清单项目和确定综合单价的主要依据。实践中，项目特征不符主要表现在以下几个方面：

（1）清单项目特征的描述与实际施工要求不符。例如，某办公楼工程，招标时墙体的清单特征描述为 M5.0 水泥砂浆砌筑清水砖墙厚 240 mm，实际施工图纸中该墙体为 M5.0 混合砂浆砌筑混水墙厚 240 mm。

（2）清单项目特征的描述不全面引起报价误差。例如，在进行实心砖墙的特征描述时，要从砖品种、规则、强度等级、墙体类型、墙体厚度、勾缝要求、砂浆强度等级等方面描述，其中任何一项描述错误都会构成对实心砖墙项目特征的描述与实际施工要求不符。

11.3.2　项目特征描述不符引起合同价款调整的方法

在招投标过程中，承包人发现项目特征不符时应及时与发包人沟通，请发包人对该问题予以澄清。在施工过程中，发现项目特征描述与实际不符，应按变更程序，由承包人提出争议的地方，并上报发包人新的方案，并要求直到其改变为止。经发包人同意后，承包人应按照实际施工的项目特征"工程变更引起分部分项工程费变化的调整方法"重新确定新的综合单价，调整合同价款。

11.4　物价变化类合同价款调整

11.4.1　物价变化引起的合同价款调整

（1）采用价格指数调整价格差额。该方法主要适用于施工中所用的材料品种较少，但每种材料使用量较大的土木工程，如公路、水坝等。合同中约定当发生物价波动时采用价格指数法调整时，物价波动超出约定幅度时可用此方法进行合同价款调整，同时，在投标函附录中要有指数和权重表。价格指数法调整公式如下：

$$\Delta P = P_0 \left[A + \left(B_1 \times \frac{F_{t1}}{F_{01}} + B_2 \times \frac{F_{t2}}{F_{02}} + B_3 \times \frac{F_{t3}}{F_{03}} + \cdots + B_n \times \frac{F_{tn}}{F_{0n}} \right) \right] \tag{11-11}$$

式中　ΔP——需调整的价格差额。

　　　P_0——约定的付款证书中承包人应得到的已完成工程量的金额。此项金额应不包括价格调整、不计质量保证金的扣留和支付、预付款的支付和扣回。约定的变更及其他金额已按现行价格计价的，也不计在内。

　　　A——定制权重（即不调部分的权重）。

　　　B_1，B_2，$\cdots$，B_n——各可调因子的变值权重（即可调部分的权重）为各可调因子在投标函投标总报价中所占的比例。

　　　F_{t1}，F_{t2}，$\cdots$，F_{tn}——各可调因子的现行价格指数，指约定的付款证书相关周期最后一天的前 42 天的各可调因子的价格指数。

　　　F_{01}，F_{02}，$\cdots$，F_{0n}——各可调因子的基本价格指数，指基准日期的各可调因子的价格指数。

【例 11-8】　某城区道路扩建项目进行施工招标，投标截止日期为 2018 年 8 月 1 日。通过评标确定招标人后，签订的施工合同总价为 80 000 万元，工程于 2018 年 9 月 20 日开工。施工合同中约定：

①预付款为合同总价的 5%，分 10 次按相同比例从每月应支付的工程进度款中扣还。

②工程进度款按月支付，进度款金额包括：当月完成的清单子目合同价款，当月确认的变更、索赔金额，当月价格调整金额，扣除合同约定应当抵扣的预付款和扣留的质量保证金。

③质量保证金从月进度付款中按 5% 扣留，最高扣至合同总价的 5%。

④工程价款结算时人工单价、钢材、水泥、沥青、砂石料及机械使用费采用价格指数法给承包商以调价补偿，各项权重系数及价格指数见表11-2。

表11-2　工程调价因子权重系数及造价指数

项目	人工	钢材	水泥	沥青	砂石料	机械费	定值部分
权重系数	0.12	0.10	0.08	0.15	0.12	0.10	0.33
2011年7月指数	91.7	78.95	106.97	99.92	114.57	115.18	—
2011年8月指数	91.7	82.44	106.8	99.13	114.26	115.39	—
2011年9月指数	91.7	86.53	108.11	99.09	114.03	115.41	—
2011年10月指数	95.96	85.84	106.88	99.38	113.01	114.94	—
2011年11月指数	95.96	86.75	107.27	99.66	116.08	114.91	—
2011年12月指数	101.47	87.8	128.37	99.85	126.26	116.41	—

根据表11-3所列前四个月的完成情况，计算11月份应当实际支付给承包人的工程款数额。

表11-3　该工程前四个月的完成情况

支付项目	9月份	10月份	11月份	12月份
截至当月完成的清单子目价款	1 200	3 510	6 950	9 840
当月确认的变更金额(调价前)	0	60	−110	100
当月确认的索赔金额(调价前)	0	10	30	50

解： 11月份完成合同价款：6 950−3 510＝3 440(万元)

11月份确认的变更和索赔金额均是调价前的，所以应当计算在调价基数内；基准日期为2011年7月3日，所以应当选取7月份的价格指数作为各可调因子的基本价格指数。根据以上分析，11月份价格调整金额为

$$(3\,440-110+30)\times\left[\left(0.33+0.12\times\frac{95.96}{91.7}+0.1\times\frac{86.75}{78.95}+0.08\times\frac{107.27}{106.97}+0.15\times\frac{99.66}{99.92}+0.12\times\frac{116.08}{114.57}+0.1\times\frac{114.91}{115.18}\right)-1\right]$$

$$=3\,360\times[(0.33+0.125\,6+0.109\,9+0.080\,2+0.149\,6+0.121\,6+0.099\,8)-1]$$

$$=56.11(万元)$$

11月份应扣预付款：80 000×5%÷10＝400(万元)

11月份应扣质量保证金：(3 440−110+30+56.11)×5%＝170.81(万元)

11月份应当实际支付的进度款金额：(3 440−110+30+56.11−400−170.81)

$$=2\,845.3(万元)$$

(2)采用造价信息调整价格差额。该方法主要适用于施工中所用的材料品种较多，相对而言每种材料使用量较小的房屋建筑与装饰工程。合同中约定当发生物价波动时采用价格指数法调整时，当物价波动超出约定幅度时可用此方法进行合同价款调整。同时，合同中应约定调整材料价格依据的造价文件，以及要发生费用调整所达到的价格波动幅度。

1)人工费调整。根据《建设工程工程量清单计价规范》(GB 50500—2013)规定，人工费是按照不利于承包人原则进行调整。

①承包人人工费报价＜新人工成本信息时，按下式调整：

物价波动引起
的合同价款调整

$$人工费=原人工费+(新人工成本信息-原人工成本信息) \qquad (11-12)$$

②承包人人工费＞新人工成本信息时，人工费不调整。

【例 11-9】 某市地铁 1 号线定于 2017 年 8 月 20 日开工，2019 年 10 月 22 日竣工，发承包双方合同约定：对因物价波动引起的人工费调整按工程施工期国家、省市发布的法律法规以及政策性调整文件进行调整，执行该省现行计价定额。由于建筑市场劳务实际价格有较大幅度的提高，燃油费、电价逐步上涨，该省现行计价定额人工费明显偏低，省建设厅发布文件对现行计价定额的人工费进行调整，规定人工费调整从 2017 年 9 月 1 日起执行，调整方法是按单位工程 2017 年 9 月 1 日以后实际完成的实物量所对应的定额人工费合计乘以 10%计算。问题：该工程人工费如何调整？

解： 根据合同及文件规定，该工程人工费属于调整范围，文件规定的调整方法是调价系数法。该省现行定额中人工单价为 49.07 元/工日，调整后人工单价为 49.07×110%＝53.98(元/工日)。人工费调整额为

该工程 9 月 1 日以后实际完成工程的人工消耗量÷(53.98－49.07)。

【例 11-10】 某工程总合同额为 1 700 万元，招投标时，投标人人工单价报价为 53 元/工日，当时工程造价管理机构发布文件中的人工单价是 60 元/工日，后因为发包人原因造成推迟开工。开工时当地工程造价管理机构发布文件中的人工单价为 76 元/工日，发承包双方同意对人工费进行调价。承包人认为应按(76－53)调整，发包人认为应按(76－60)调整，双方发生争议。问题：人工费如何调整？

解： 本工程人工费应该调整。因为开工时当地工程造价管理机构发布的人工费价格发生调整，此部分费用由发包人承担。投标时工程造价管理机构发布的人工单价是 60 元，承包人报价是 53，人工费存在差异，就是说承包人愿意承担这部分人工费价差的风险，承担的风险价格为：60－53＝7。开工时承包人应继续承担该部分风险，不能因为物价波动而改变。开工时当地工程造价管理机构发布的人工单价是 76，因此，承包人应继续承担 60－53＝7 的风险，而发包人应承担(76－60)的上涨风险。因此，发包人的计算方法正确。人工费调整为：76－60＝16(元/工日)。

2)机械费调整。调整方法同人工费。

3)材料费调整。根据《建设工程工程量清单计价规范》(GB 50500—2013)规定，材料费按照不利于承包人原则进行调整。

①当承包人投标报价中材料单价低于基准单价。这种情况下，投标时就存在材料价差，即承包人愿意承担这部分材料价差的风险，承担的风险价格为：基准价－投标报价。此时，双方合同约定的风险幅度计算公式为

$$风险上线=基准单价×(1+合同约定的风险幅度5\%) \qquad (11-13)$$
$$风险下线=投标报价×(1-合同约定的风险幅度5\%) \qquad (11-14)$$

施工中，当材料实际价格在风险上线和风险下线之间时，不调整材料价差；当材料实际价格大于风险上线时，材料调整额＝材料实际价格－风险上线，为正值，调增；当材料实际价格小于风险下线时，材料调整额＝材料实际价格－风险下线，为负值，调减。

【例 11-11】 某工程结算时，发生以下情况：该工程招标时当地造价管理部门发布的钢筋单价为 4 000 元/t，承包商投标报价中钢筋单价为 3 900 元/t，合同约定承包人承担 5%的材料价格风险。施工中经发承包方共同考察后确认钢筋市场价为 4 400 元/t，结算时双方对钢筋价格调整有了争议，你认为谁说的对？

承包商认为调整后价格为：3 900＋(4 400－3 900×1.05)＝4 205(元/t)

发包人认为调整后价格为：3 900＋(4 400－4 000×1.05)＝4 100(元/t)

解：承包人计算错误。

②当承包人投标报价中材料单价高于基准单价时。这种情况下，投标时就存在材料价差，即发包人愿意承担这部分材料价差的风险，承担的风险价格为：投标报价－基准价。此时，双方合同约定的风险幅度计算公式为

$$风险上线＝投标报价×（1＋合同约定的风险幅度5\%）\qquad(11-15)$$
$$风险下线＝基准单价×（1－合同约定的风险幅度5\%）\qquad(11-16)$$

施工中，当材料实际价格在风险上线和风险下线之间时，不调整材料价差；当材料实际价格大于风险上线时，材料调整额＝材料实际价格－风险上线，为正值，调增；当材料实际价格小于风险下线时，材料调整额＝材料实际价格－风险下线，为负值，调减。

【例11-12】 某工程合同中约定承包人承担5%的商混凝土价格风险。其预算用量为1 500 t，承包人投标报价为285元/t，同期行业部门发布的商混凝土价格为280元/t，结算时该商混凝土价格跌至2 600元/t，问题：计算该商混凝土的结算价款。

解：发包人承诺的风险为 285－280＝5（元/t）

商混凝土单价调整额＝285＋（260－280×0.95）＝279（元/t）

商混凝土结算价＝1 500×279＝418 500（元）

③当承包人投标报价中材料单价等于基准单价时。这种情况下，投标时就存在材料价差，即招投标时发承包双方都不承担材料价差的风险。此时，双方合同约定的风险幅度计算公式为

$$风险上线＝基准单价×（1＋合同约定的风险幅度5\%）\qquad(11-17)$$
$$风险下线＝基准单价×（1－合同约定的风险幅度5\%）\qquad(11-18)$$

施工中，当材料实际价格在风险上线和风险下线之间时，不调整材料价差；当材料实际价格大于风险上线时，材料调整额＝材料实际价格－风险上线，为正值，调增；当材料实际价格小于风险下线时，材料调整额＝材料实际价格－风险下线，为负值，调减。

11.4.2 暂估价引起合同价款调整的方法

暂估价变化引起
的合同价款调整

（1）暂估价特点。暂估价是指招标人在工程量清单中提供的用于支付必然发生但暂时不能确定价格的材料、工程设备的单价及专业工程的金额。暂估价产生的根本原因是为了确定的中标价更科学合理。工程中有些材料、设备因为技术复杂或不能详细规格，或不能确定具体要求，其价格会难以一次确定，因而在投标阶段，投标人往往在该部分使用不平衡报价，调低价格而低价中标，损害发包人的利益。在招投标阶段使用暂估价，可以避免投标人通过不平衡报价而低价中标，使其在同等水平上进行比价，更能反映除投标人的实际报价，使确定的中标价更加科学合理。

暂估价具有的特点：是否适用暂估价及适用暂估价的材料、工程设备或专业工程的范围及所给定的暂估价的金额，决定权完全在发包人；发包人在工程量清单中对材料、工程设备或专业工程给定暂估价的，该暂估价构成合同价的组成部分；在签订合同之后的合同履行过程中，发承包人还需按照合同所约定的程序和方式确定适用暂估价的材料、工程设备或专业工程的实际价格，并根据实际价格和暂估价之间的差额（含与差额相对应的税金等其他费用）来确定和调整合同价格。

（2）暂估价适用情况。

1）施工中用量很大的材料，如钢筋、混凝土等。

2）档次不一，市场价格差异大的材料或设备，如地面砖等装饰材料。

3）有特殊要求的材料，主要是指用于工程关键部位、质量要求严格的材料，如防水材料、保温材料、洁具等。

4)施工后可能有较大调整的工程设备价款，主要是指设计文件和招标文件不能明确规定价格、型号和质量的工程设备，如电梯等。

5)招标时专业工程定价不明确，包括两种情况：招标时施工图纸尚不完善，需要由专业单位对原图纸进行深化设计后，才能确定其规格、型号和价格的成套设备或分包单位；某些总包单位无法自行完成，需要通过分包的方式委托专业公司完成的分包工程，如桩基工程、电梯安装、幕墙、外保温、消防、精装修、景观绿化等。

(3)暂估价变化引起合同价款调整的方法。材料、工程设备暂估单价和专业工程暂估价格均由发包人在招标文件中提供。编制投标报价时，材料、工程设备暂估单价必须按照招标人提供的暂估单价计入分部分项工程费用中的综合单价；专业工程暂估价必须按照招标人提供的其他项目清单中列出的金额填写。根据《建设工程工程量清单计价规范》(GB 50500—2013)规定，结算时暂估价调整方法见表 11-4。

表 11-4　暂估价引起的合同价款调整方法

项目	性质	合同价款调整方法	
给定暂估价的材料、工程设备	不属于依法必须招标项目	由承包人按合同约定采购，经发包人确认后以此为依据取代暂估价，调整合同价款	
	属于依法必须招标项目	由发承包双方以招标方式选择供应商，依法确定中标价格后，以此为依据取代暂估价，调整合同价款	
给定暂估价的专业工程	不属于依法必须招标项目	按工程变更的合同价款调整方法，确定专业工程价款，并以此为依据取代专业工程暂估价，调整合同价款	
	属于依法必须招标项目	承包人不参加投标的专业工程，应由承包人作为招标人，与组织招标工作有关的费用应被认为已经包括在承包人的投标总报价中	以中标价为依据取代专业工程暂估价，调整合同价款
		承包人参加投标的专业工程，应由发包人作为招标人，与组织招标工作有关的费用由发包人承担，同等条件下优先选择承包人中标	

11.5　工程索赔类合同价款调整

11.5.1　工程索赔概述

工程索赔是指在工程合同履行过程中，当事人一方因非己方的原因而遭受经济损失或工期延误，按照合同约定或法律规定，应由对方承担责任，而向对方提出工期和(或)费用补偿要求的行为。本书主要是从承包人索赔的角度进行阐述。

(1)承包人工程索赔成立条件。索赔双方有合同关系，这是索赔前提；索赔事件已造成了承包人直接经济损失或工期延误；索赔费用增加或工期延误的事件是因非承包人的原因发生的；承包人已经按照工程施工合同规定的期限(28 天内)和程序提交了索赔意向通知书、索赔报告及相关证明材料。

微课

索赔分类

（2）常见施工合同条款中引起发承包双方的索赔事件。索赔主要依据是合同，合同条款中明示或隐含了可以索赔的事件，熟悉这些事件及可补偿内容，是进行合理索赔的前提。常见合同条款中引起索赔的事件及可补偿内容见表11-5。

表 11-5　承包人的索赔事件及可补偿内容

序号	索赔事件	可补偿内容		
		工期	费用	利润
1	迟延提供图纸	√	√	√
2	迟延提供施工场地	√	√	√
3	发包人提供材料、工程设备不合格或迟延提供或变更交货地点	√	√	√
4	承包人依据发包人提供的错误资料导致测量放线错误	√	√	√
5	因发包人原因造成工期延误	√	√	√
6	发包人暂停施工造成工期延误	√	√	√
7	工程暂停后因发包人原因无法按时复工	√	√	√
8	因发包人原因导致承包人工程返工	√	√	√
9	监理人对已经覆盖的隐蔽工程要求重新检查且检查结果合格	√	√	√
10	因发包人提供的材料、工程设备造成工程不合格	√	√	√
11	承包人应监理人要求对材料、工程设备和工程重新检验且检验结果合格	√	√	√
12	发包人在工程竣工前提前占用工程	√	√	√
13	因发包人违约导致承包人暂停施工	√	√	√
14	施工中发现文物、古迹	√	√	
15	施工中遇到不利物质条件	√	√	
16	因发包人的原因导致工程试运行失败		√	√
17	工程移交后因发包人原因出现新的缺陷或损坏的修复		√	√
18	异常恶劣的气候条件导致工期延误	√		
19	因不可抗力造成工期延误	√		
20	承包人提前竣工		√	
21	提前向承包人提供材料、工程设备		√	
22	因发包人原因造成承包人人员工伤事故		√	
23	基准日后法律的变化		√	
24	工程移交后因发包人原因出现的缺陷修复后的试验和试运行		√	
25	因不可抗力停工期间应监理人要求照管、清理、修复工程		√	

（3）索赔依据。提出索赔和处理索赔都要以文件和凭证作为依据，主要内容如下：

1）工程施工合同文件。工程施工合同是工程索赔中最关键和主要的依据。工程施工期间，发承包双方关于工程的洽商、变更等书面协议或文件，也是索赔的重要依据。

2）国家法律、法规。国家规定的相关法律、行政法规，是工程索赔的法律依据。工程所在地的地方性法规或地方政府规章，也可以作为工程索赔的依据，但应当在施工合同专用条款中约定为工程合同的适用法律。

3）国家、部门和地方有关的标准、规范与定额。对于工程建设的强制性标准，是合同双方必须严格执行的；对于非强制性标准，必须在合同中有明确规定约定情况下才能作为索赔的依据。

4）工程施工合同履行过程中与索赔事件有关的各种凭证。其是承包人因索赔事件所遭受费用或工期损失的事实依据，它反映了工程的计划情况和实际情况。

微课
索赔程序

11.5.2 索赔费用计算

对于不同原因引起的索赔，承包人可索赔的具体费用内容是不同的，但归纳起来，索赔费用的要素与工程造价的构成基本类似，包括人工费、材料费、机械费、分包费、现场管理费、利息、利润、保险费等。

（1）人工费。人工费包括：完成合同之外的额外工作所花费的人工费用；由于非承包商原因导致工效降低所增加的人工费用；超过法定工作时间加班劳动所产生的人工费；法定人工费增长；非承包商责任工程延期导致的人员窝工费和工资上涨费等。

正常施工的人工费按合同约定方法计算，但计算停工损失中，人工费通常按窝工考虑，以人工单价乘以折算系数，或者直接以窝工人工单价计算。

情景剧视频
索赔费用计算

（2）材料费。材料费包括：由于索赔事件的发生造成材料实际用量超过计划用量增加的材料费；由于发包人原因导致工程延期期间的材料价格上涨和超期储存费用。材料费中应包括运输费、仓储费及合理的损耗费用，如果由于承包商管理不善造成材料损坏失效，则不能列入索赔款项内。

（3）机械费。机械费包括：由于完成合同之外的额外工作所增加的机械费；非因承包商原因导致功效降低所增加的机械使用费；由于发包人或工程师指令错误或延迟导致机械停工的台班停滞费。在计算机械设备台班停滞费时不能按机械设备台班费计算，因为台班费中包括设备使用费。如果机械设备是承包人自由设备，一般按台班折旧费、人工费与其他费之和计算；如果是承包人租赁的设备，一般按台班租金加上每台班分摊的施工机械进出场费计算。

微课
计日工引起的
合同价款调整

（4）现场管理费。现场管理费包括：承包人完成合同之外的额外工作及由于发包人原因导致工期延期期间的现场管理费用，含管理人员工资、办公费、通信费、交通费等。

$$现场管理费索赔金额＝索赔的直接成本费用×现场管理费费率\qquad(11-19)$$

现场管理费费率的确定可选用以下方法：合同百分比法，即管理费比率在合同中规定；行业平均水平法，即采用公开认可的行业标准费率；原始估价法，即采用投标报价时确定的费率；历史数据法，即采用以往相似工程的管理费费率。

（5）总部管理费。总部管理费主要是指由于发包人原因导致工程延期期间所增加的承包人向公司总部提交的管理费。其包括总部职工工资、办公大楼折旧、办公用品、财务管理、通信设施及总部领导人员赴工地检查指导工作等开支。总部管理费索赔金额的计算，目前没有统一的办法，通常可以采用按总部管理费的比率。

（6）保险费。因发包人原因导致工程延期时，承包人必须办理工程保险、施工人员意外伤害保险等各项保险的延期手续。对于由此而增加的费用，承包人可以提出索赔。

$$保险费＝索赔工期×每天保费数额＝索赔工程款×保险费费率 \qquad (11-20)$$

（7）保函手续费。因发包人原因导致工程延期时，承包人必须办理相关履约保函的延期手续，对于由此而增加的手续费，承包人可以提出索赔。

$$保函手续费＝索赔工程×每天保函手续费 \qquad (11-21)$$

（8）利息。利息包括发包人拖延支付工程款利息；发包人延迟退还工程质量保证金的利息；承包人垫资施工的垫资利息；发包人错误扣款的利息等。具体利息标准，双方可以在合同中约定，没有约定或约定不明的，按照中国人民银行发布的同期同类贷款利率计算。

（9）利润。一般来说，由于工程范围的变更、发包人提供的文件有缺陷和错误、发包人未能提供施工现场及发包人违约导致合同终止等事件引起的索赔，承包人都可以列入利润。索赔利润的计算通常是与原报价中的利润百分率保持一致，但是应当注意的是：由于工程量清单中的综合单价已经包括了利润，因此在索赔计算中不应重复计算；由于一些引起索赔的事件，也可能是合同中约定的合同价款调整因素，如工程变更、法律法规的变化以及物价变化等，因此对于已经进行了合同价款调整的索赔事件，承包人在索赔费用计算时不能重复计算。

（10）分包费用。由于发包人的原因导致分包工程费用增加时，分包人只能向总承包人提出索赔，但分包人的索赔款项应当列入总承包人对发包人的索赔款项中。分包费用索赔指的是分包人的索赔费用，一般也包括与上述费用类似的内容索赔。

【例 11-13】 某施工合同约定，施工现场主导施工机械一台，由施工企业租的，台班单价为 300 元/台班，租赁费为 100 元/台班，人工工资为 40 元/工日，窝工补贴为 10 元/工日，以人工费为基数的综合费费率为 35%。施工过程中发生了如下事件：①出现异常恶劣天气导致工程停工 2 天，人员窝工 30 个工日；②因恶劣天气导致场外道路中断抢修道路用工 20 工日；③场外大面积停电，停工 2 天，人员窝工 10 工日。为此，施工企业可向业主索赔费用多少？

解：①异常恶劣天气导致的停工通常不能进行费用索赔。

②抢修道路用工的索赔额：$20×40×(1＋35\%)＝1\,080(元)$

③停电导致的索赔额：$2×100＋10×10＝300(元)$

总索赔费用：$1\,080＋300＝1\,380(元)$

11.5.3 工期索赔计算

工期索赔一般是指承包人依据合同对由于因非自身原因导致的工期延误向发包人提出的工期顺延要求。

（1）工期索赔中应注意事项。

1）划清施工进度拖延的责任。因承包人的原因造成施工进度滞后，属于不可原谅的延期；只有承包人不应承担任何责任的延误，才是可原谅的延期。有时工期延期的原因中可能包含双方责任，此时工程师应进行详细分析，分清责任比例，只有可原谅延期部分才能批准顺延合同工期。

2）被延误的工作应是处于施工进度计划关键线路上的施工内容。只有位于关键线路上工作内容的滞后，才会影响到竣工日期。但有时也应注意，既要看被延误的工作是否在批准进度计划的关键路线上，又要详细分析这一延误对后续工作的影响。因为若对非关键路线工作的影响时间较长，超过了该工作可用于自由支配的时间，也会导致进度计划中非关键路线转化为关键路线，其滞后将影响总工期的拖延。

3）共同延误下的工期索赔。在实际施工过程中，工期拖期很少是只由一方造成的，往

情景剧视频

工期索赔计算

微课

工期索赔注意事项

往是由多种原因同时发生(或相互作用)而形成的,故称为"共同延误"。在这种情况下,通常应依据以下原则进行处理:确定"初始延误"者,即判断最先造成拖期发生的责任方,应对工程拖期负责,在初始延误发生作用期间,其他并发的延误者不承担拖期责任;如果"初始延误者"是业主,则在业主造成的延误期内,承包商既可得到工期延长,又可得到经济补偿;如果"初始延误者"是承包人,则在承包人造成的延误期内,既得不到工期延长,也得不到经济补偿;如果"初始延误者"是客观原因,则在客观因素发生影响的时间段内,承包商可以得到工期延长,但很难得到费用补偿。

(2)工期索赔计算方法。

1)直接法。如果某干扰事件直接发生在关键线路上,造成总工期的延误,可直接将该干扰事件的实际干扰时间(延误时间)作为工期索赔。

2)比例计算法。如果某干扰事件仅仅影响某单项、单位或分部分项工程的工期,要分析其对总工期的影响,常采用比例计算法。

$$索赔工期=受干扰部分工期拖延时间\times\frac{受干扰部分工程的合同价格}{原合同总价} \qquad (11\text{-}22)$$

$$工程索赔值=原合同总工期\times\frac{额外增加的工程量价格}{原合同总价} \qquad (11\text{-}23)$$

3)网络图分析法。该方法是利用网络图分析其关键线路,通过分析干扰事件发生前和发生后网络计划的计算工期之差来计算工期索赔值,可以用于各种干扰事件和多种干扰事件共同作用所引起的工期索赔。计算时要注意:如果延误工作为关键工作,索赔工期=延误的时间;如果延误工作为非关键工作,分为两种情况:延误后成关键工作,索赔工期=延误时间-自由时差;延误后仍是非关键工作,不能索赔工期。

【例 11-14】 某施工合同履行过程中,先后在不同时间发生了如下事件:因业主对隐蔽工程复检而导致某关键工作停工 2 天,隐蔽工程复检合格;因异常恶劣天气导致工程全面停工 3 天;因季节性大雨导致工程全面停工 4 天,则承包人可索赔的工期为多少天?

解: 干扰事件均影响到关键工作,但由于季节性大雨属于承包人可预料的事件,不能获得工期补偿。因此承包人可索赔工期为 2+3=5(天)。

【例 11-15】 某土方工程业主与施工单位签订了土方施工合同,约定的土方工程量为 8 000 m³,合同工期为 16 天。合同约定:工程量增加 20% 以内为施工方应承担的工期风险。施工过程中,因出现了较弱的软弱下卧层,致使土方量增加了 10 200 m³,则施工方可提出的工期索赔为多少天?

解: 不索赔的土方工程量为 8 000×1.2=9 600(m³)

工期索赔量=[(8 000+10 200-9 600)÷9 600]×16=14(天)

【例 11-16】 某施工单位与建设单位按《建设工程施工合同(示范文本)》签订了固定总价承包合同,合同工期为 390 天,合同总价为 5 000 万元。合同中约定按建标〔2013〕44 号文工程量清单计价程序计价,企业管理费和规费的综合费率为 20%,其中规费费率为 5%,取费基数为人工费与机械费之和。施工前施工单位提交了施工组织设计和施工进度计划如图 11-5 所示。

该工程施工过程中出现了如下事件:

①因地质勘探报告不详,出现图纸中未标明的地下障碍物,处理该障碍物导致工作 A 持续时间延长 10 天,增加人工费 2 万元、材料费 4 万元、机械费 3 万元。

②基坑开挖时因边坡支撑失稳坍塌,造成工作 B 持续时间延长 15 天,增加人工费 1 万元、材料费 1 万元、机械费 2 万元。

例 11-16 讲解

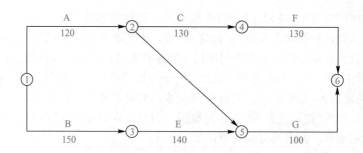

图 11-5　某工程施工进度计划

③因不可抗力而引起施工单位的供电设施发生火灾，使工作 C 持续时间延长 10 天，增加人工费 1.5 万元，其他损失费用 5 万元。

④结构施工阶段因建设单位提出工程变更，导致施工单位增加人工费 4 万元、材料费 6 万元、机械费 5 万元，工作 E 持续时间延长 30 天。

⑤因施工期间钢材涨价而增加材料费 7 万元。

问题：①确定该工程的关键线路，计算工期，并说明按此计划该工程是否能按合同工期要求完工？②对于施工过程中发生的事件，施工单位可以获得工期和费用补偿吗？说明理由。③施工单位可以获得的工期补偿是多少天？④施工单位租赁土方施工机械用于工作 A、B，日租金 1 500 元/天，则施工单位可以得到的土方租赁机械的租金补偿费用为是多少？为什么？⑤施工单位可得到的企业管理费是多少？

解：问题 1：关键线路①③⑤⑥，计算工期 390 天，按此计划可以按合同工期要求完工。

问题 2：事件 1，不能获得工期补偿，因为 A 工作是非关键工作，延误时间没有超过其总时差；可以获得费用补偿，因为图纸未标明地下障碍物属于建设单位风险范畴。补偿费用为 2+4+3=9(万元)。

事件 2，不能获得工期和费用补偿，因为基坑边坡支护失稳坍塌属于施工单位施工方案有误，应由承包商承担该风险。

事件 3，能获得工期补偿，因为由建设单位承担不可抗力的工期风险；不能获得费用补偿，因不可抗力发生的费用应由双方分别承担各自的费用损失。

事件 4，能获得工期和费用补偿，因为建设单位工程变更属于建设方责任。补偿费用为 4+6+5=15(万元)。

事件 5，不能获得费用补偿，因该工程是固定总价合同，物价上涨风险由施工单位承担。

问题 3：因建设单位应承担责任的事件 1 工作 A 延长 10 天，事件 3 工作 C 延长 10 天，事件 4 工作 E 延长 30 天，重新计算工期为 420 天，420-390=30(天)，故施工单位可获得的工期补偿为 30 天。

问题 4：施工单位应得到 10 天的租金补偿，补偿费用为 10 天×1 500 元/天=1.5(万元)，因为工作 A 的延长导致该租赁机械在现场的滞留时间增加了 10 天，工作 B 不予补偿。

问题 5：施工单位可以得到的企业管理费补偿为 20%-5%=15%
(2+4+3+5)×15%=2.1(万元)

11.5.4　不可抗力引起的工程索赔

施工中容易引起工程索赔的情况很多，其中不可抗力是较特殊的一种。不可抗力是指合同当事人在签订合同时不可预见，在合同履行过程中不可避免且不能克服的自然灾害和

不可抗力
引起的索赔

社会性突发事件，如地震、海啸、瘟疫、骚乱、戒严、暴动、战争，以及当地气象、地震、卫生等部门规定的情形。由此可见，不可抗力事件具有自然性和社会性，必须同时满足四个条件：不能预见；一旦发生不能避免；不能克服；是客观事件。因此，发承包双方应当在合同专用条款中明确约定不可抗力的范围及具体的判断标准。如几级地震、几级大风以上属于不可抗力。不可抗力引起的工程索赔如图 11-6 所示。

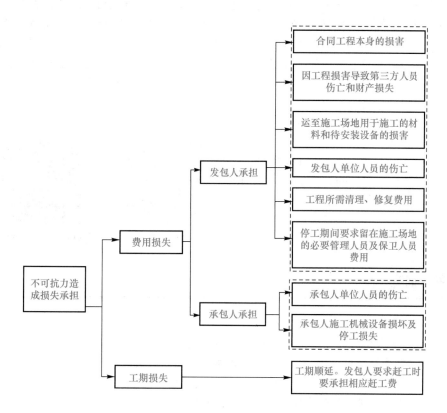

图 11-6　不可抗力引起的工程索赔

【**例 11-17**】　某工程项目在一个关键工作面上发生了 4 项临时停工事件：

事件 1：5 月 20 日至 5 月 26 日承包商的施工设备出现了从未出现过的故障；

事件 2：应于 5 月 24 日交给承包商的后续图纸直到 6 月 10 日才交给承包商；

事件 3：6 月 7 日到 6 月 12 日施工现场爆发泥石流；

事件 4：6 月 11 日到 6 月 14 日该地区的供电全面中断。

承包商按规定的索赔程序针对上述 4 项临时停工事件向业主提出了索赔，试说明每项事件工期和费用索赔能否成立？为什么？

解： 事件 1：工期和费用索赔均不成立，因为设备故障属于承包商应承担的风险。

事件 2：工期和费用索赔均成立，因为延误图纸交付时间属于业主应承担的风险。

事件 3：泥石流属于不可抗力，双方共同分担风险，工期索赔成立，设备和人工的窝工费用索赔不成立。

事件 4：工期和费用索赔均成立，因为停电属于业主应承担的风险。

思政育人

　　施工过程中会发生许多情况导致合同价款需要调整,调整依据就是双方合同中约定的条款,这就需要发承包双方重视合同签订工作,加强前瞻性,预测施工中可能出现的情况,在合同中有针对性地约定价款调整方法,避免因约定不清引起合同纠纷,影响工程顺利进行。"宜未雨而绸缪,勿临渴而掘井",古人就已明白,做什么事,要具备长远目光,能够想到有可能发生的事情,从而做出计划和预防措施。当代大学生更应该有前瞻性,做好自己的职业规划,将自己未来的职业生涯与大学四年的学业结合起来,比别人早一步确定职业方向和目标,经过时间的历练与磨合,进入社会后的生活会更好。

直通职考 ➡ 与本项目内容相关的造价师职业资格考试内容及真题。每年动态调整。

直通职考(一级造价师)　　直通职考(二级造价师)

课后训练

一、选择题

1. 关于工程变更的范围,下列说法正确的有(　　)。
   A. 取消合同中任何一项工作,且被取消的工作由发包人或其他人实施
   B. 改变合同中任何一项工作的质量或其他特性
   C. 改变合同工程的基线、标高、位置或尺寸
   D. 改变合同中任何一项工作的施工时间
   E. 为完成工程需要追加的额外工作

2. 关于法律法规政策变化引起合同价款调整的说法,下列正确的是(　　)。
   A. 因国家法律、法规、规章和政策发生变化影响合同价款的风险,发承包双方可以在合同中约定共同承担
   B. 因国家法律、法规、规章和政策发生变化影响合同价款的风险,发承包双方可以在合同中约定由承包人承担
   C. 建设工程一般以建设工程施工合同签订前的第28天作为基准日
   D. 如果有关价格变化已经包含在物价波动事件的调价公式中,则不调整

3. 根据《建设工程施工合同(示范文本)》中的合同条款,关于合理补偿承包人索赔的说法,下列正确的是(　　)。
   A. 承包人遇到不利物质条件可进行利润索赔
   B. 发生不可抗力只能进行工期索赔
   C. 异常恶劣天气导致的停工通常可以进行费用索赔
   D. 发包人原因引起的暂停施工只能进行工期索赔

4. 下列索赔费用中,不属于材料费的索赔的是( )。

A. 由于索赔事件的发生造成材料实际用量超过计划用量而增加的材料费

B. 由于发包人原因导致工程延期期间的材料价格上涨和超期储存费用

C. 运输费、仓储费,以及合理的损耗费用

D. 由于承包商管理不善,造成材料损坏失效

5. 若初始延误者是客观原因,则客观因素发生影响的延误期内,承包人( )。

A. 不可以得到工期延长,也很难得到费用补偿

B. 不可以得到工期延长,可以得到费用补偿

C. 可以得到工期延长,也可以得到费用补偿

D. 可以得到工期延长,但很难得到费用补偿

6. 下列情形中,只可以进行工期索赔的是( )。

A. 异常恶劣的气候条件导致工期延误

B. 施工中遇到不利物质条件

C. 工程移交后因发包人的原因出现新的缺陷或损坏的修复

D. 承包人提前竣工

7. 关于工期索赔的说法,下列不正确的是( )。

A. 因承包人的原因造成施工进度滞后,属于不可原谅的延期

B. 只有发包人不应承担任何责任的延误,才是可原谅的延期

C. 只有位于关键线路上工作内容的滞后,才会影响到竣工日期

D. 只有可原谅延期部分才能批准顺延合同工期

8. 在《标准施工招标文件》中,合同条款规定的可以合理补偿承包人索赔费用的事件有( )。

A. 发包人要求向承包人提前交付材料和设备

B. 发包人要求承包人提前竣工

C. 施工过程发现文物、古迹

D. 异常恶劣的气候条件

E. 法律变化引起的价格调整

9. 工程索赔中最关键和最主要的依据是( )。

A. 工程施工合同文件

B. 国家、部门和地方有关的标准、规范和定额

C. 工程施工合同履行过程中与索赔事件有关的各种凭证

D. 国家法律、行政法规

10. 下列事件的发生,按照《标准施工招标文件》中相关合同条件,只获得费用补偿的有( )。

A. 基准日后法律的变化

B. 工程师对已覆盖的隐蔽工程要求重新检查且检查结果不合格

C. 工程移交后因发包人原因出现的新的缺陷或损坏的修复

D. 发包人提供工程设备不合格

E. 工程移交后因发包人原因出现的缺陷修复后的试验和试运行

二、计算题

1. 某工程项目招标工程量为 1 520 m³，施工中由于设计变更调增为 1 824 m³，该项目招标控制价综合单价为 350 元，投标报价为 406 元，应如何调整？

2. 某房屋基坑开挖后，发现局部有软弱下卧层。甲方代表指示乙方配合进行地质复查，共用 10 个工日。地质复查和处理费用为 4 万元，同时工期延长 3 天，人员窝工 15 工日。若用工按 100 元/工日、窝工按 50 元/工日计算，则乙方可就该事件索赔的费用是多少？

3. 施工单位在施工中发生如下事项：完成业主要求的合同外用工花费 3 万元；由于设计图纸延误造成工人窝工损失 1 万元；施工电梯机械故障造成工人窝工损失 2 万元。施工单位可向业主索赔的人工费为多少？

三、简答题

1. 对于工程量出现偏差的变更，价款调整原则是什么？如何确定变更后的综合单价？

2. 物价变化引起的合同价款变化，调整方法有几种？当采用造价信息调整价格差额时，材料价格如何调整？

3. 工期索赔中应注意的事项有哪些？

4. 不可抗力造成的损失应如何承担？

项目 12　合同价款期中支付与工程费用动态监控

学习目标

1. 了解工程计量的原则。
2. 学会处理进度款的支付。
3. 熟悉工程费用动态监控方法。

重点难点

进度款支付数额的确定。

案例引入

天宇大厦施工中，尚工在审核施工单位预算员提交的本周期工程计量申请单时，发现存在以下情况：

(1)三层会议室墙体因施工方漏放拉结筋，监理要求拆掉重新砌筑，因此预算员将该墙体计算了两遍；

(2)依据圈梁变更单，尚工与预算员计算的结果不一致；

(3)为保证施工质量，施工单位将地下车库土方开挖的施工范围扩大，导致工程量增加。针对以上情况，尚工该如何处理？

12.1 工程计量

招标工程量清单中所列的数量是对合同工程的估计工程量。在施工过程中，通常会由于一些原因导致承包人实际完成工程量与合同工程中所列工程量不一致，如工程变更、现场施工条件的变化等。因此，在合同价款支付前，必须对承包人所完成的实际工程进行准确计量。

12.1.1 工程计量的原则

（1）不符合合同文件要求的工程不予计量。即工程必须满足设计图纸、技术规范等合同文件对其在工程质量上的要求，同时有关的工程质量验收资料齐全、手续完备，满足合同文件对其在工程管理上的要求。

（2）按合同文件所规定的方法、范围、内容和单位计量。工程计量的方法、范围、内容和单位受合同文件所约束，其中工程量清单（说明）、技术规范、合同条款均会从不同角度、不同侧面涉及这方面的内容。在计量中要严格遵循这些文件的规定，并且一定要结合起来使用。

（3）因承包人原因造成的超出合同工程范围施工或返工的工程量，发包人不予计量。

【例12-1】 某工程基础施工中，施工方为保证工程质量，将施工范围边缘扩大，原计划土方量由 300 m³ 增加到 350 m³，该工程应计量的土方工程量为多少？

解： 应按 300 m³ 计量，因承包人原因造成的超出合同工程范围施工的工程量，发包人不予计量。

12.1.2 工程计量的方法

工程量必须按照合同中约定的现行国家计量规范规定计算。具体方法见相应计量定额或规范的规定。

12.2 合同价款期中支付

合同价款期中支付，是指发包人在合同工程施工过程中，按照合同约定对付款周期内承包人完成的合同价款给予支付的款项，即工程进度款的支付。支付比例按照合同约定，不低于60%且不高于90%。发承包双方应按照合同约定的时间、程序和方法，根据工程计量结果，办理期中付款结算，支付进度款。进度款支付周期应与合同约定的工程计量周期一致。

12.2.1 期中支付价款的计算

期中支付周期进度款计算公式为

期中支付周期进度款＝已完工程的合同款＋索赔额＋变更调整额＋物价波动调整额－

甲供材－预付款－质保金－其他应减额　　　　　　　　　　（12-1）

（1）已完工程的合同款。已完工程的合同款包括已经完成的已标价工程量清单中的项目。对于单价项目，承包人应按工程计量确认的工程量与综合单价计算，如综合单价发生调整的，以发承包双方确认调整的综合单价计算进度款；对于总价项目，承包人应按合同中约定的进度款支付分解，分别列入进度款支付申请中的安全文明施工费和本周期应支付的总价项目的金额中。

（2）索赔额、变更调整额、物价波动调整额。承包人现场变更和得到发包人确认的索赔金额应列入本周期应增加的金额中。

（3）甲供材和预付款。由发包人提供的材料、工程设备金额应按照发包人签约提供的单价和数量从进度款支付中扣出。预付款要按合同约定方式从进度款中逐月扣除。

（4）质保金。质保金是由合同双方约定从应付合同价款中预留的，当竣工后房屋出现质量问题需要进行修理时，用于支付修理费用的资金。根据合同约定，可以每月从进度款中扣除，也可以从结算款中一次性扣除。

12.2.2 期中支付的程序

（1）进度款支付申请。承包人应在每个计量周期到期后向发包人提交已完工程进度款支付申请一式四份，详细说明此周期认为有权得到的款额，包括分包人已完工程的价款。支付申请的内容包括：累计已完成的合同价款；累计已实际支付的合同价款；本周期合计完成的合同价款；本周期合计应扣减的金额；本周期实际应支付的合同价款。

（2）进度款支付证书。发包人应在收到承包人进度款支付申请后，根据计量结果和合同约定对申请内容予以核实，确认后向承包人出具进度款支付证书。若发承包双方对有的清单项目的计量结果出现争议，发包人应对无争议部分的工程计量结果向承包人出具进度款支付证书。

（3）支付证书的修正。发现已签发的任何支付证书有错、漏或重复的数额，发包人有权予以修正，承包人也有权提出修正申请。经发承包双方复核同意修正的，应在本次到期的进度款中支付或扣除。

12.2.3 合同价款期中支付实例

例 12-2 讲解

【例 12-2】 某工程，建设单位与施工单位按照《建设工程施工合同（示范文本）》签订了施工合同，合同工期为 9 个月，合同价为 840 万元，各项工作均按最早时间安排且匀速施工，经项目监理机构批准的施工进度计划如图 12-1 所示（时间单位：月），施工单位的报价单（部分）见表 12-1。施工合同中约定：预付款按合同价的 20% 支付，工程款付至合同价的 50% 时开始扣回预付款，3 个月内平均扣回；质量保修金为合同价的 5%，从第 1 个月开始，按月应付款的 10% 扣留，扣足为止。

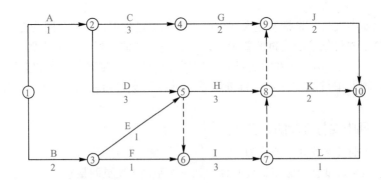

图 12-1 施工进度计划

表 12-1 施工单位报价单

工作	A	B	C	D	E	F
合价/万元	30	54	30	84	300	21

问题：（1）开工后前 3 个月施工单位每月应获得的工程款为多少？

(2)工程预付款为多少？预付款从何时开始扣回？开工后前 3 个月总监理工程师每月应签证的工程款为多少？

解： (1)开工后前 3 个月施工单位每月应获得的工程款为：

第 1 个月：$30＋54×1/2＝57$(万元)

第 2 个月：$54×1/2＋30×1/3＋84×1/3＝65$(万元)

第 3 个月：$30×1/3＋84×1/3＋300＋21＝359$(万元)

(2)①预付款为：840 万元×20％＝168(万元)

②前 3 个月施工单位累计应获得的工程款：$57＋65＋359＝481$(万元)，$481＞840×50％＝420$(万元)，因此预付款应从第 3 个月开始扣回。

③开工后前 3 个月总监理工程师签证的工程款为

第 1 个月：$57－57×10％＝51.3$(万元)

第 2 个月：$65－65×10％＝58.5$(万元)

前 2 个月扣留保修金：$(57＋65)×10％＝12.2$(万元)

应扣保修金总额为 $840×5％＝42.0$(万元)，$42－12.2＝29.8$(万元)。

$359×10％＝35.9＞29.8$，

第 3 个月应签证的工程款为 $359－29.8－168/3＝273.2$(万元)

【例 12-3】 某工程项目业主与承包商签订了工程施工承包合同。合同中估算工程量为 5 300 m³，全费用单价为 180 元/m³。合同工期为 6 个月。承包商每月实际完成并经签证确认的工程量见表 12-2，有关付款条款如下：

表 12-2 承包商每月实际完成并经签证确认的工程量

月份	1	2	3	4	5	6
完成工程量/m³	800	1 000	1 200	1 200	1 200	800
累计完成工程量/m³	800	1 800	3 000	4 200	5 400	6 200

(1)开工前业主应向承包商支付估算合同总价 20％的工程预付款。

(2)业主自第 1 个月起从承包商的工程款中扣 5％的比例扣留质量保证金。

(3)当实际完成工程量增减幅度超过估算工程量的 15％时，可进行调价，调价系数为 0.9(或 1.1)。

(4)每月支付工程款最低金额为 15 万元。

(5)工程预付款从累计已完工程款超过估算合同价 30％以后的下一个月起，至第 5 个月均匀扣除。

问题：每月工程款价款为多少？业主应支付给承包商的工程款为多少？

分析： 每月工程款＝已完工程合同价款＋合同价款调整＝已计量工程量×清单中原单价＋已计量工程量×新单价＋索赔额＋签证额＋其他应增额－甲供材－预付款－质保金－其他应减额。本题中不涉及索赔、签证、甲供材，每月应扣款包括预付款和质保金，因此，应先计算预付款数额及从第几个月起扣；单价是否调整要根据工程量增减是否超过 15％来判断，在计算每月已完工程合同款中考虑。

解： 估算合同价 $5 300×180＝95.4$(万元)

预付款：$95.4×20％＝19.08$(万元)

预付款应从第 3 个月起扣。因为第 1、2 两个月累计已完工程款：$1 800×180＝32.4$(万

元)＞95.4×30％＝28.62(万元)

每月应扣：19.08÷3＝6.36(万元)

第1个月：800×180＝14.4(万元)

应付款：14.4×(1－5％)＝13.68＜15(万元)，本月不支付。

第2个月：1 000×180＝18.0(万元)

应付款：18.0×(1－5％)＋13.68＝30.78(万元)

第3个月：1 200×180＝21.6(万元)

应付款：21.6×(1－5％)－6.36＝14.16＜15(万元)，本月不支付。

第4个月：1 200×180＝21.6(万元)

应付款：21.6×(1－5％)－6.36＋14.16＝28.32(万元)

第5个月：5 400－5 300×(1＋15％)＝－695(m³)，表明截至本月实际完成工程量未超过合同估算工程量的15％，单价不调整。

1 200×180＝21.6(万元)

应付款：21.6×(1－5％)－6.36＝14.16＜15(万元)，本月不支付。

第6个月：6 200－5 300×(1＋15％)＝105(m³)，表明截至本月实际完成工作量未超过合同估算工程算的15％，单价要调整。

105×180×0.9＋(800－105)×180＝14.2(万元)

应付款：14.2×(1－5％)＋14.16＝27.65(万元)

12.3 费用偏差常用分析方法

费用偏差
与进度偏差

12.3.1 费用偏差及其表示方法

(1)费用偏差与进度偏差。费用偏差是指费用计划值与实际值之间存在的差异。与费用偏差密切相关的是进度偏差，由于不考虑进度偏差就不能正确反映费用偏差的实际情况，所以，有必要引入进度偏差的概念。费用偏差与进度偏差常用挣得值公式表示。

$$已完工程计划费用(BCWP)＝\sum 已完工程量(实际工程量)×计划单价 \quad (12-2)$$

$$已完工程实际费用(ACWP)＝\sum 已完工程量(实际工程量)×实际单价 \quad (12-3)$$

$$拟完工程计划费用(BCWS)＝\sum 拟完工程量(计划工程量)×计划单价 \quad (12-4)$$

$$费用偏差(CV)＝BCWP－ACWP \quad (12-5)$$

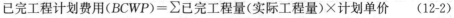

当$CV＞0$时，表明工程费用节约；当$CV＜0$时，表明工程费用超支。

$$进度偏差(SV)＝BCWP－BCWS \quad (12-6)$$

当$SV＞0$时，表明工程进度超前；当$SV＜0$时，表明工程进度拖后。

(2)局部偏差与累计偏差。局部偏差有两层含义：一是相对于总体建设工程项目而言，是指各单项工程、单位工程和分部分项工程的偏差；二是相对于项目实施的时间而言，是指每一控制周期所发生的偏差。累计偏差则是在项目已经实施的时间内累计发生的偏差。累计偏差是一个动态概念，其数值总是与具体时间联系在一起，第一个累计偏差在数值上等于局部偏差，最终的累计偏差就是整个工程项目的偏差。

在进行费用偏差分析时，对局部偏差和累计偏差都要进行分析。在每一控制周期内，发生局部偏差的工程内容及原因一般都比较明确，分析结果比较可靠，而累计偏差所涉及的工程内容较多、范围较大，且原因也较复杂。因此，累计偏差的分析必须以局部偏差分析为基础。

(3)绝对偏差与相对偏差。绝对偏差是指实际值与计划值比较所得到的差额；相对偏差是指偏差的相对数或比例数，通常用绝对偏差与费用计划值的比值来表示。

$$费用相对偏差＝\frac{绝对偏差}{费用计划值}＝\frac{费用计划值－费用实际值}{费用计划值} \qquad (12\text{-}7)$$

与绝对偏差一样，相对偏差可正可负，且两者符号相同。正值表示费用节约，负值表示费用超支。

【例12-4】 某机械厂一技改工程计划投资为600万元，工期为12个月，施工单位按投资计划编制的每个月的计划施工费用和实际发生费用见表12-3。请计算：第1个月的费用偏差和进度偏差。第2个月的局部偏差、累计偏差、绝对偏差和相对偏差。

表12-3　每个月的计划施工费用和实际发生费用

月份	1	2	3	4	5	6	7	8	9	10	11	12
拟完工程计划费用	20	40	60	70	80	80	70	60	40	30	30	20
拟完工程计划费用累计	20	60	120	190	270	350	420	480	520	550	580	600
已完工程实际费用	20	40	60	80	90	100	70	60	50	40	30	
已完工程实际费用累计	20	60	120	200	290	390	460	520	570	610	640	
已完工程计划费用	10	20	50	60	70	110	80	70	60	40	30	
已完工程计划费用累计	10	30	80	140	210	320	400	470	530	570	600	

解： 第1个月进度偏差 $SV＝BCWP－BCWS＝10－20＝－10$（万元）

费用偏差 $CV＝BCWP－ACWP＝10－20＝－10$（万元）

说明合同执行第1个月时，费用超支10万元，进度拖后10万元。

第2个月局部偏差：进度偏差 $SV＝BCWP－BCWS＝20－40＝－20$（万元）

费用偏差 $CV＝BCWP－ACWP＝20－40＝－20$（万元）

说明第2个月费用超支20万元，进度拖后20万元。

第2个月累计偏差：进度偏差 $SV＝BCWP－BCWS＝30－60＝－30$（万元）

费用偏差 $CV＝BCWP－ACWP＝30－60＝－30$（万元）

说明合同执行到第2个月时，费用超支30万元，进度拖后30万元。

第2个月绝对偏差：费用计划值－费用实际值＝20－40＝－20（万元）

相对偏差：绝对偏差÷费用计划值＝－20÷20＝－1

说明第2个月费用超支100%。

12.3.2　常用偏差分析方法

(1)横道图法。横道图法是用不同的横道标识拟完工程计划投资、已完工程实际投资和已完工程计划投资，横道线的长度与其数值成正比，再根据上述数据分析费用偏差和进度偏差。横道图法具有简单直观的优点，便于掌握工程费用的全貌。但这种方法反映的信息量少，因而其应用具有一定的局限性。

【例12-5】 根据某工程分部分项工程横道图(见表12-4)，计算费用偏差和进度偏差。

横道图法
分析投资偏差

表 12-4 某工程分部分项工程费用偏差和进度偏差计算表

项目编码	项目名称	费用参数数额/万元	费用偏差/万元	进度偏差/万元	原因
011	土方工程	70 / 50 / 60	−10	10	
012	打桩工程	80 / 66 / 100	20	34	
013	基础工程	80 / 80 / 60	−20	−20	
合计		230 / 196 / 220	−10	24	

表中：▓ 表示已完工程实际费用；

☐ 表示拟完工程计划费用；

▨ 表示已完工程计划费用。

时标网络图法
分析投资偏差

（2）时标网络图法。时标网络图法是根据时标网络图得到每一时间段拟完工程计划费用，然后根据实际工作完成情况测得已完工程实际费用，并通过分析时标网络图中的实际进度前锋线，得出每一时间段已完工程计划费用，这样既可分析费用偏差和进度偏差。实际进度前锋线表示整个工程项目目前实际完成的工作情况，将某一确定时点下时标网络图中各项工程的实际进度点相连就可得到实际进度前锋线。

【例 12-6】 某工程有 A 至 H 共 8 项工作，计划 5 周完成，时标网络图如图 12-2 所示。各工作的计划投资已标注在箭线上，如 A 工作计划投资 4 万元，黑三角符号所在的虚线为实际进度前锋线。则采用时标网络图法进行偏差分析的分析结果中，下列正确的有（　　）。

A. 第 1 周拟完工作计划投资累计 12 万元

B. 第 3 周拟完工作计划投资 5 万元

C. 第 3 周末拟完工作计划投资累计 22 万元

D. 第 3 周末已完工作计划投资累计 23 万元

E. 第 3 周末已完工作计划投资累计 22 万元

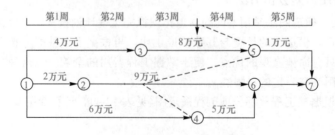

图 12-2 某工程时标网络图

解： 实际进度前锋线左面为已完工作，时标点对应拟完工作。

第1周拟完计划投资＝2＋2＋2＝6（万元）

第3周拟完计划投资＝4＋3＋2＝9（万元）

第3周末拟完计划投资＝4＋4＋2＋6＋6＝22（万元）

第3周末已完计划投资＝4＋8＋2＋3＋6＝23（万元）

（3）表格法。表格法是一种进行偏差分析的最常用方法。应用表格法分析偏差是将项目编码、名称、各个费用参数及费用偏差值等综合纳入一张表格中，可在表格中直接进行偏差的比较分析。

【例12-7】 某基础工程在一周内的进度偏差和费用偏差计算见表12-5。

表12-5 进度偏差和费用偏差计算表

项目编码	(1)	011	012	013
项目名称	(2)	土方工程	打桩工程	基础工程
单价	(3)			
计划单价	(4)			
拟完工程量	(5)			
拟完工程计划费用	(6)=(4)×(5)	50	66	80
已完工程量	(7)			
已完工程计划费用	(8)=(4)×(7)	60	100	60
实际单价	(9)			
其他款项	(10)			
已完工程实际费用	(11)=(7)×(9)+(10)	70	80	80
费用局部偏差	(12)=(11)−(8)	10	−20	20
费用局部偏差程度	(13)=(11)÷(8)	1.17	0.8	1.33
费用累计偏差	(14)=∑(12)			
费用累计偏差程度	(15)=∑(11)÷∑(8)			
进度局部偏差	(16)=(6)−(8)	−10	−34	20
进度局部偏差程度	(17)=(6)÷(8)	0.83	0.66	1.33
进度累计偏差	(18)=∑(16)			
进度累计偏差程度	(19)=∑(6)÷∑(8)			

（4）曲线法。曲线法是用费用累计曲线（S曲线）来分析费用偏差和进度偏差的一种方法。用曲线法进行偏差分析时，通常有3条曲线：已完工程实际费用曲线a、已完工程计划费用曲线b和拟完工程计划费用曲线p，如图12-3所示。图中曲线a和曲线b的竖向距离表示费用偏差，曲线b和曲线p的水平距离表示进度偏差。

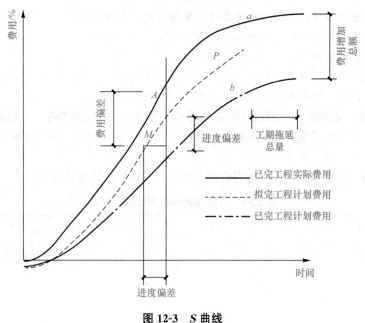

图 12-3　S 曲线

12.4　费用偏差产生原因及纠正措施

12.4.1　费用偏差产生的原因

偏差分析的一个重要目的就是要找出引起偏差的原因，从而有可能采取有针对性的措施，减少或避免相同原因再次发生。一般来说，产生费用偏差的原因包括以下内容：

（1）客观原因。客观原因包括人工费涨价、材料涨价、设备涨价、利率及汇率变化、自然因素、地基因素、交通原因、社会原因、法规变化等。

（2）建设单位原因。建设单位原因包括增加工程内容、投资规划不当、组织不落实、建设手续不健全、未按时付款、协调出现问题等。

（3）设计原因。设计原因包括设计错误或漏项、设计标准变更、设计保守、图纸提供不及时、结构变更等。

（4）施工原因。施工原因包括施工组织设计不合理、质量事故、进度安排不当、施工技术措施不当、与外单位关系协调不当等。

从偏差产生原因的角度，由于客观原因不可避免，施工原因造成的损失由施工单位自己负责，因此，建设单位纠偏的主要对象是自己原因及设计原因造成的费用偏差。

12.4.2　费用偏差的纠正措施

对偏差原因进行分析的目的是有针对性地采取纠偏措施，从而实现费用的动态控制和主动控制。费用偏差的纠正措施通常包括以下四个方面：

（1）组织措施。组织措施是指从费用控制的组织管理方面采取的措施。其包括落实费用控制的组织机构和人员，明确各级费用控制人员的任务、职责分工，改善费用控制工作流程等。组织措施是其他措施的前提和保障。

（2）经济措施。经济措施主要是指审核工程量和签发支付证书，包括检查费用目标分解是否合理，检查资金使用计划有无保障，是否与进度计划发生冲突，工程变更有无必要，是否超标等。

（3）技术措施。技术措施主要是指对工程方案进行技术经济比较，包括制订合理的技术方案，进行技术分析，针对偏差进行技术改正等。

（4）合同措施。合同措施在纠偏方面主要是指索赔管理。在施工过程中常出现索赔事件，要认真审查有关索赔依据是否符合合同规定，索赔计算是否合理等，从主动控制的角度，加强日常的合同管理，落实合同规定的责任。

思政育人

　　工程施工是一个动态发展的过程，无论是建设单位还是施工单位，均需要对施工中的实际费用与计划费用进行动态监控，这就需要我们用发展的观点，分析费用偏差产生的原因，并采取有效措施控制费用偏差。当今社会，事物发展日新月异，要用发展的眼光看待新出现的事物。既然世界是物质的，物质是运动的，那么，发展变化也就是物质的本质特性。因此，看待世界，看待万事万物，看待他人和自己，就要用发展变化的眼光，改变僵死不变的形而上学的态度，努力认识和寻求一切有益的改变，追求积极向上的进步。

与本项目内容相关的造价师职业资格考试内容及真题。每年动态调整。

直通职考(一级造价师)　　直通职考(二级造价师)

课后训练

一、选择题

1. 关于合同价款的期中支付的说法，下列不正确的是（　　）。
   A. 合同价款的期中支付是指发包人在合同工程施工过程中，按照合同约定对付款周期内承包人完成的合同价款给予支付的款项
   B. 合同价款的期中支付是工程进度款的预付
   C. 发承包双方应按照合同约定的时间、程序和方法，根据工程计量结果，办理期中价款结算，支付进度款
   D. 进度款支付周期，应与合同约定的工程计量周期一致

2. 建设工程进度款支付申请中周期合计完成的合同价款包括（　　）。
   A. 本周期已完成单价项目的金额　　B. 本周期应支付的总价项目的金额
   C. 本周期应扣回的预付款　　　　　D. 本周期已完成的计日工价款
   E. 本周期应增加的金额

3. 工程计量的原则有（　　）。
   A. 不符合合同文件要求的工程不予计量
   B. 按合同文件所规定的方法、范围、内容和单位计量
   C. 因承包人原因造成的超出合同工程范围施工或返工的工程量不予计量
   D. 按承包商实际施工完成的工程量进行计量

4. 合同价款的期中支付比例按照合同约定，不低于(　　)，不高于(　　)。
   A. 60%，80%　　　　B. 70%，90%　　　C. 60%，90%　　　D. 80%，90%

5. 费用偏差与进度偏差常用挣得值公式表示，下列正确的是(　　)。
   A. 费用偏差$(CV)=BCWP-ACWP$
   B. 费用偏差$(CV)=ACWP-BCWP$
   C. 进度偏差$(SV)=BCWP-BCWS$
   D. 进度偏差$(SV)=BCWS-BCWP$

6. 在施工合同履行过程中，引起费用偏差产生的原因中属于施工原因的是(　　)。
   A. 质量事故　　　　　　　　　B. 设计标准变更
   C. 建设手续不健全　　　　　　D. 设备涨价

7. 在建设工程合同实施过程中，用于纠正费用偏差的经济措施是(　　)。
   A. 落实费用控制人员
   B. 检查工程变更有无必要
   C. 进行技术分析
   D. 加强合同日常管理

8. 常用偏差分析的方法有(　　)。
   A. 横道图法　　　　　　　　　B. 时标网络图法
   C. 曲线法　　　　　　　　　　D. 表格法

9. 引起投资偏差的客观原因是(　　)。
   A. 设计错误或漏项　　　　　　B. 质量事故
   C. 未按时付款　　　　　　　　D. 交通原因

二、简答题

1. 进度款支付申请包括哪些内容？
2. 简述费用偏差与进度偏差的关系。
3. 投资偏差出现的原因有哪些？如何纠正？

项目 13　工程施工成本管理

学习目标

1. 熟悉施工成本管理流程。
2. 掌握施工成本管理内容。
3. 理解施工成本管理措施。

重点难点

成本预测、计划、控制、分析、核算、考核之间的逻辑关系。

天宇大厦施工伊始，施工单位就提出了成本控制目标，要求项目部全体人员有成本管理意识，做好施工成本管理工作。请思考：项目部该如何做好施工成本管理工作？

加强工程成本管理是降低成本、提高企业经济效益的基本途径，是企业经营管理的重要手段。企业要想在强手如林的竞争环境中立于不败之地，实现近期求生存、长期谋发展的目标，就必须强化成本管理，以适应市场经济发展的要求。

13.1 施工成本管理流程

施工成本管理是指通过控制手段，在达到工程项目预定功能和工期要求的前提下优化成本开支，将施工总成本控制在施工合同或设计规定的预算范围内。这是一个有机联系与相互制约的系统过程，应遵循下列程序：

(1)掌握成本测算数据(生产要素的价格信息及中标的施工合同价)。

(2)编制成本计划，确定成本实施目标。

(3)进行成本控制。

(4)进行施工过程成本核算。

(5)进行施工过程成本分析。

(6)进行施工过程成本考核。

(7)编制施工成本报告。

(8)施工成本管理资料归档。

成本预测是成本计划的编制基础，成本计划是开展成本控制和核算的基础；成本控制能对成本计划的实施进行监督，保证成本计划的实现，而成本核算又是成本计划是否实现的最后检查，成本核算所提供的成本信息又是成本预测、成本计划、成本控制和成本考核等的依据；成本分析为成本考核提供依据，也为未来的成本预测与成本计划指明方向；成本考核是实现成本目标责任制的保证和手段。

13.2 施工成本管理内容

施工成本管理的内容包括成本预测、成本计划、成本控制、成本核算、成本分析、成本考核。

13.2.1 成本预测

成本预测是指施工承包单位及其项目经理部有关人员凭借历史数据和工程经验，运用一定方法对工程项目未来的成本水平及其可能的发展趋势做出科学估计。预测时，通常是对工程项目计划工期内影响成本的因素进行分析，比照近期已完工程项目或将完工项目的成本，预测这些因素对施工成本的影响程度，估算出工程项目的单位成本或总成本。

成本预测可分为定性预测与定量预测两类。

(1)定性预测。定性预测是指造价管理人员根据专业知识和实践经验，通过调查研究，利用已有资料对成本费用的发展趋势及可能达到的水平所进行的分析和推断。

利用回归分析法进行成本预测

由于定性预测主要依靠管理人员的素质和判断能力，因而这种方法必须建立在工程项目成本费用的历史资料、现状及影响因素深刻了解的基础之上。此方法简便易行，在资料不多、难以进行定量预测时最为适用。常用的定性预测方法是调查研究判断法，具体方式有：座谈会法和函询调查法。

【例13-1】 假设某项目经理部要预测某项目的成本降低率，可将该项目的建筑面积、工程结构、预算造价、上年度项目的成本报表、公司对降低成本的要求及本项目将采取的主要技术组织措施等，告诉各专家，请他们提出预测意见。假定专家预测的结果：有4名专家提出成本降低4%，6名专家提出成本降低5%，6名专家提出成本降低6%，3名专家提出成本降低7%，1名专家提出成本降低2%。

解： 将这些预测数据进行加权平均：

$$X = \frac{\sum xf}{\sum f} = \frac{4 \times 4\% + 6 \times 5\% + 6 \times 6\% + 3 \times 7\% + 1 \times 2\%}{4+6+6+3+1} = 5.25\%$$

这项平均数据，经过研究修正后，就可以作为该施工项目成本率的预测值。

(2)定量预测。定量预测是利用历史成本费用统计资料以及成本费用与影响因素之间的数量关系，通过建立数学模型来推测、计算未来成本费用的可能结果。常用的定量预测方法有加权平均法、回归分析法等。

利用定率估算法进行成本计划

13.2.2 成本计划

成本计划是在成本预测的基础上，施工承包单位及其项目经理部对计划期内工程项目成本水平所作的筹划。成本计划是以货币形式表达的项目在计划期内的生产费用、成本水平及为降低成本采取的主要措施和规划的具体方案。

成本计划的内容一般由直接成本计划和间接成本计划组成。编制方法主要有以下四种：

(1)目标利润法。目标利润法是指根据工程项目的合同价格扣除目标利润后得到目标成本的方法。在采用正确的投标策略和方法以最理想的合同价中标后，从标价中扣除预期利润、税金、应上缴的管理费等之后的余额，即工程项目实施中所能支出的最大限额。

(2)技术进步法。技术进步法是以工程项目计划采取的技术组织措施和节约措施所能取得的经济效果为项目成本降低额，求得项目目标成本的方法。即

项目目标成本＝项目成本估算值－技术节约措施计划节约额(或降低成本额) (13-1)

(3)按实计算法。是以工程项目的实际资源消耗测算为基础，根据所需资源的实际价格，详细计算各项活动或各项成本组成的目标成本，其计算公式为：

人工费＝∑各类人员计划用工量×实际工资标准 (13-2)

材料费＝∑各类材料的计划用量×实际材料基价 (13-3)

施工机具使用费＝∑各类机具的计划台班量×实际台班单价 (13-4)

在此基础上，由项目经理部生产和财务管理人员结合施工技术和管理方案，测算措施费、项目经理部的管理费等，最后构成项目的目标成本。

【知识拓展】 各类人员计划用工量、各类材料的计划用量、各类机具的计划台班量是根据施工图纸计算出工程量后，套用施工定额进行工料机分析汇总得出。

(4)定率估算法。定率估算法，又称历史资料法，首先将工程项目分为若干子项目，参照同类工程项目的历史数据，采用算数平均法计算子项目目标成本降低率和降低额，然后汇总整个工程项目的目标成本降低率、降低额。在确定子项目成本降低率时一般采用加权平均法或三点估算法。该方法适用于当工程项目非常庞大和复杂而需要分为几个部分的情况。

13.2.3　成本控制

成本控制是指在工程项目实施过程中，对影响工程项目成本的各项要素，即施工生产所耗费的人力、物力和各项费用开支，采取一定措施进行监督、调节和控制，及时预防、发现和纠正偏差，保证工程项目成本目标的实现。成本控制是工程项目成本管理的核心内容，包括计划预控（事前控制）、过程控制（事中控制）和纠偏控制（事后控制）三个重要环节。

常见的成本控制方法有成本分析表法、挣值分析法、价值工程法等。

（1）成本分析表法。成本分析表法是指利用各种表格进行成本分析和控制的方法。常见的成本分析表有月成本分析表、成本日报或周报表、月成本计算及最终预测报告表。

（2）挣值分析法。挣值分析法是对工程项目成本/进度进行综合控制的一种分析方法。通过比较已完工程预算成本（BCWP）与已完工程实际成本（ACWP）之间的差值，分析由于实际价格变化而引起的累计成本偏差；通过比较已完工程预算成本（BCWP）与拟完工程预算成本（BCWS）之间的差值，分析由于进度偏差而引起的累计成本偏差。并通过计算后续未完工程的计划成本余额，预测其尚需的成本数额，从而为后续工程施工的成本、进度控制及寻求降低成本挖潜途径指明方向。本方法具体详见"12.3 费用偏差常用分析方法"。

（3）价值工程法。价值工程法是对工程项目进行事前成本控制的重要方法，在工程项目设计阶段，研究工程设计的技术合理性，探索有无改进的可能性，在提高功能的条件下，降低成本。在工程项目施工阶段，也可以通过价值工程活动，进行施工方案的技术经济分析，确定最佳施工方案，降低施工成本。本书在"6.6 设计方案优化与评价"中已详细讲述了该方法在工程设计阶段的运用，此处主要是讲述该方法在施工阶段的运用。

【例 13-2】　某工程总建筑面积为 10 900 m²，地上 22 层，地下 4 层，采用框架-剪力墙结构，筏板基础。建筑物总高 95.8 m，基础垫层底标高−20.4 m（最深处−21.3 m）。护坡总面积为 5 856 m²。土方施工过程中，护坡施工有以下难点：（1）开挖深度达 20.55 m，在当地较少见，对边坡支护的安全性要求提高；（2）现场场地狭小，不允许采用大放坡的方法施工；（3）地下水分布情况复杂（上层滞水与下部承压水共存），给土方施工及护坡施工带来较大难度；（4）本处所处区域土质情况复杂，勘察取点不能完全反映土质真实情况；（5）平面面积大，护坡的范围较大，必须相应考虑护坡的经济性。

解：（1）备选方案提出。为保证护坡施工方案的可行性和合理性，在认真研究建设方提供的勘察资料、施工图及合同要求的基础上，结合施工方以往进行护坡施工的资料，提出了备选方案见表 13-1。

表 13-1　备选方案表

方案	护坡桩	土钉墙	地下连续墙	组合支护
工程量	2 300 m³	6 419.5 m²	1 844.6 m³	为两种或两种以上方式的组合。本工程选用护坡桩＋土钉墙
单位成本/元	850	210	1 120	
安全性	较好	较差	好	
施工速度	慢	快	慢	
施工难度	机械化程度高、难度小	卵石层中较难施工	机械化程度高、难度小	
施工环境	污染一般	污染较大	污染一般	
占作业面的宽度	0.8～1 m	0.18～0.27 m 坡度放坡	0.3～0.5 m	

(2)评价指标及权重的确定。根据本工程特点及建设方要求，方案的选择确定了如下目标：

1)由于本工程基坑深度较大，地理位置特殊，必须确保基坑边坡的安全与稳定；

2)护坡施工必须加快进度，以确保总工期满足建设方要求；

3)由于地层条件复杂，应尽可能降低施工难度；

4)本工程地处闹市区，社会影响大，必须营造干净、整洁的施工环境，树立企业品牌；

5)现场场地小，要尽可能减少对施工场地的占用，以利于后续工程施工顺利进行；

6)在满足上述条件的前提下，实现经济效益的最大化。

依据以上目标确定的功能评价指标分别为安全性、施工难度、施工周期、环境影响和施工场地占用五项。

为便于比较，首先对五项指标的重要性，通过8位专家打分的方式进行量化，将打分结果取平均值，最终确定各项指标的权重见表13-2。

表 13-2　指标的权重

分值	安全性	施工难度	施工周期	环境影响	施工场地占用
分值1	4	2	1	1	2
分值2	3	2	3	1	1
分值3	4	2	2	1	1
分值4	4	1	1	3	1
分值5	3	3	1	1	2
分值6	3	2	2	1	2
分值7	4	3	1	1	1
分值8	4	2	2	1	1
平均分(S)	3.625	2.125	1.625	1.250	1.375
权重(N)	3.625	2.125	1.625	1.250	1.375

(3)多方案选择。在确定评价指标及权重后，对护坡桩、土钉墙、地下连续墙、组合支护4种方案进行价值分析。各种方案分档次评价指标分别赋值为10、8、6，分析结果见表13-3。

表 13-3　分析结果

方案名称		护坡桩	土钉墙	地下连续墙	土钉墙＋护坡桩
质量保证	评价指标	高	一般	高	较高
		10	6	10	8
	权重	3.625	3.625	3.625	3.625
	得分	36.25	21.75	36.25	29.0
施工难度	评价指标	一般	高	一般	一般
		10	6	10	10
	权重	2.125	2.125	2.125	2.125
	得分	21.25	12.75	21.25	21.25

方案名称		护坡桩	土钉墙	地下连续墙	土钉墙＋护坡桩
施工周期	评价指标	一般	较短	一般	较短
		6	8	6	8
	权重	1.625	1.625	1.625	1.625
	得分	9.75	13.0	9.75	13.0
现场环境	评价指标	较好	一般	较好	一般
		8	6	8	6
	权重	1.25	1.25	1.25	1.25
	得分	10.0	7.5	10.0	7.5
施工场地占用	评价指标	少	一般	少	少
		10	6	10	10
	权重	1.375	1.375	1.375	1.375
	得分	13.75	8.25	13.75	13.75
得分合计		91.0	63.25	91.0	87.0
功能指数		0.274	0.19	0.274	0.262
预计成本		195.5	134.8	206.6	182.3
成本指数		0.272	0.187	0.287	0.253
价值指数		1.007	1.016	0.955	1.036

根据价值指数最终选择土钉墙＋护坡桩的组合支护方式。

13.2.4 成本核算

成本核算是施工承包单位利用会计核算体系，对工程项目施工过程中所发生的各项费用进行归集，统计其实际发生额，并计算工程项目总成本和单位工程成本的管理工作。成本核算是施工承包单位成本管理最基础的工作。成本核算应以单位工程为对象建立和健全成本核算体系，严格区分企业经营成本和项目生产成本，在工程施工阶段不对企业经营成本进行分摊，以正确反映工程项目可控成本的收、支、结、转的状况和成本管理业绩。成本核算常用方法有表格核算法和会计核算法。

13.2.5 成本分析

成本分析是在成本核算的基础上，对成本的形成过程和影响成本升降的因素进行分析，以寻求进一步降低成本的途径，包括有利偏差的挖掘和不利偏差的纠正。成本分析贯穿于成本管理的全过程。它是在成本的形成过程中，主要利用项目地成本核算资料(成本信息)，与目标成本、预算成本及类似项目地实际成本等进行比较，了解成本的变动情况，同时，也要分析主要技术经济指标对成本的影响，系统的研究成本变动的因素，检查成本计划的合理性，并通过成本分析，深入研究成本变动的规律，寻求降低项目成本的途径，以便有效地进行成本控制。成本偏差的控制，分析是关键，纠偏是核心，因此要针对分析得出的偏差发生原因，采取切实措施，加以纠正。

成本分析是揭示工程项目成本变化情况及其变化原因的过程，其基本方法有比较法、因素分析法、差额计算法等。

(1)比较法。比较法又称指标对比分析法，是通过技术经济指标的对比，检查项目的完

微课

利用因素分析法进行成本分析

成情况，分析产生差异的原因，进而挖掘内部潜力的方法。常用比较形式见表13-4。

表 13-4　比较法常用的比较形式

比较形式	目的
本期实际指标与目标指标对比	检查目标完成情况，分析影响目标完成的积极和消极因素，以便及时采取措施
本期实际指标与上期实际指标对比	看出各项技术经济指标的变动情况，反映项目管理水平的提高程度
本期实际指标与本行业平均水平、先进水平对比	反映本项目的技术管理和经济管理水平与行业的平均和先进水平的差距，进而采取措施赶超先进水平

(2)因素分析法。因素分析法又称连环置换法，在进行分析时，首先要假定众多因素中的一个因素发生了变化，而其他因素则不变，在前一个因素变动的基础上分析第二个因素的变动，然后逐个替换，分别比较其计算结果，以确定各个因素的变化对成本的影响程度。具体步骤如下：

1)以各个因素的计划数为基础，计算出一个总数；

2)逐项以各个因素的实际数替换计划数；

3)每次替换后，实际数就保留下来，直到所有计划数都被替换成实际数为止；

4)每次替换后，都应求出新的计算结果；

5)最后将每次替换所得结果，与其相邻的前一个计算结果比较，其差额即替换的那个因素对总差异的影响程度。

【例 13-3】　某施工承包单位承包一工程，计划砌砖工程量 1 200 m^3，按预算定额规定，每立方米耗用空心砖 510 块，每块空心砖计划价格为 0.12 元；而实际砌砖工程量却达到 1 500 m^3，每立方米实耗空心砖 500 块，每块空心砖实际购入价为 0.18 元。试用因素分析法进行成本分析。

解：砌砖工程的空心砖成本计算公式为

空心砖成本＝砌砖工程量×每立方米空心砖消耗量×空心砖价格

采用因素分析法对上述三个因素分别对空心砖成本的影响进行分析。计算过程和结果见表13-5。

表 13-5　砌砖工程空心砖成本分析　　　　　　　　　　元

计算顺序	砌砖工程量	空心砖消耗量/m^3	空心砖价格	空心砖成本	差异数	差异原因
计划数	1 200	510	0.12	73 440		
第一次代替	1 500	510	0.12	91 800	18 360	工程量增加
第二次代替	1 500	500	0.12	90 000	−1 800	空心砖节约
第三次代替	1 500	500	0.18	135 000	45 000	价格提高
合计					61 560	

以上分析结果表明，实际空心砖成本比计划超出 61 560 元，主要原因是由工程量增加和空心砖价格提高引起的；另外，由于节约空心砖消耗，空心砖成本减少了 1 800 元，应总结经验继续发扬。

（3）差额计算法。差额计算法是因素分析法的一种简化形式，它利用各个因素的目标值与实际值的差额来计算其对成本的影响程度。

【例 13-4】 以［例 13-3］的成本分析资料为基础，利用差额计算法分析各因素对成本的影响程度。

解： 工程量增加对成本的影响额＝$(1\ 500-1\ 200)\times 510\times 0.12=18\ 360$（元）

材料消耗量变动对成本的影响额＝$1\ 500\times(500-510)\times 0.12=-1\ 800$（元）

材料单价变动对成本的影响额＝$1\ 500\times 500\times(0.18-0.12)=45\ 000$（元）

各因素变动对材料费用的影响＝$18\ 360-1\ 800+45\ 000=61\ 560$（元）

13.2.6 成本考核

成本考核是在工程项目建设过程中或项目完成后，定期对项目形成过程中的各级单位成本管理的成绩或失误进行总结与评价。施工成本单位应建立和健全工程项目成本考核制度，作为工程项目成本管理责任体系的组成部分。考核制度应对考核的目的、时间、范围、对象、方式、依据、指标、组织领导及结论与奖惩原则等作出明确规定。成本考核的内容见表 13-6。

表 13-6 成本考核的内容

考核对象	考核内容	考核指标
企业对项目成本的考核	施工成本目标（降低额）完成情况考核	①项目施工成本降低额＝项目施工合同成本－项目实际施工成本
	成本管理业绩考核	②项目施工成本降低率＝项目施工成本降低额÷（项目施工合同成本×100%）
企业对项目经理部可控责任成本的考核	项目成本目标和阶段成本目标完成情况	①项目经理责任目标总成本降低额和降低率目标总成本降低额＝项目经理责任目标总成本－项目竣工结算总成本目标总成本降低率＝目标总成本降低额÷（项目经理责任目标总成本×100%） ②施工责任目标成本实际降低额和降低率目标成本实际降低额＝施工责任目标总成本－工程竣工结算总成本目标成本实际降低率＝施工责任目标成本实际降低额÷（施工责任目标总成本×100%） ③施工计划成本实际降低额和降低率施工计划成本实际降低额＝施工计划总成本－工程竣工结算总成本施工计划成本实际降低率＝施工计划成本实际降低额÷（施工计划总成本×100%）
	建立以项目经理为核心的成本管理责任制落实情况	
	成本计划的编制和落实情况	
	对各部门、各施工队和班组责任成本的检查和考核情况	
	在成本管理中贯彻责权利相结合原则的执行情况	

13.3 施工成本管理措施

为了取得成本管理的理想成效，应当从多方面采取措施实施管理，通常可以将这些措施归纳为组织措施、技术措施、经济措施和合同措施。

（1）组织措施。组织措施是从成本管理的组织方面采取的措施。成本控制是全员的活动，如实行项目经理责任制，落实成本管理的组织机构和人员，明确各级成本管理人员的任务和职能分工、权力和责任。成本管理不仅是专业成本管理人员的工作，各级项目管理人员都负有成本控制责任。

组织措施的另一方面是编制成本控制工作计划、确定合理详细的工作流程。要做好施工采购计划，通过生产要素的优化配置、合理使用、动态管理，有效控制实际成本；加强施工定额管理和施工任务单管理，控制活劳动和物化劳动的消耗；加强施工调度，避免因施工计划不周和盲目调度造成窝工损失、机械利用率降低、物料积压等问题。成本控制工作只有建立在科学管理的基础之上，具备合理的管理体制，完善的规章制度，稳定的作业秩序，完整准确的信息传递，才能取得成效。组织措施是其他各类措施的前提和保障，而且一般不需要增加额外的费用，运用得当可以取得良好的效果。

（2）技术措施。施工过程中降低成本的技术措施包括：进行技术经济分析，确定最佳的施工方案；结合施工方法，进行材料使用的比选，在满足功能要求的前提下，通过代用、改变配合比、使用外加剂等方法降低材料消耗的费用；确定最合适的施工机械、设备使用方案；结合项目的施工组织设计及自然地理条件，降低材料的库存成本和运输成本；应用先进的施工技术，运用新材料，使用先进的机械设备等。在实践中，也要避免仅从技术角度选定方案而忽视对其经济效果的分析论证。

技术措施不仅对解决成本管理过程中的技术问题是不可缺少的，而且对纠正成本管理目标偏差也有相当重要的作用。因此，运用技术纠偏措施的关键，一是要能提出多个不同的技术方案；二是要对不同的技术方案运用技术纠偏分析比较，选择最佳方案。

（3）经济措施。经济措施是最易被人们所接受和采用的措施。管理人员应编制资金使用计划，确定、分解成本管理目标。对成本管理目标进行风险分析，并制定防范性对策。在施工中严格控制好增减账，落实业主签证并结算工程款。通过偏差分析和未完工程预测，发现一些潜在的可能引起未完工程成本增加的问题，及时采取预防措施。因此，经济措施的运用绝不仅是财务人员的事情。

（4）合同措施。采用合同措施控制成本，应贯穿整个合同周期，包括从合同谈判开始到合同终结的全过程。对于分包项目，首先是选用合适的合同结构，对各种合同结构模式进行分析、比较，在合同谈判时，要争取选用适用于工程规模、性质和特点的合同结构模式。其次在合同的条款中应仔细考虑一切影响成本和效益的因素，特别是潜在的风险因素。通过对引起成本变动的风险因素的识别和分析，采取必要的风险对策，如通过合理的方式增加承担风险的个体数量以降低损失发生的比例，并最终将这些策略体现在合同的具体条款中。在合同执行期间，合同管理的措施既要密切注视对方合同执行的情况，以寻求合同索赔的机会，同时也要密切关注自己履行合同的情况，以防被对方索赔。

思政育人

加强工程成本管理不仅是企业经营管理的重要手段，还是倡导"厉行节约、反对浪费"的社会风尚。"国以俭得之，以奢失之"，节俭不仅于国家大有裨益，而且与个人得失也休戚相关。作为一个有责任感、荣誉感、使命感的当代青年人，我们每个人都应时常反思自己，有没有节约粮食、节约水电的意识。节约是一种美德，要用正确的态度去对待，用实际行动去弘扬。

课后训练

一、选择题

1. 成本分析、成本考核、成本核算是建设工程项目施工成本管理的重要环节，仅就此三项工作而言，其正确的工作流程是（　　）。

   A. 成本核算→成本分析→成本考核　　B. 成本分析→成本考核→成本核算

   C. 成本考核→成本核算→成本分析　　D. 成本分析→成本核算→成本考核

2. 关于施工成本管理各项工作之间关系的说法，下列正确的是（　　）。

   A. 成本计划能对成本控制的实施进行监督

   B. 成本核算是成本计划的基础

   C. 成本预算是实现成本目标的保证

   D. 成本分析为成本考核提供依据

3. 在工程项目施工成本管理过程中，成本管理的核心内容是（　　）。

   A. 成本计划　　B. 成本控制　　C. 成本核算　　D. 成本分析

4. 在工程项目施工成本管理过程中，施工成本核算是以（　　）为核算对象。

   A. 建设单位的可控责任成本

   B. 施工单位的可控责任成本

   C. 项目经理授权范围相对应的可控责任成本

   D. 监理单位的可控责任成本

5. 施工项目成本分析的基本方法有（　　）。

   A. 因素分析法　　B. 差额计算法　　C. 强制评分法

   D. 动态比率法　　E. 综合成本分析法

6. 下列方法中，可用于编制工程项目成本计划的是（　　）。

   A. 挣值分析法　　　　　　　　B. 目标利润法

   C. 工期—成本同步分析法　　　D. 成本分析表法

7. 下列项目成本分析方法中，（　　）具有通俗易懂、简单易行、便于掌握的特点，因而得到了广泛的应用，但在应用时必须注意各技术经济指标的可比性。

   A. 比较法　　B. 因素分析法　　C. 差额计算法　　D. 比率法

8. 项目成本计划的编制方法中，当项目非常庞大和复杂而需要分为几个部分时，可采用（　　）

   A. 定律估算法　　B. 技术进步法　　C. 按实计算　　D. 目标利润法

9. 下列选项中，（　　）是指在项目实施过程中，对影响项目成本的各项要素，即施工生产所耗费的人力、物力和各项费用开支，采取一定措施进行监督、调节和控制，及时预防、发现和纠正偏差，保证项目成本目标的实现。

   A. 成本核算　　B. 成本控制　　C. 成本分析　　D. 成本测算

项目 14 竣工验收与工程结(决)算

学习目标

1. 熟悉竣工验收流程及内容。
2. 学会工程结算的编制。
3. 熟悉竣工决算内容及新增资产确定方法。

重点难点

1. 工程结算与竣工决算的区别和联系。
2. 新增固定资产的确定。

案例引入

　　天宇大厦施工完成后，李总及时组织参建各方做好竣工验收工作，保证了工程按期交付。天宇大厦运营半年后，地下室车库的土建工程出现变形缝漏水等质量问题，李总安排王某联系施工单位和监理公司及时进行了维修。请思考：

　　(1)参建各方都应做好哪些竣工验收工作？

　　(2)使用半年后出现的漏水问题，维修费用该谁承担？

　　(3)天宇大厦交付使用后，是否标志建设工作已全部完成？

14.1 竣工验收概述

　　建设项目竣工验收，按被验收的对象划分，可分为单位工程验收、单项工程验收及工程整体验收(称为"动用验收")。

14.1.1 建设项目竣工验收内容

　　不同的建设项目竣工验收的内容可能有所不同，但一般包括工程资料验收和工程内容验收两部分。

　　(1)工程资料验收。单项和单位工程验收的资料一般包括工程技术资料、工程综合资料；工程整体验收的资料包括工程技术资料、工程综合资料、工程财务资料。

竣工验收

（2）工程内容验收。工程内容验收包括建筑工程和安装工程验收。

1）建筑工程验收主要包括：建筑物的位置、标高、轴线是否符合设计要求；对基础工程中的土石方工程、垫层工程、砌筑工程等资料的审查验收；对结构工程中的砖木结构、砖混结构、内浇外砌结构、钢筋混凝土结构的审查验收；对屋面工程的屋面瓦、保温层、防水层等的审查验收；对门窗工程的审查验收；对装饰工程的审查验收（抹灰、油漆等工程）

2）安装工程验收可分为建筑设备安装工程、工艺设备安装工程和动力设备安装工程验收。

14.1.2 建设项目竣工验收的程序

建设项目竣工验收的程序如图 14-1 所示。

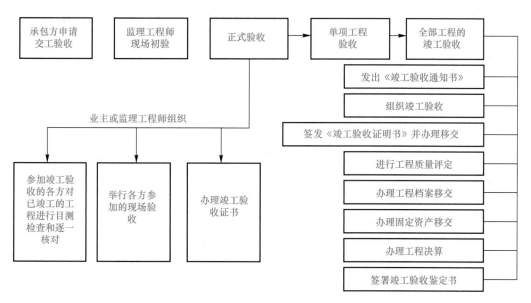

图 14-1 建设项目竣工验收的程序

14.2 竣工结算的编制

14.2.1 工程竣工结算概述

工程竣工结算是指工程项目完工并经竣工验收合格后，发承包按照施工合同的约定对所完成的工程项目进行的合同价款的计算、调整和确认。工程竣工结算可分为建设项目竣工总结算、单项工程竣工结算和单位工程竣工结算。单项工程竣工结算由单位工程竣工结算组成，建设项目竣工结算由单项工程竣工结算组成。

14.2.2 工程竣工结算的编制单位

工程竣工结算由承包人或受其委托具有相应资质的工程造价咨询人编制，由发包人或受其委托具有相应资质的工程造价咨询人核对。政府投资项目由同级财政部门审查。单项工程竣工结算或建设项目竣工总结算经发包人、承包人签字盖章后有效。承包人应在合同约定期限内完成项目竣工结算编制工作，未在规定期限内完成的，并且提不出正当理由延期的，责任自负。

14.2.3　工程竣工结算的编制依据

工程竣工结算编制的主要依据有：《建设工程工程量清单计价规范》（GB 50500—2013）及各专业工程工程量清单计算规范；工程合同；发承包双方实施过程中已确认的工程量及其结算的合同价款；发承包双方实施过程中已确认调整后追加（减）的合同价款；建设工程设计文件及相关资料；投标文件；其他依据。

14.2.4　工程竣工结算的计价原则

在采用工程量清单计价方式下，工程竣工结算的计价原则如下：

（1）分部分项工程和措施项目中的单价项目应依据双方确认的工程量与已标价工程量清单的综合单价计算；如发生调整的，以发承包双方确认调整的综合单价计算。

（2）措施项目中的总价项目应依据合同约定的项目和金额计算；如发生调整的，以发承包双方确认调整的金额计算，其中安全文明施工费必须按照国家或省级、行业建设主管部门的规定计算。

（3）其他项目应按下列规定计价：

1）计日工应按发包人实际签证确认的事项计算；

2）暂估价应按发承包双方按照《建设工程工程量清单计价规范》（GB 50500—2013）的相关规定计算；

3）总承包服务费应依据合同约定金额计算，如发生调整的，以发承包双方确认调整的金额计算；

4）施工索赔费用应依据发承包双方确认的索赔事项和金额计算；

5）现场签证费用应依据发承包双方签证资料确认的金额计算；

6）暂列金额应减去工程价款调整（包括索赔、现场签证）金额计算，如有余额归发包人。

（4）规费和增值税应按照国家或省级、行业建设主管部门的规定计算。

另外，发承包双方在合同工程实施过程中已经确认的工程计量结果和合同价款，在竣工结算办理中应直接进入结算。采用总价合同的，应在合同总价基础上，对合同约定能调整的内容及超过合同约定范围的风险因素进行调整；采用单价合同的，在合同约定风险范围内的综合单价应固定不变，并应按合同约定进行计量，且应按实际完成的工程量进行计量。

14.2.5　竣工结算的审核

竣工结算的
编制和审核

（1）国有资金投资的建设工程发包人，应当委托具有相应资质的工程造价咨询机构对竣工结算文件进行审核，并在收到竣工结算文件后的约定期限内向承包人提出由工程造价咨询机构出具的竣工结算文件审核意见；逾期未答复的，按照合同约定处理，合同没有约定的，竣工结算文件视为已被认可。

（2）非国有资金投资的建设工程发包人，应当在收到竣工结算文件后的约定期限内予以答复，逾期未答复的，按照合同约定处理，合同没有约定的，竣工结算文件视为已被认可。发包人对竣工结算文件有异议的，应当在答复期内向承包人提出，并可以在提出异议之日起的约定期限内与承包人协商；发包人在协商期内未与承包人协商或者经协商未能与承包人达成协议的，应当委托工程造价咨询机构进行竣工结算审核，并在协商期满后的约定期限内向承包人提出由工程造价咨询机构出具的竣工结算文件审核意见。

（3）发包人委托工程造价咨询机构核对竣工结算的，工程造价咨询机构应在规定期限内核对完毕，核对结论与承包人竣工结算文件不一致的，应提交给承包人复核，承包人应在规定期限内将同意核对结论或不同意见的说明提交工程造价咨询机构。工程造价咨询机构收到承包人提出的异议后，应再次复核，复核无异议的，发承包双方应在规定期限内在竣工结算文件上签字确认，竣工结算办理完毕；复核后仍有异议的，对于无异议部分办理不完全竣工结算；有异议部分由发承包双方协商解决，协商不成的，按照合同约定的争议解决方式处理。承包人逾期未提出书面异议的，视为工程造价咨询机构核对的竣工结算文件已经承包人认可。

（4）竣工结算审核的成果文件应包括竣工结算审核书封面、签署页、竣工结算审核报告、竣工结算审定签署表、竣工结算审核汇总对比表、单项工程竣工结算审核汇总对比表、单位工程竣工结算审核汇总对比表等。

（5）竣工结算审核应采用全面审核法，除委托咨询合同另有约定外，不得采用重点审核法、抽样审核法或类比审核法等其他方法。

14.2.6　质量争议工程的竣工结算

发包人对工程质量有异议拒绝办理工程竣工结算时，应按以下规定执行：

（1）已经竣工验收或已竣工未验收但实际投入使用的工程，其质量争议按该工程保修合同执行，竣工结算按合同约定办理。

（2）已竣工未验收且未实际投入使用的工程及停工、停建工程的质量争议，双方应就有争议的部分委托有资质的检测鉴定机构进行检测，根据检测结果确定解决方案，或按工程质量监督机构的处理决定执行后办理竣工结算，无争议部分的竣工结算按合同约定办理。

14.2.7　竣工结算款的支付

工程竣工结算文件经发承包双方签字确认的，应当作为工程结算的依据，未经对方同意，另一方不得就已生效的竣工结算文件委托工程造价咨询机构重复审核。竣工结算文件应当由发包人报工程所在地县级以上地方人民政府住房城乡建设主管部门备案。

发包人应当按照竣工结算文件及时支付竣工结算款，支付程序为：承包人提交竣工结算款支付申请，发包人签发竣工结算支付证书后，支付竣工结算款。

竣工结算支付

发包人未按照规定的程序支付竣工结算款的，承包人可催告发包人支付，并有权获得延迟支付的利息。发包人在竣工结算支付证书签发后或者在收到承包人提交的竣工结算款支付申请规定时间仍未支付的，除法律另有规定外，承包人可与发包人协议将该工程折价，也可直接向人民法院申请将该工程依法拍卖。承包人就该工程折价或拍卖款优先受偿。

14.3　质量保证金的预留及管理

14.3.1　质量保证金的含义

根据《建设工程质量保证金管理暂行办法》（建质〔2017〕138号）的规定，建设工程质量保证金是指发包人与承包人在建设工程承包合同中约定，从应付的工程款中预留，用以保证承包人在缺陷责任期内对建设工程出现的缺陷进行维修的资金。缺陷是指建设工程质量不符合工程建设强制标准、设计文件，以及承包合同的约定。缺陷责任期是承包人对已交付使用的合同工程承担合同约定的缺陷修复责任的期限。缺陷责任期一般为1年，最长不超过2年，由发承包双方在合同中约定。

《建设工程质量保证金管理暂行办法》（建质〔2017〕138号）规定：缺陷责任期从工程通过竣工验收之日起计算。由于承包人原因导致工程无法按规定期限进行竣工验收的，缺陷责任期从实际通过竣工验收之日起计算。由于发包人原因导致工程无法按规定期限竣工验收的，在承包人提交竣工验收报告90天后，工程自动进入缺陷责任期。

14.3.2 工程质量保修范围和内容

发承包双方在工程质量保修书中约定的建设工程的保修范围包括：地基基础工程、主体结构工程，屋面防水工程、有防水要求的卫生间、房间和外墙面的防渗漏，供热与供冷系统，电气管线、给水排水管道、设备安装和装修工程，以及双方约定的其他项目。具体保修的内容，双方在工程质量保修书中约定。

由于用户使用不当或自行修饰装修、改动结构、擅自添置设施或设备而造成建筑功能不良或损坏者，以及对因自然灾害等不可抗力造成的质量损害，不属于保修范围。

14.3.3 工程质量保证金的预留及管理

《建设工程质量保证金管理暂行办法》(建质〔2017〕138号)规定：发包人应按照合同约定方式预留保证金，保证金总预留比例不得高于工程价款结算总额的3%。合同约定由承包人以银行保函替代预留保证金的，保函金额不得高于工程价款结算总额的3%。在工程项目竣工前，已经缴纳履约保证金的，发包人不得同时预留工程质量保证金。采用工程质量保证担保、工程质量保险等其他保证方式的，发包人不得再预留保证金。

缺陷责任期内，由承包人原因造成的缺陷，承包人应负责维修，并承担鉴定及维修费用。由他人原因造成的缺陷，发包人负责组织维修，承包人不承担费用，且发包人不得从保证金中扣除费用。

14.3.4 质量保证金的返还

缺陷责任期内，承包人认真履行合同约定的责任，到期后，承包人向发包人申请返还保证金。发包人和承包人对保证金预留、返还及工程维修质量、费用有争议的，按承包合同约定的争议和纠纷解决程序处理。

14.3.5 最终结清付款

最终结清是指合同约定的缺陷责任期终止后，承包人已按合同规定完成全部剩余工作且质量合格的，发包人与承包人结清全部剩余款项的活动。

(1)最终结清申请单。缺陷责任期终止后，承包人已按合同规定完成全部剩余工作且质量合格的，发包人签发缺陷责任期终止证书，承包人可按合同约定的份数和期限向发包人提交最终结清申请单，并提供相关证明材料，详细说明承包人根据合同规定已经完成的全部工程价款金额及承包人认为根据合同规定应进一步支付给他的其他款项。发包人对最终结清申请单内容有异议的，有权要求承包人进行修正和提供补充资料，由承包人向发包人提交修正后的最终结清申请单。

(2)最终支付证书。发包人收到承包人提交的最终结清申请单，并在规定时间内予以核实后，向承包人签发最终支付证书。发包人未在约定时间内核实，又未提出具体意见的，视为承包人提交的最终结清申请单已被发包人认可。

(3)最终结清付款。发包人应在签发最终结清支付证书后的规定时间内，按照最终结清支付证书列明的金额向承包人支付最终结清款。最终结清付款后，承包人在合同内享有的索赔权利也自行终止。发包人未按期支付的，承包人可催告发包人在合理的期限内支付，并有权获得延迟支付的利息。

最终结清时，如果承包人被扣留的质量保证金不足以抵减发包人工程缺陷修复费用的，承包人应承担不足部分的补偿责任。最终结清付款涉及政府投资资金的，按照国库集中支付等国家相关规定和专用合同条款的约定办理。承包人对发包人支付的最终结清款有异议的，按照合同约定的争议解决方式处理。

14.4 竣工决算的编制

14.4.1 竣工决算概述

建设项目竣工决算是指项目建设单位根据国家有关规定在项目竣工验收阶段为确定建设项目从筹建到竣工验收实际发生的全部建设费用(包括建筑工程费、安装工程费、设备及工器具购置费用、预备费等费用)而编制的财务文件。竣工决算是综合反映竣工建设项目全部建设费用、建设成果和财务状况的总结性文件,是竣工验收报告的重要组成部分,是正确核定新增固定资产价值、考核分析投资效果、建立健全经济责任制的依据,是反映建设项目实际造价和投资效果的文件。

竣工结算与竣工决算的区别

按照财政部、国家发改委与住房和城乡建设部的有关文件规定,竣工决算由竣工财务决算说明书、竣工财务决算报表、工程竣工图和工程竣工造价对比分析四部分组成。其中,竣工财务决算说明书和竣工财务决算报表两部分又称建设项目竣工财务决算,是竣工决算的核心内容。竣工财务决算是正确核定项目资产价值、反映竣工项目建设成果的文件,是办理资产移交和产权登记的依据。

14.4.2 竣工决算内容

(1)竣工财务决算说明书。竣工财务决算说明书主要反映竣工工程建设成果和经验,是对竣工决算报表进行分析和补充说明的文件,是全面考核分析工程投资与造价的书面总结。其内容主要包括:建设项目概况;会计账务的处理、财产物资清理及债权债务的清偿情况;项目建设资金计划及到位情况,财政资金支出预算、投资计划及到位情况;项目建设资金使用、项目结余资金等分配情况;项目概(预)算执行情况及分析,竣工实际完成投资与概算差异及原因分析;尾工工程情况;历次审计、检查、审核、稽查意见及整改落实情况;主要技术经济指标的分析、计算情况;项目管理经验、主要问题和建议;预备费动用情况;项目建设管理制度执行情况、政府采购情况、合同履行情况;征地拆迁补偿情况、移民安置情况;需要说明的其他事项等。

竣工决算的内容

(2)竣工财务决算报表。建设项目竣工财务决算报表包括:基本建设项目概况表;基本建设项目竣工决算表;基本建设项目资金使用情况明细表;基本建设项目交付使用资产总表;基本建设项目交付使用资产明细表;待摊投资明细表;待核销基建支出明细表;转出投资明细表等。具体报表格式在《基本建设项目竣工财务决算管理暂行办法》(财建〔2016〕503号)有明确要求。

(3)建设工程竣工图。各项新建、扩建、改建的基本建设工程,特别是基础、地下建筑、管线、结构、井巷、桥梁、隧道、港口、水坝,以及设备安装等隐蔽部位都要编制竣工图。为确保竣工图质量,必须在施工过程中(不能在竣工后)及时做好隐蔽工程检查记录,整理好设计变更文件。

(4)工程造价对比分析。对控制工程造价所采取的措施、效果及其动态的变化需要进行认真地比较对比,总结经验教训。批准的设计概算是考核建设工程造价的依据。在分析时,可先对比整个项目的总概算,然后将建筑安装工程费、设备工器具费和其他工程费用逐一与竣工决算表中所提供的实际数据和相关资料及批准的概算、预算指标、实际的工程造价进行对比分析,以确定竣工项目总造价是节约还是超支,并在对比的基础上,总结先进经验,找出节约和超支的内容和原因,提出改进措施。

例 14-1 讲解

14.4.3 竣工决算案例

【例14-1】 某大中型建设项目2010年开工建设,2012年年底有关财务核算资料如下:

(1)已经完成部分单项工程，经验收合格后，已经交付使用的资产包括以下内容：

1)固定资产价值为 95 560 万元。

2)为生产准备的使用期限在一年以内的备品备件、工具、器具等流动资产价值为 50 000 万元，期限在一年以上，单位价值在 1 500 元以上的工具 100 万元。

3)建设期间购置的专利权、专有技术等无形资产为 2 000 万元，摊销期为 5 年。

(2)基本建设支出的未完成项目包括以下内容：

1)建筑安装工程支出 16 000 万元。

2)设备工器具投资 48 000 万元。

3)建设单位管理费、勘察设计费等待摊销投资 2 500 万元。

4)通过出让方式购置的土地使用权形成的其他投资 120 万元。

(3)非经营性项目发生待核销基建支出 60 万元。

(4)应收生产单位投资借款 1 500 万元。

(5)购置需要安装的器材 60 万元。

(6)货币资金 500 万元。

(7)预防工程款及应收有偿调出器材款 22 万元。

(8)建设单位自用的固定资产原值 60 550 万元，累计折旧 10 022 万元。

(9)反映在"资金平衡表"上的各类资金来源的期末余额如下：

1)预算拨款 70 000 万元。

2)自筹资金拨款 72 000 万元。

3)其他拨款 500 万元。

4)建设单位向商业银行借款 121 000 万元。

5)建设单位当年完成交付生产单位使用的资产价值中，500 万元属于利用投资借款形成的待冲基建支出。

6)应付器材销售商 80 万元贷款和尚未支付的应付工程款 2 820 万元。

7)未交税金 50 万元。

根据上述有关资料编制该项目竣工财务决算表。

解：该项目竣工财务决算表见表 14-1。

表 14-1　该项目竣工财务决算表　　　　　　　　　　万元

资金来源	金额	资金占用	金额
一、基建拨款	142 500	一、基本建设支出	214 340
1. 预算拨款	70 000	1. 交付使用资产	147 660
2. 基建基金拨款		2. 在建工程	66 620
其中：国债专项资金拨款		3. 待核销基建支出	60
3. 专项建设基金拨款		4. 非经营性项目转出投资	
4. 进口设备转账拨款		二、应收生产单位投资借款	1 500
5. 器材转账拨款		三、拨付所属投资借款	
6. 煤代油专用基本拨款		四、器材	60
7. 自筹资金拨款	72 000	其中：待处理器材损失	20

资金来源	金额	资金占用	金额
8.其他拨款	500	五、货币资金	500
二、项目资本金		六、预付及应收款	22
1.国家资本		七、有价证券	
2.法人资本		八、固定资产	50 528
3.个人资本		固定资产原值	60 550
4.外商资本			
三、项目资本公积		减：累计折旧	10 022
四、基建借款		固定资产净值	50 528
其中：国债转贷	121 000	固定资产清理	
五、上级拨入投资借款		待处理固定资产损失	
六、企业债券资金			
七、待冲基建支出	500		
八、应付款	2 900		
九、未交款	50		
1.未交税金	50		
2.其他未交款			
十、上级拨入资金			
十一、留成收入			
合计	266 950	合计	266 950

14.5 新增资产的确定

建设项目竣工后，造价工程师在竣工决算的一项重要工作是将所花费的总投资形成相应的资产。按照新的财务制度和企业会计准则，新增资产按资产性质可分为固定资产、流动资产、无形资产和其他资产四大类。

14.5.1 新增固定资产价值的确定方法

新增固定资产价值是建设项目竣工投产后所增加的固定资产的价值，它是以价值形态表示的固定资产投资最终成果的综合性指标。其计算是以独立发挥生产能力的单项工程为对象的。其内容包括：已投入生产或交付使用的建筑、安装工程造价，达到固定资产标准的设备、工器具的购置费用，增加固定资产价值的其他费用。

（1）计算时应注意几种情况：

1）对于为了提高产品质量、改善劳动条件、节约材料消耗、保护环境而建设的附属辅助工程，只要全部建成，正式验收交付使用后就要计入新增固定资产价值。

2）对于单项工程中不构成生产系统，但能独立发挥效益的非生产性项目，如住宅、食

新增资产计算

堂、医务所、托儿所、生活服务网点等，在建成并交付使用后，也要计算新增固定资产价值。

3）凡购置达到固定资产标准不需安装的设备、工器具，应在交付使用后计入新增固定资产价值。

4）属于新增固定资产价值的其他投资，应随同受益工程交付使用的同时一并计入。

5）交付使用资产的成本，应按下列内容计算：房屋、建筑物、管道、线路等固定资产的成本包括建筑工程成果和待分摊的待摊投资；动力设备和生产设备等固定资产的成本包括需要安装设备的采购成本，安装工程成本，设备基础支柱等建筑工程成本或砌筑锅炉及各种特殊炉的建筑工程成本，应分摊的待摊投资；运输设备及其他不需要安装的设备、工具、器具、家具等固定资产一般仅计算采购成本，不计分摊的"待摊投资"。

（2）共同费用的分摊方法。新增固定资产的其他费用，如果是属于整个建设项目或两个以上单项工程的，在计算新增固定资产价值时，应在各单项工程中按比例分摊。一般情况下，建设单位管理费按建筑工程、安装工程、需安装设备价值总额做比例分摊，而土地征用费、地质勘察和建筑工程设计费等费用则按建筑工程造价比例分摊，生产工艺流程系统设计费按安装工造价比例分摊。

【例 14-2】某工业项目及其总装车间的建筑工程费、安装工程费，需安装设备费及应摊入费用见表 14-2，计算总装车间新增固定资产价值。

表 14-2　分摊费用计算表　　　　　　　　　　　　万元

项目名称	建筑工程	安装工程	需安装设备	建设单位管理费	土地征用	勘察设计	工艺设计
建设单位竣工决算	5 000	1 000	1 200	105	120	60	40
总装车间竣工决算	1 000	500	600				

解：应分摊的建设单位管理费：$\dfrac{1\,000+500+600}{5\,000+1\,000+1\,200}\times105=30.625$（万元）

应分摊的土地征用费：$\dfrac{1\,000}{5\,000}\times120=24$（万元）

应分摊的勘察设计费：$\dfrac{1\,000}{5\,000}\times60=12$（万元）

应分摊的工艺设计费：$\dfrac{500}{1\,000}\times40=20$（万元）

总装车间新增固定资产：$(1\,000+500+600)+(30.625+24+12+20)=2\,186.625$（万元）

14.5.2　新增无形资产价值的确定方法

无形资产可分为可辨认无形资产和不可辨认无形资产。可辨认无形资产包括专利、商标权、著作权、专有技术、销售网络、客户关系、特许经营权、合同权益、域名；不可辨认无形资产是指商誉。

（1）无形资产的计价原则。

1）投资者按无形资产作为资本金或者合作条件投入时，按评估确认或合同协议约定的金额计价；

2）购入的无形资产，按照实际支付的价款计价；

3）企业自创并依法申请取得的，按开发过程中的实际支出计价；

4）企业接受捐赠的无形资产，按照发票账单所载金额或者同类无形资产市场价作价；

5)无形资产计价入账后，应在其有效使用期内分期摊销，即企业为无形资产支出的费用应在无形资产的有效期内得到及时补偿。

(2)无形资产的计价方法。

1)专利权的计价。专利权可分为自创和外购两类。其中，自创专利权的价值为开发过程的实际支出，主要包括专利的研制成本和交易成本。由于专利权是具有独占性并能带来超额利润的生产要素，因此专利权转让价格不按成本估价，而是按照其所能带来的超额收益计价。

2)专有技术的计价。如果专有技术是自创的，一般不作为无形资产入账，自创过程中发生的费用，按当期费用处理。对外购专有技术，应由法定评估机构确认后再进行估价，其方法往往通过能产生的收益法进行估价。

3)商标权的计价。如果商标权是自创的，一般不作为无形资产入账，而将商标设计、制作、注册、广告宣传等发生的费用直接作为销售费用计入当期损益。只有当企业购入或转让商标时，才需要对商标权计价。商标权的计价一般根据被许可方新增的收益确定。

4)土地使用权的计价。根据取得土地使用权的方式不同，土地使用权可有以下几种计价方式：当建设单位向土地管理部门申请土地使用权并为之支付一笔出让金时，土地使用权作为无形资产核算；当建设单位获得土地使用权是通过行政划拨的，这时土地使用权就不能作为无形资产核算；在将土地使用权有偿转让、出租、抵押、作价入股和投资，按规定补交土地出让价款时，才作为无形资产核算。

14.5.3　新增流动资产价值的确定方法

流动资产是指可以在一年内或者超过一年的一个营业周期内变现或者运用的资产。其包括现金、各种存款及其他货币资金、短期投资、存货、应收与预付款项和其他流动资产等。

14.5.4　新增其他资产价值的确定方法

其他资产是指不能全部计入当年损益，应当在以后年度分期摊销的各种费用。其包括开办费、租入固定资产改良支出等。

(1)开办费的计价。开办费是指筹建期间建设单位管理费中未计入固定资产的其他各项费用，如建设单位经费，包括筹建期间工作人员工资、办公费、差旅费、印刷费、生产职工培训费、样品样机购置费、农业开荒费、注册登记费，以及不计入固定资产和无形资产购建成本的汇兑损益、利息支出。按照新财务制度规定，除筹建期间不计入资产价值的汇兑净损失外，开办费从企业开始生产经营月份的次月起，按照不短于5年的期限平均摊入管理费用中。

(2)租入固定资产改良支出的计价。租入固定资产改良支出是企业从其他单位或个人租入的固定资产，所有权属于出租人，但企业依合同享有使用权。通常双方在协议中规定，租入企业应按照规定的用途使用，并承担对租入固定资产进行修理和改良的责任，即发生的修理和改良支出全部由承租方负担。对租入固定资产的大修理支出，不构成固定资产价值，其会计处理与自有固定资产的大修理支出无区别。对租入固定资产实施改良，因有助于提高固定资产的效用和功能，应当另外确认为一项资产。由于租入固定资产的所有权不属于租入企业，不宜增加租入固定资产的价值而作为其他资产处理。租入固定资产改良及大修理支出应当在租赁期内分期平均摊销。

思政育人

竹工结算是工程造价合理确定的重要依据，也是控制投资的最后一个环节，无论施工单位还是业主都十分重视这项工作。但在送审的工程结算中常发现竹工结算不准确，甚至误差较大的现象，因此，要合理确定工程造价，必须抓好工程结算审核，从根本上提升审核力度，才能消除高估冒算，排除不正当提高工程造价的现象。作为审核人员的造价工程师，要自觉遵守"独立、公平、公正、诚信"的职业道德，依据客观事实，不夹带个人感情，不接受被审核方贿赂，竭诚为客户服务，以高质量的咨询成果和优良服务，获得客户的信任和好评，使自己成为一名合格的造价师。

直通职考 ➡ 与本项目内容相关的造价师职业资格考试内容及真题。每年动态调整。

直通职考(一级造价师)　　直通职考(二级造价师)

课后训练

一、选择题

1. 政府投资项目的竹工总结算由(　　)审查。
   A. 主管部门
   B. 同级财政部门
   C. 所在地财政监察专员办事机构
   D. 财政部

2. 根据《建设工程价款结算暂行办法》的规定，在竹工结算编审过程中，单位工程竹工结算的编制人是(　　)。
   A. 业主
   B. 承包商
   C. 总承包商
   D. 监理咨询机构

3. 关于建设工程竹工结算的办理的说法，下列正确的有(　　)。
   A. 竹工结算文件经发承包人双方签字确认的，应当作为工程结算的依据
   B. 竹工结算文件由发包人组织编制，承包人组织核对
   C. 造价咨询机构审核结论与承包人竹工结算文件不一致时，以审核结论为准
   D. 合同双方对复核后的竹工结算有异议时，可以就无异议部分的工程办理不完全竹工结算
   E. 竹工结算办理完毕，复核后仍有异议的，有异议部分由发承包双方协商解决，协商不成的，按照合同约定的争议解决方式处理

4. 关于建设工程项目竹工决算的说法，下列不正确的是(　　)。
   A. 竹工决算是以工程量和技术指标为计量单位的
   B. 竹工决算是竹工验收报告的重要组成部分
   C. 竹工决算是反映建设项目实际造价和投资效果的文件
   D. 竹工决算是综合反映竹工建设项目全部建设费用、建设成果和财务情况的总结性文件

5. 竣工财务决算报表中，（　　）是办理资产交接和接收单位登记资产账目的依据，是使用单位建立资产明细账和登记新增资产价值的依据。

   A. 建设项目竣工财务决算审批表

   B. 建设项目交付使用资产明细表

   C. 建设项目概况表

   D. 建设项目交付使用资产总表

6. 新增固定资产价值是建设项目竣工投产后所增加的固定资产的价值，它是以（　　）形态表示的固定资产投资最终成果的综合性指标。

   A. 时间　　　　　　B. 期货　　　　　　C. 货币　　　　　　D. 价值

7. 关于新增无形资产价值的确定与计价的说法，下列正确的是（　　）。

   A. 企业接受捐赠的无形资产，按开发中的实际支出计价

   B. 专利权转让价格按成本估价进行

   C. 自创专有技术在自创中发生的费用按当期费用处理

   D. 行政划拨的土地使用权作为无形资产核算

8. 新增固定资产价值的计算对象是（　　）。

   A. 独立专业的单位工程

   B. 独立施工的单位工程

   C. 独立发挥生产能力的单项工程

   D. 独立设计的单位工程

9. 建设单位与使用单位在办理交付资产的验收交接手续时，通过基本建设项目交付使用资产总表反映了交付使用资产的全部价值，包括（　　）的价值。

   A. 其他资产　　　　B. 流动资产　　　　C. 无形资产

   D. 固定资产　　　　E. 有形资产

10. 建设项目竣工决算应包括（　　）的全部实际费用。

   A. 从实际到竣工投产　　　　　　　B. 从筹建到竣工验收

   C. 从立项到竣工验收　　　　　　　D. 从开工到竣工验收

二、简答题

1. 简述建设项目竣工验收的内容。

2. 对有质量争议的规划结算应如何处理？

3. 工程质量保证金如何预留和处理？

4. 什么是工程最终结清？承包人对发包人支付的最终结清款有异议时应当如何处理？

模块 5　信息技术在工程造价管理与控制中的应用

当今世界正朝着信息化、智能化快速发展。建筑业信息化是建筑业发展战略的重要组成部分，也是建筑业转变发展方式、提质增效、节能减排的必然要求。全面提高建筑业信息化水平，着力增强 BIM、大数据、智能化、云计算等信息技术集成应用能力，塑造建筑业新业态，是当前建筑业的重任。而在咨询技术方面，从传统的咨询手段也逐步发展到应用 BIM 等智能化数字技术进行咨询，基于大数据和 BIM 技术的造价控制是工程造价管理领域的新思维、新概念、新方法，不仅解决了海量数据处理难题，而且使造价管理流程再造，从管理一个点扩展到一个大型"矩阵"。利于信息技术实现工程造价管理与控制，将是未来的发展趋势。

本模块介绍了信息技术在造价管理与控制中的应用。知识架构如下所示。

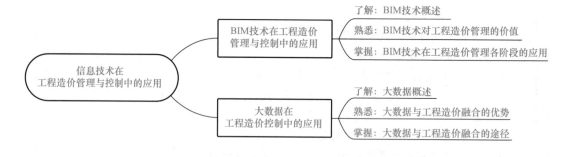

项目 15　BIM 技术在工程造价管理与控制中的应用

学习目标

1. 熟悉 BIM 技术对工程造价管理的价值。
2. 了解在建设全过程中如何应用 BIM 技术。

重点难点

BIM 在各阶段的具体应用。

我国《建筑业发展"十三五"规划》中明确提出了"加快推进建筑信息模型（BIM）技术在规划、工程勘察设计、施工和运营维护全过程的集成应用"。相比传统工程造价管理，BIM 技术的应用可谓是对工程造价的一次颠覆性革命，具有不可比拟的优势，对全面提升工程造价行业效率与信息化管理水平，优化管理流程，具有显著的应用优势。造价工程师要学会运用 BIM 技术进行建设全过程的造价管理与控制。

15.1　BIM 技术概述

BIM（Building Information Model）是建筑信息模型的简称，是以建筑工程项目的各项信息为基础，建立起的三维建筑模型。1975 年，"BIM 之父"——佐治亚理工大学的 Chuck Eastman 教授创建了 BIM 理念，2002 年 Autodesk 公司率先提出 BIM 技术，该技术已经在全球范围内得到业界的广泛认可。统计表明，美国建筑 300 强企业中 80％以上都应用了 BIM 技术，而且欧美国家相继出台了国家的 BIM 技术实施标准。目前国内已有许多成功应用 BIM 的案例，如上海中心大厦、奥运"水立方"场馆、世博场馆、中国尊等大型复杂建设项目，都取得了不错的应用效果。

BIM 技术在建筑工程中的价值，主要体现在：第一，它实现了建筑全生命周期的信息共享，使项目所有的参与方能够协同工作，实现工程项目的精细化管理，实现全生命周期的信息共享；第二，能够促进建筑业生产方式的改变，因为 BIM 技术可以支持设计、施工以及管理的一体化，所以说能够促进建筑业生产方式的变革；第三，BIM 的应用可以推动建筑行业的工业化发展。原因在于 BIM 能够连接建筑生命期不同阶段的数据、过程和资源，能够支持建筑行业产品链的贯通，为工业化建造提供技术的保障，能够支持这个建筑行业的工业化发展。

2019 年 2 月 13 日，国务院印发《国家职业教育改革实施方案》（以下简称《方案》）提出，从 2019 年开始，在职业院校、应用型本科高校启动"学历证书＋若干职业技能等级证书"制度试点工作，即"1＋X 证书"。其中，"1"是指学历证书，"X"是指代表某种技术技能的资格证书，不同的专业对应不同的资格证书。建筑信息模型（BIM）职业技能等级证书列入其中。

国内十大 BIM
应用案例

15.2　BIM 技术对工程造价管理的价值

BIM，目前已经在全球范围内得到业界的广泛认可，它可以帮助实现建筑信息模型的集成，从建筑的设计、施工、运行直至建筑全生命周期的终结，各种信息始终整合于一个三维模型信息数据库中，设计团队、施工单位、设施运营部门和建设单位等各方人员可以基于 BIM 进行协同工作，提高工作效率、节省资源、降低成本。

15.2.1　BIM 技术的特点

BIM 技术因使用三维全息信息技术，全过程地反映了建筑施工中的重要因素信息，对于科学实施施工管理是革命性的技术突破。

BIM 具有信息完备性、信息关联性、信息一致性、可视化、协调性、模拟性、优化性和可出图性等特点。

(1)可视化。在 BIM 建筑信息模型中，整个施工过程都是可视化的。所以，可视化的结果不仅可以用来生成效果图的展示及报表，更重要的是，项目设计、建造、运营过程中的沟通、讨论、决策都在可视化的状态下进行，极大地提升了项目管控的科学化水平。

(2)协调性。BIM 的协调性服务可以帮助解决项目从勘探设计到环境适应再到具体施工的全过程协调问题，也就是说，BIM 建筑信息模型可在建筑物建造前期对各专业的碰撞问题进行协调，生成协调数据，并在模型中生成解决方案，为提升管理效率提供了极大的便利。

(3)模拟性。模拟性并不是只能模拟设计出建筑物模型，还可以模拟不能在真实世界中进行操作的事物。在设计阶段，BIM 可以对一些设计上需要进行模拟的东西进行模拟试验，如节能模拟、紧急疏散模拟、日照模拟、热能传导模拟等；在招投标和施工阶段可以进行4D模拟(三维模型加项目的发展时间)，即根据施工的组织设计模拟实际施工，从而确定合理的施工方案来指导施工。同时，还可以进行5D模拟(基于3D模型的造价控制)，从而实现成本控制等。

(4)互用性。应用 BIM 可以实现信息的互用性，充分保证了信息经过传输与交换后，信息前后的一致性。具体来说，实现互用性就是 BIM 模型中所有数据只需要一次性采集或输入，就可以在整个建筑物的全生命周期中出现信息的共享、交换与流动，使 BIM 模型能够自动演化，避免了信息不一致的错误。在建设项目不同阶段免除对数据的重复输入，大大降低成本、节省时间、减少错误、提高效率。

(5)优化性。事实上，整个设计、施工、运营的过程就是一个不断优化的过程，当然优化和 BIM 也不存在实质性的必然联系，但在 BIM 的基础上可以做更好的优化，包括项目方案优化、特殊项目的设计优化等。

15.2.2 BIM 技术对工程造价管理的价值

BIM 在提升工程造价水平，提高工程造价效率，实现工程造价乃至整个工程生命周期信息化的过程中，优势明显，BIM 技术对工程造价管理的价值主要有以下几点：

(1)提高了工程量计算的准确性和效率。BIM 是一个富含工程信息的数据库，可以真实地提供工程量计算所需要的物理和空间信息，借助这些信息，计算机可以快速对各种构件进行统计分析，从而大大减少根据图纸统计工程量带来的烦琐人工操作和潜在错误，在效率和准确性上得到显著提高。

(2)提高了设计效率和质量。工程量计算效率的提高基于 BIM 的自动化算量方法可以更快地计算工程量，及时地将设计方案的成本反馈给设计师，便于在设计的前期阶段对成本的控制，有利于限额设计。同时，基于 BIM 的设计可以更好地处理设计变更。

(3)提高了工程造价分析能力。BIM 模型丰富的参数信息和多维度的业务信息能够辅助工程项目不同阶段与不同业务的成本分析及控制能力。同时，在统一的三维模型数据库的支持下，从工程项目全过程管理的过程中，能够以最少的时间实时实现任意维度的统计、分析和决策，保证了多维度成本分析的高效性和精准性，以及成本控制的有效性和针对性。

(4)BIM 技术真正实现了造价全过程管理。目前，工程造价管理已经由单点应用阶段逐渐进入工程造价全过程管理阶段。为确保建设工程的投资效益，工程建设从可行性研究开始经初步设计、扩大初步设计、施工图设计、发承包、施工、调试、竣工、投产、决算、后评估等的整个过程，围绕工程造价开展各项业务工作。基于 BIM 的全过程造价管理让各方在各个阶段能够实现协同工作，解决了阶段割裂和专业割裂的问题，避免了设计与造价控制环节脱节、设计与施工脱节、变更频繁等问题。

15.2.3 BIM技术在工程造价计价与计量中的应用

随着BIM等信息技术的出现，工程造价的计量、计价从手算到现在的信息化和智能化，把广大的造价人员从繁重的手工劳动中解放出来、人员越来越感受到专业的信息技术带来的方便和快捷，极大地提高了造价人员的工作效率，也极大地提升了企业造价管理的水平。

（1）工程计价。计算机技术在工程造价计量计价中的最先应用是在计价方面，计价软件把国标定额、国标清单、省市地方定额、省市地方清单、计价办法、取费规定、省市造价管理部门的价格信息等内置到软件中，计价从业人员选择相应的地区清单或定额后，把基本必要的工程信息输入进去，把计价的项、量输入后，进行必要的定额换算及市场价格换算后，选择相应的费用模板，当前工程的工程造价即可快速准确地统计出来，并能快速进行人、材、机的统计分析，计价软件的开发与应用得到了广泛的重视，取得了良好的经济效益。

在信息技术未应用到工程计价领域之前，编制定额只能依靠人工完成，需要对成千上万条定额子目进行算价，只能用计算器辅助进行，估价表根据计算结果手工填写完成，最后再进行烦琐的人工校对和复核，工作量相当庞大。由此可见，不但耗费大量的时间和人力，而且会出现很多失误之处，使用者在使用过程中会遇到很多不便之处。计价软件较好地解决了这些问题，计算机根据计价规则自动计算，结果准确无误，计算迅速。

随着计价规范不断完善，计价模式也有不同的要求。目前工程计价处于清单计价模式和定额计价模式并存的时代，国内的计价软件都同时具有清单计价模式和定额计价模式，支持招标形式和投标形式。用户在使用计价软件时需要选择合适的计价模式、选取相应的费用模板和市场价格信息，输入工程量、清单项后快速组价，完成工程造价的计算及其造价分析。

（2）工程计量。工程量计算是编制工程计价的基础工作，具有工作量大、烦琐、费时、细致等特点，占工程计价工作量的50%～70%，计算的精确度和速度也直接影响着工程计价文件的质量。20世纪90年代初，随着计算机技术的发展，出现了利用软件表格法算量的计量工具，代替了手工算量的计算工作量，之后逐渐发展到目前广泛使用自动计算工程量软件。自动计算工程量软件按照支持的图形维数的不同可分为二维算量软件和三维算量软件两类。自动计算工程量软件内置了工程量清单计算规则，通过计算机对图形自动处理，实现工程量自动计算，可以直接按计算规则计算出工程量，全面准确体现清单项目。

15.3 BIM技术在工程造价管理各阶段的应用

工程建设项目的参与方主要包括建设单位、勘察单位、设计单位、施工单位、项目管理单位、咨询单位、材料供应商、设备供应商等。建筑信息模型作为一个建筑信息的集成体，可以很好地在项目各方之间传递信息，降低成本。同样，分布在工程建设全过程的造价管理也可以基于这样的模型完成协同、交互和精细化管理工作。

（1）BIM在决策阶段的应用。基于BIM技术辅助投资决策可以带来项目投资分析效率的极大提升。建设单位在决策阶段可以根据不同的项目方案建立初步的建筑信息模型，BIM数据模型的建立，结合可视化技术、虚拟建造等功能，为项目的模拟决策提供了基础。根据BIM模型数据，可以调用与拟建项目相似工程的造价数据，高效准确地估算出规划项

BIM 在工程
造价中的应用

目的总投资额，为投资决策提供准确依据。同时，将模型与财务分析工具集成，实时获取项目方案的投资收益指标信息，提高决策阶段项目预测水平，帮助建设单位进行决策。BIM 技术在投资造价估算和投资方案选择方面大有作为。

（2）BIM 在设计阶段的应用。设计阶段包括初步设计、扩初设计和施工图设计几个阶段，相应涉及的造价文件是设计方案估算、设计概算和施工图预算。在设计阶段，通过BIM 技术对设计方案优选或限额设计，设计模型的多专业一致性检查、设计概算、施工图预算的编制管理和审核环节的应用，实现对造价的有效控制。

（3）BIM 在招投标阶段的应用。我国建设工程已基本实现了工程量清单招投标模式，招标和投标各方都可以利用 BIM 模型进行工程量自动计算、统计分析，形成准确的工程量清单。有利于招标方控制造价和投标方报价的编制，提高招投标工作的效率和准确性，并为后续的工程造价管理和控制提高基础数据。

（4）BIM 在施工过程中的应用。建筑信息模型在应用方面为建设项目各方提供了施工计划与造价控制的所有数据。项目各方人员在正式施工之前就可以通过建筑信息模型确定不同时间节点的施工进度与施工成本，可以直观地按月、按周、按日观看到项目的具体实施情况并得到该时间节点的造价数据，方便项目的实时修改调整，实现限额领料施工，最大限度地体现造价控制的效果。

（5）BIM 在工程竣工结算中的应用。竣工阶段管理工作的主要困难是确定建设工程项目最终的实际造价，即竣工结算价格和竣工决算价格，编制竣工决算文件，办理项目的资产移交。这也是确定单项工程最终造价、考核承包企业经济效益及编制竣工决算的依据。基于 BIM 的结算管理不但提高工程量计算的效率和准确性，对于结算资料的完备性和规范性还具有很大的作用。在造价管理过程中，BIM 模型数据库也不断修改完善，模型相关的合同、设计变更、现场签证、计量支付、材料管理等信息也不断录入与更新，到竣工结算时，其信息量已完全可以表达工程实体。BIM 模型的准确性和过程记录完备性有助于提高结算效率，同时，可以随时查看变更前后的模型对比分析，避免结算时描述不清，从而加快结算和审核速度。

思政育人

我国工程技术人员运用 BIM 技术在各地打造了多个成功案例，如中国尊、上海中心大厦、上海迪士尼、珠海歌剧院等，这些有代表性的建筑，彰显了改革开放以来的建设成就，增强了建设者的职业荣誉感与责任感。"三百六十行，行行出状元"，职业没有贵贱之分，各行各业都有杰出的人才，无论从事什么行业，只要热爱本职工作、勤奋努力干事，都能做出优异的成绩。新时代的大学生，要想在百舸争流、千帆竞发的洪流中勇立潮头，在不进则退、不强则弱的竞争中赢得优势，在报效祖国、服务人民的人生中有所作为，就要孜孜不倦学习、勤勉奋发干事。

 与本项目内容相关的造价师职业资格考试内容及真题。每年动态调整。

直通职考（一级造价师）

一、选择题

1. BIM 技术使用三维全息信息技术，全过程地反映了（　　）中的重要因素信息，对于科学实施施工管理是革命性的技术突破。

   A. 建筑施工　　　　　　　　　　B. 建筑发展

   C. 建筑寿命　　　　　　　　　　D. 建筑行业

2. 在设计阶段，BIM 可以对一些设计上需要进行模拟的东西进行模拟试验，如节能模拟、紧急疏散模拟、日照模拟、热能传导模拟等。这是利用 BIM 技术的（　　）。

   A. 协调性　　　　　　　　　　　B. 模拟性

   C. 互用性　　　　　　　　　　　D. 优化性

3. 自动计算工程量软件按照支持的图形维数的不同分为（　　）两类。

   A. 二维算量软件　　　　　　　　B. 三维算量软件

   C. 计价软件　　　　　　　　　　D. 三维布置软件

4. （　　）较好地解决了以前定额只能依靠人工完成，需要对成千上万条定额子目进行算价，估价表根据计算结果手工填写完成，最后进行烦琐的人工校对和复核这些问题。

   A. 计量软件　　　　　　　　　　B. 计价软件

   C. 场布软件　　　　　　　　　　D. 材料管理软件

5. 自动计算工程量软件内置了（　　），通过计算机对图形自动处理，实现工程量自动计算，可以直接按计算规则计算出工程量，全面准确体现清单项目。

   A. 定额子目　　　　　　　　　　B. 清单子目

   C. 定额计算规则　　　　　　　　D. 工程量清单计算规则

6. 建设单位在（　　）可根据不同的项目方案建立初步的建筑信息模型，BIM 数据模型的建立，结合可视化技术、虚拟建造等功能，为项目的模拟决策提供了基础。

   A. 决策阶段　　　　　　　　　　B. 设计阶段

   C. 施工阶段　　　　　　　　　　D. 招投标阶段

7. BIM 技术在（　　）的应用有利于招标方控制造价和投标方报价的编制，提高招投标工作的效率和准确性，并为后续的工程造价管理和控制提高基础数据。

   A. 设计阶段　　　　　　　　　　B. 施工阶段

   C. 招投标阶段　　　　　　　　　D. 竣工结算

8. 基于 BIM 的结算管理不但提高工程量计算的效率和准确性，对于结算资料的完备性和规范性还具有很大的作用。在造价管理过程中，BIM 模型数据库也不断修改完善，模型相关的（　　）等信息也不断录入与更新，到竣工结算时，其信息量已完全可以表达工程实体。

   A. 合同　　　　B. 设计变更　　　C. 现场签证

   D. 计量支付　　E. 材料管理

二、简答题
1. BIM 技术对工程造价管理的价值有哪些？
2. 在施工阶段如何利用 BIM 技术做好工程造价管理？

项目 16　　大数据在工程造价控制中的应用

学习目标

熟悉大数据在工程造价控制中的应用。

重点难点

大数据与工程造价融合的途径。

案例引入

2015 年 9 月，国务院印发《促进大数据发展行动纲要》（以下简称《纲要》），系统部署大数据发展工作。《纲要》明确，推动大数据发展和应用，在未来 5 至 10 年打造精准治理、多方协作的社会治理新模式，建立运行平稳、安全高效的经济运行新机制，构建以人为本、惠及全民的民生服务新体系，开启大众创业、万众创新的创新驱动新格局，培育高端智能、新兴繁荣的产业发展新生态。因此，大数据与工程造价的融合势必推动造价管理工作的快速发展。

16.1　大数据概述

大数据（Big Data），IT 行业术语，研究机构 Gartner 给出的定义是："大数据"是需要新处理模式才能具有更强的决策力、洞察发现力和流程优化能力来适应海量、高增长率和多样化的信息资产。麦肯锡全球研究所给出的定义是：一种规模大到在获取、存储、管理、分析方面大大超出了传统数据库软件工具能力范围的数据集合，具有海量的数据规模、快速的数据流转、多样的数据类型和价值密度低四大特征。大数据技术的战略意义不在于掌握庞大的数据信息，而在于对这些含有意义的数据进行专业化处理。

现在的社会是一个高速发展的社会，科技发达，信息流通，人们之间的交流越来越密切，生活也越来越方便，大数据就是这个高科技时代的产物。阿里巴巴创办人马云就提道：未来的时代将不是 IT 的时代，而是 DT 的时代，DT 就是 Data Technology 数据科技，显示大数据对于阿里巴巴集团来说举足轻重。有人把数据比喻为蕴藏能量的煤矿，煤炭按照性质有焦煤、无烟煤、肥煤、贫煤等分类，而露天煤矿、深山煤矿的挖掘成本又不相同。与此类似，大数据并不在"大"，而在于"有用"，对于很多行业而言，如何利用这些大规模数据是赢得竞争的关键。

16.2 大数据与工程造价融合的优势

《纲要》将大数据上升为国家战略，继而成为担当、引领未来发展变革的关键词。对于处于改革实践期的工程造价行业，大数据被认为将创新工程造价管理方式，完善市场决定价格机制，推进科学、高效的工程造价全过程管理，提升工程造价管理的公共服务水平，为造价管理行业的可持续发展提供重要抓手。

近年来，住房和城乡建设部等行业主管部门高度重视工程造价管理改革与创新工作，出台了一系列文件，鼓励、引导和推动我国工程造价行业健康发展。2014年住房和城乡建设部出台的《关于进一步推进工程造价管理改革的指导意见》（以下简称《意见》）明确提出：建立工程造价信息化标准体系；编制工程造价数据交换标准，打破信息孤岛，奠定造价信息数据共享基础；建立国家工程造价数据库，开展工程造价数据积累，提升公共服务能力；制定工程造价指标指数编制标准，抓好造价指标指数测算发布工作。这份纲领性文件为我国工程造价信息管理指明了方向，我国工程造价信息化平台建设初具规模，标准化建设稳步推进，造价信息管理与服务能力正逐步提高。

16.3 大数据与工程造价融合的途径

大数据能和工程造价管理创新有效融合，将大大增强工程造价的合理性和权威性，对建设项目投资管理的指导性也将更强，甚至可以为国家建设行业的宏观和微观产业政策制定起到更好的参考作用。

（1）构建统一的工程造价数据信息标准。数据共享的前提必是标准统一，要在国家及行业层面建立与新型造价管理体系相适应的造价信息数据标准。通过相关标准，打通数据流动的瓶颈、打破信息孤岛，为大数据应用奠定基础：要明确标准的内容，避免交叉重复，防止标准缺失；要制定标准编制时间表，按序进行、保证质量；重视造价行业应用软件与发承包交易中电子招投标系统之间的信息交换，推动造价行业软件之间的信息交换标准、行业主管部门与工程建设参与方的数据交换标准建设，促进行业数据标准交换体系的快速形成。

（2）构建国家级、地方级和企业级的多层级工程造价数据库。国家工程造价数据库是工程造价管理改革与创新的重点工作，需要更加有效的顶层设计、更加开放的市场土壤作为支撑，政府与市场的边界要更为明晰，以更加社会化、市场化的方式构建工程造价数据库，为决策提供指导性服务，为规范建筑市场的承包方交易、保障工程质量与安全发挥更大作用。

（3）用大数据的思维与技术武装造价人员。工程造价管理创新与改革的基点在于人力资源的配套，首当其冲的是要将大数据思维植入每一位从业人员的头脑中，形成一定的行业氛围，避免出现仅将其作为工具的尴尬局面。同时，要推出人才队伍建设举措，例如，通过人才引进等方式提高团队的整体大数据适应性；通过对原有员工的培训来使其掌握大数据应用原理与技术；通过产学结合，促进高校高层次人才培养改革，储备优秀后备力量。

思政育人

　　大数据时代的到来，改变了每个人的日常生活方式，你能随时刷到自己喜欢的信息、找到自己想要的商品、查阅自己需要的资料。大数据也改变了商业组织和社会组织的运行方式，滴滴、网约车的出现对出租车行业带来冲击，网络直播颠覆了广告宣传的模式。这些改变也促使我们进行思维升级，透过数据看世界。身处一个信息化时代，任何不进行知识创新和创造力开发的民族或国家都要落伍、要"挨打"。大学生创新思维能力的培养，既是实现民族伟大复兴的战略选择，也是青少年自我成才的内在需求。通过创新思维能力培养，大学生可激发自身潜能，拥有开拓进取精神，自如地应付未来社会竞争，在激烈的人才竞争中"到中流击水，浪遏飞舟"，使自己的人生价值、社会价值得到更好的实现。

课后训练

一、选择题

1. （　　），国务院印发了《促进大数据发展行动纲要》。
   A. 2013 年 9 月
   B. 2015 年 9 月
   C. 2015 年 1 月
   D. 2014 年 9 月

2. 2014 年住房和城乡建设部出台的《关于进一步推进工程造价管理改革的指导意见》明确提出了（　　）。
   A. 建立工程造价信息化标准体系
   B. 编制工程造价数据交换标准，打破信息孤岛，奠定造价信息数据共享基础
   C. 建立国家工程造价数据库，开展工程造价数据积累，提升公共服务能力
   D. 制定工程造价指标指数编制标准，抓好造价指标指数测算发布工作

3. 大数据与工程造价融合的途径有（　　）。
   A. 构建统一的工程造价数据信息标准
   B. 构建国家级、地方级和企业级的多层级工程造价数据库
   C. 要将大数据思维植入每一位从业人员的头脑中
   D. 要用大数据的思维与技术武装造价人员

4. 通过相关标准，打通数据流动的瓶颈、打破信息孤岛，为大数据应用奠定基础，需采取的措施有（　　）。
   A. 明确标准的内容，避免交叉重复，防止标准缺失
   B. 重视造价行业应用软件与发承包交易中电子招投标系统之间的信息交换
   C. 制定标准编制时间表，按序进行、保证质量
   D. 推动造价行业软件之间的信息交换标准
   E. 推动行业主管部门与工程建设参与方的数据交换标准建设

5. 要用大数据的思维与技术武装造价人员，推出打造人才队伍建设的举措有( )。

    A. 通过人才引进等方式提高团队的整体大数据适应性

    B. 通过对原有员工的培训来使其掌握大数据应用原理与技术

    C. 通过产学结合，促进高校高层次人才培养改革，储备优秀后备力量

    D. 将大数据思维植入每一位从业人员的头脑中，形成一定的行业氛围

二、简答题

1. 如何实施大数据与工程造价的融合？

2. 如何用大数据的思维与技术武装造价人员？

参 考 文 献

[1] 全国造价工程师执业资格考试培训教材编审委员会 . 全国一级造价工程师执业资格考试培训教材[M]. 北京：中国计划出版社，2019.

[2] 全国造价工程师执业资格考试培训教材编审委员会 . 全国二级造价工程师执业资格考试培训教材[M]. 北京：中国计划出版社，2019.

[3] 中华人民共和国住房和城乡建设部 . GB/T 51095—2015 建设工程造价咨询规范[S]. 北京：中国计划出版社，2015.

[4] 中华人民共和国住房和城乡建设部，中华人民共和国国家质量监督检验检察总局 . GB 50500—2013 建设工程工程量清单计价规范[S]. 北京：中国计划出版社，2013.

[5] 中华人民共和国住房和城乡建设部 . GF—2017—0201 建设工程施工合同（示范文本）[S].北京：中国建筑工业出版社，2017.

[6] 中国建设工程造价管理协会 . CECA/GC 4—2017 建设项目全过程造价咨询规程[S]. 北京：中国计划出版社，2017.

[7] 廊坊市中科建筑产业化创新研究中心 . "1＋X"建筑信息模型（BIM）职业技能等级证书：教师手册[M]. 北京：高等教育出版社，2019.

[8] 国家发展改革委员会，建设部 . 建设项目经济评价方法与参数[M].3 版 . 北京：中国计划出版社，2006.

[9] 赵春红，贾松林 . 建设工程造价管理[M]. 北京：北京理工大学出版社，2018.

[10] 李忠富 . 建筑工业化概论[M]. 北京：机械工业出版社，2020.

[11] 袁建新 . 工程造价管理[M].4 版 . 北京：高等教育出版社，2018.

[12] 马楠，马永军，张国兴 . 工程造价管理[M]. 北京：机械工业出版社，2014.